Fernando Gewandsznajder
(Pronuncia-se Guevantznaider.)

Doutor em Educação pela Faculdade de Educação da Universidade Federal do Rio de Janeiro (UFRJ)

Mestre em Educação pelo Instituto de Estudos Avançados em Educação da Fundação Getúlio Vargas do Rio de Janeiro (FGV-RJ)

Mestre em Filosofia pela Pontifícia Universidade Católica do Rio de Janeiro (PUC-RJ)

Licenciado em Biologia pelo Instituto de Biologia da UFRJ

Ex-professor de Biologia e Ciências do Colégio Pedro II, Rio de Janeiro (Autarquia Federal – MEC)

Helena Pacca

Bacharela e licenciada em Ciências Biológicas pelo Instituto de Biociências da Universidade de São Paulo (USP)

Experiência com edição de livros didáticos de Ciências e Biologia

O nome *Teláris* se inspira na forma latina *telarium*, que significa "tecelão", para evocar o entrelaçamento dos saberes na construção do conhecimento.

TELÁRIS
CIÊNCIAS

editora ática

Direção Presidência: Mario Ghio Júnior
Direção de Conteúdo e Operações: Wilson Troque
Direção editorial: Luiz Tonolli e Lidiane Vivaldini Olo
Gestão de projeto editorial: Mirian Senra
Gestão de área: Isabel Rebelo Roque
Coordenação: Fabíola Bovo Mendonça
Edição: Carolina Taqueda, Marcia M. Laguna de Carvalho e Mayra Sato (editores), Eric Kataoka e Kamille Ewen de Araújo (assist.)
Planejamento e controle de produção: Patrícia Eiras e Adjane Queiroz
Revisão: Hélia de Jesus Gonsaga (ger.), Kátia Scaff Marques (coord.), Rosângela Muricy (coord.), Ana Maria Herrera, Ana Paula C. Malfa, Brenda T. M. Morais, Carlos Eduardo Sigrist, Cesar G. Sacramento, Claudia Virgilio, Daniela Lima, Flavia S. Vênezio, Gabriela M. Andrade, Lilian M. Kumai, Luciana B. Azevedo, Luís M. Boa Nova, Maura Loria, Patrícia Travanca, Raquel A. Taveira, Rita de Cássia C. Queiroz, Sandra Fernandez, Sueli Bossi, Vanessa P. Santos; Amanda T. Silva e Bárbara de M. Genereze (estagiárias)
Arte: Daniela Amaral (ger.), André Gomes Vitale e Erika Tiemi Yamauchi (coord.), Filipe Dias, Karen Midori Fukunaga e Renato Neves (edição de arte)
Diagramação: Estudo Gráfico Design
Iconografia e tratamento de imagem: Sílvio Kligin (ger.), Roberto Silva (coord.), Douglas Cometti (pesquisa iconográfica), Cesar Wolf e Fernanda Crevin (tratamento)
Licenciamento de conteúdos de terceiros: Thiago Fontana (coord.), Luciana Sposito e Angra Marques (licenciamento de textos), Erika Ramires, Flávia Andrade Zambon, Luciana Pedrosa Bierbauer, Luciana Cardoso e Claudia Rodrigues (analistas adm.)
Ilustrações: Adilson Secco, Alex Argozino, Cláudio Chiyo, Daniel Roda, Danillo Souza, Gustavo Rodrigues, Hiroe Sasaki, Ingeborg Asbach, KLN Artes Gráficas, Luis Moura, Luiz Rubio, Mauro Nakata, Michel Ramalho, Raul Aguiar e Rodrigo Pascoal
Cartografia: Eric Fuzii (coord.), Robson Rosendo da Rocha (edit. arte)
Design: Gláucia Correa Koller (ger.), Adilson Casarotti (proj. gráfico e capa), Erik Taketa (pós-produção), Gustavo Vanini e Tatiane Porusselli (assist. arte)
Foto de capa: Fabio Colombini/Acervo do Fotógrafo

Todos os direitos reservados por Editora Ática S.A.
Avenida das Nações Unidas, 7221, 3º andar, Setor A
Pinheiros – São Paulo – SP – CEP 05425-902
Tel.: 4003-3061
www.atica.com.br / editora@atica.com.br

Dados Internacionais de Catalogação na Publicação (CIP)

```
Gewandsznajder, Fernando
   Teláris ciências 9º ano / Fernando Gewandsznajder,
Helena Pacca. - 3. ed. - São Paulo : Ática, 2019.

   Suplementado pelo manual do professor.
   Bibliografia.
   ISBN: 978-85-08-19348-6 (aluno)
   ISBN: 978-85-08-19349-3 (professor)

   1.   Ciências (Ensino fundamental). I. Pacca, Helena.
II. Título.

2019-0176                              CDD: 372.35
```

Julia do Nascimento - Bibliotecária - CRB - 8/010142

2020
Código da obra CL 742188
CAE 654380 (AL) / 654379 (PR)
3ª edição
3ª impressão
De acordo com a BNCC.

Impressão e acabamento Ricargraf

Apresentação

Caro(a) estudante,

Seja bem-vindo(a) ao último ano do Ensino Fundamental. Este não é o fim do seu percurso na área de Ciências, mas, sim, mais um passo importante no seu desenvolvimento como estudante e como cidadão.

Para começar, na primeira unidade serão apresentados conceitos básicos de duas áreas fundamentais das Ciências: a Genética e a Evolução. Ao compreender ideias de genética, você vai descobrir como algumas características são passadas dos indivíduos para seus descendentes. Esse conhecimento vai ajudar você a entender as diversas contribuições e estudos relacionados à teoria da Evolução. A partir desse conhecimento fundamental, você poderá adquirir um novo olhar sobre a diversidade de espécies que observamos no planeta. Ao final da unidade veremos como parques, reservas, estações ecológicas e outras medidas sustentáveis são importantes para a preservação dessa biodiversidade.

Na segunda unidade, vamos estudar de que é feita a matéria e como a ciência explica transformações, como as mudanças de estado físico. Vamos investigar ainda como se dão a transmissão e a recepção de informações de mídias que fazem parte da sua comunicação com o mundo. Por fim, vamos compreender como funcionam as aplicações tecnológicas da Física que proporcionaram uma série de avanços na Medicina e poderão contribuir para a sua saúde e a de sua família.

Na última unidade do livro, vamos trabalhar com assuntos relacionados à localização do planeta Terra no Sistema Solar, na galáxia e no Universo. Ao estudar Ciências pelo ponto de vista da Astronomia, poderemos construir novas formas de refletir sobre nosso papel na Terra.

Vamos lá?

Os autores

CONHEÇA SEU LIVRO

Este livro é dividido em **três unidades**, subdivididas em **capítulos**.

Abertura da unidade

Apresenta uma imagem e um breve texto de introdução dos temas abordados. Além disso, traz questões que relacionam os conteúdos abordados a competências que você vai desenvolver ao longo do estudo da unidade.

Abertura dos capítulos

Todos os capítulos se iniciam com uma imagem e um texto introdutório que vão prepará-lo para as descobertas que você fará no decorrer do seu estudo.

Para começar

Apresenta perguntas sobre os conceitos fundamentais do capítulo. Tente responder às questões no início do estudo e volte a elas ao final do capítulo. Será que as suas ideias vão se transformar?

Conexões

Não deixe de ler as seções que aparecem ao longo dos capítulos. Elas contêm informações atualizadas que contextualizam o tema abordado no capítulo e demonstram a importância, as aplicações e as interações da ciência com outras áreas do conhecimento. As seções relacionam ciência a:
- ambiente;
- História;
- saúde;
- dia a dia;
- tecnologia;
- sociedade.

Saiba mais

Traz conteúdo complementar, aprofundando os conteúdos estudados no capítulo.

Informações complementares

Diversas palavras ou expressões destacadas em azul estão ligadas por um fio a um pequeno texto na lateral da página. Esse texto fornece informações complementares sobre determinados assuntos e indica relações e retomadas de conceitos já estudados ou que serão vistos nos próximos capítulos ou volumes.

Glossário

Os termos sublinhados em azul remetem ao glossário na lateral da página. Ele apresenta o significado e a origem de muitas palavras e auxilia na leitura e na interpretação dos textos. Você também pode consultar o significado de algumas palavras no final do volume, na seção *Recordando alguns termos*.

Atividades

Ao final de cada capítulo você vai encontrar questões para organizar e formalizar os conceitos mais importantes, trabalhos em equipe, propostas de pesquisa, textos para leitura e discussão e atividades práticas ligadas a experimentos científicos. Por fim, serão propostas algumas questões para autoavaliação.

Oficina de soluções

Nesta seção você será convidado a propor soluções para situações e problemas do cotidiano por meio do desenvolvimento, da aplicação e da análise de diferentes recursos tecnológicos.

Na tela

Sugestões de vídeos, filmes e documentários relacionados aos assuntos trabalhados no capítulo.

Mundo virtual

Dicas de *sites* interessantes para saber mais sobre o assunto tratado no capítulo.

Minha biblioteca

Indicações de livros que abordam os temas estudados no capítulo.

Atenção

Recomendações e cuidados em momentos específicos do trabalho com o conteúdo do capítulo.

SUMÁRIO

Introdução 10

Unidade 1

Genética, evolução e biodiversidade 14

CAPÍTULO 1: Transmissão das características hereditárias 16

1. O trabalho de Mendel 17
   - Os experimentos de Mendel 18
   - As conclusões de Mendel 19
2. Interpretação atual das conclusões de Mendel 21
   - Cromossomos e divisão celular 21
   - Genes e as características hereditárias 23
   - Explicação dos resultados de Mendel 25
3. Resolução de problemas de genética 28

Atividades 31

CAPÍTULO 2: A genética depois de Mendel 35

1. As descobertas após Mendel 36
2. Padrões de herança não estudados por Mendel 38
   - A dominância incompleta 38
   - Determinação do sexo 39
3. Os genes e o ambiente 40
4. Alterações genéticas na espécie humana 41
   - Alterações cromossômicas 41
5. Biotecnologia 43
   - Os organismos transgênicos 43
   - Clonagem reprodutiva 46

Atividades 49

CAPÍTULO 3: As primeiras ideias evolucionistas 53

1. Fixismo e transformismo 54
2. Evolução: as ideias de Lamarck 56

3. Evolução: as ideias de Darwin 59
   - As observações de Darwin 59
   - A explicação de Darwin: seleção natural 63
   - Limitações da teoria de Darwin 67

Atividades 68

CAPÍTULO 4: Evolução: da origem da vida às espécies atuais 70

1. **A teoria sintética da evolução** 71
   Variabilidade genética: mutações e reprodução sexuada 71
   Seleção natural após Darwin 72

2. **Formação e evolução das espécies** 74
   Especiação 74
   História evolutiva 76

3. **A origem da vida** 78
   Abiogênese × biogênese 78
   Hipóteses sobre a origem da vida 80

4. **História da vida no planeta** 82
   Evolução humana 83

Atividades 86

CAPÍTULO 5: Biodiversidade e sustentabilidade 90

1. **A importância da biodiversidade** 91
   Proteção da biodiversidade 93

2. **Unidades de Conservação** 94
   Unidade de Conservação de Proteção Integral 94
   Unidades de Conservação de Uso Sustentável 96

3. **Sustentabilidade** 99
   A pegada ecológica 99
   Objetivos de Desenvolvimento Sustentável 100
   Energia: soluções individuais e coletivas 103
   Água: soluções individuais e coletivas 104

Atividades 105
Oficina de soluções 108

Unidade 2

Transformações da matéria e radiações 110

CAPÍTULO 6: Átomos e elementos químicos 112

1. **A história dos modelos atômicos** 113
   O modelo atômico de Dalton 114
   O modelo atômico de Thomson 115
   Os modelos de Rutherford e Bohr 115

2. **Íons: ânions e cátions** 118

3. **Número atômico e número de massa** 119

4. **A organização dos elétrons no átomo** 119

5. **Os elementos químicos** 121

6▸ **Os isótopos** 122
    Massa atômica 122
    Isótopos radioativos 123
7▸ **A tabela periódica** 125
    Tabela periódica dos elementos 126
Atividades 132

CAPÍTULO 7: Ligações químicas e mudanças de estado 136
1▸ **A estabilidade dos gases nobres** 137
2▸ **Ligações químicas** 139
    A ligação iônica 139
    A ligação covalente 142
    A ligação metálica 144
3▸ **Substância simples e substância composta** 145
4▸ **Os estados físicos da matéria** 146
    O calor e as mudanças de estado 147
Atividades 150

CAPÍTULO 8: Transformações químicas 153
1▸ **Representação de reações químicas** 154
    Balanceamento de equações químicas 156
2▸ **As leis das reações químicas** 160
    A lei da conservação da massa 160
    Lei das proporções constantes 162
3▸ **Tipos de reações químicas** 164

4▸ **Ácidos, bases, sais e óxidos** 166
    Propriedades dos ácidos 167
    Propriedades das bases 169
    Propriedades dos sais 170
    Propriedades dos óxidos 171
Atividades 172

CAPÍTULO 9: Radiações e suas aplicações 176
1▸ **As características de uma onda** 177
    Ondas transversais e longitudinais 179
2▸ **Ondas sonoras** 180
    O eco 182
    Infrassom e ultrassom 182
3▸ **Radiações eletromagnéticas** 184
    As ondas de rádio e as micro-ondas 185
    O infravermelho 188
    A luz visível 188
    Os raios ultravioleta 189
    Os raios X 189
    Os raios gama 190
4▸ ***Laser* e fibras ópticas** 191
5▸ **Transmissão e recepção de imagens e sons** 193
    Microfones e rádios 194
    Televisores 194
    Celulares e *smartphones* 195
Atividades 196
Oficina de soluções 200

CAPÍTULO 10: Luz e cores 202
1. **Por que vemos os objetos?** 203
   - A formação de sombras 205
2. **A reflexão da luz** 206
   - Espelhos planos 207
   - Espelhos curvos 208
3. **A refração da luz** 209
   - Lentes 209
4. **As cores da luz branca** 210
   - Disco de Newton 211
   - A cor dos corpos 212
   - As cores da televisão 213
Atividades 215

Unidade 3

Galáxias, estrelas e o Sistema Solar 218

CAPÍTULO 11: Galáxias e estrelas 220
1. **As constelações** 221
   - Constelações como guias 221
2. **As origens** 224
3. **Estrelas e galáxias** 226
   - As estrelas 227
   - As galáxias 229
   - Formação do Sistema Solar 230

4. **Exploração do espaço** 231

Atividades 233
Oficina de soluções 236

CAPÍTULO 12: O Sistema Solar 238
1. **Os movimentos dos planetas** 239
2. **A estrutura do Sistema Solar** 240
   - O Sol 241
   - Mercúrio 241
   - Vênus 242
   - Terra 242
   - Marte 243
   - Júpiter 244
   - Saturno 244
   - Urano 245
   - Netuno 245
   - Plutão, um planeta-anão 246
3. **Corpos menores do Sistema Solar** 248
   - Asteroides 248
   - Cometas 248
   - Meteoroides, meteoros e meteoritos 250
4. **Vida fora da Terra?** 251
Atividades 255
Recordando alguns termos 257
Leitura complementar 259
Sugestões de filmes 261
Sugestões de *sites* de Ciências 262
Sugestões de espaços para visita 263
Bibliografia 264

INTRODUÇÃO

Vida e diversidade

Agora que você está chegando ao fim do Ensino Fundamental, já deve ter notado que todos os conceitos em Ciências estão relacionados de forma mais ou menos direta. Por exemplo, a compreensão das camadas da Terra, que estudamos no 6º ano, foi necessária para entender a atmosfera, os vulcões e os terremotos, que vimos no 7º ano. De forma semelhante, foi necessário entender as máquinas e os combustíveis no 7º ano para relacioná-los ao clima e às mudanças climáticas no 8º ano.

Mudanças no clima da Terra vêm afetando vários tipos de ambiente, como os oceanos, que podem passar por aumento de volume devido ao derretimento de geleiras, como a da fotografia. Este ano vamos conhecer algumas medidas que podem ajudar a proteger esses ambientes.

Neste ano, vamos recuperar muitos conceitos que estudamos até agora. Será fundamental rever a estrutura celular e a reprodução para compreender como as características são passadas de uma geração para a outra. Essa transmissão é estudada em uma área da Biologia conhecida como Genética. Você já ouviu falar dela?

> A estrutura das células foi vista no 6º ano, enquanto as diversas formas de reprodução foram estudadas no 8º ano.

É comum encontrar artigos relacionados à Genética nos meios de comunicação, como em notícias de jornais e revistas, ou mesmo em postagens nas redes sociais. Mas também é comum que alguns conceitos de Genética sejam compreendidos de maneira equivocada. Onde podemos encontrar DNA? O que são genes e como eles são passados dos pais para os filhos? Como ocorrem as mutações e que efeitos elas podem provocar nos indivíduos e nas espécies?

Essas são algumas questões que vamos estudar na Unidade 1. Nessa mesma unidade, será possível relacionar esses conceitos de Genética com ideias de evolução, ou seja, com teorias que explicam como as espécies se transformam ao longo da história da vida na Terra, chegando à enorme diversidade que observamos hoje.

Você já viu um cavalo albino, como o da fotografia? Note que, além da pelagem branca, ele apresenta outras características, como íris azuladas, que indicam sua condição. Como imagina que podem surgir animais da mesma espécie tão diferentes entre si, como esses?

Você sabe por que é tão importante preservar a diversidade de seres vivos? Que ferramentas a sociedade tem para compreender e proteger essa diversidade?

Vista de lago de água preta na Reserva de Desenvolvimento Sustentável Uatumã (AM), 2018. Este ano, vamos conhecer reservas, parques e outras áreas importantes para a conservação do ambiente.

INTRODUÇÃO 11

Química, Física e suas aplicações

Neste ano também vamos conhecer conceitos importantes de Química e Física, aprofundando o que já vimos nos anos anteriores, como as mudanças de estado físico observadas no ciclo da água que foram estudadas no 6º ano. Agora vamos descobrir como explicar essas mudanças conhecendo a composição da matéria.

Discutiremos sobre como cientistas conseguem estudar as menores partículas que formam a matéria e ainda como essas partículas podem se ligar formando diferentes compostos. Você imagina para que pode ser usado esse conhecimento?

Tanque de nitrogênio no estado líquido. Esse material é usado na preservação de células e tecidos. Você sabe por quê?

Ao longo da Unidade 2 você vai entender que as descobertas sobre a composição da matéria contribuíram para que o ser humano conseguisse desenvolver diversos tipos de tecnologia. Os *air bags*, dispositivos de segurança encontrados nos veículos, os equipamentos médicos, como máquinas de ultrassom e de raios X, e os meios de comunicação foram desenvolvidos com base nos conhecimentos produzidos pela Química e pela Física.

Você já fez algum raio-X? Esse e outros exames usam tecnologias desenvolvidas a partir de descobertas nas áreas da Química e da Física.

Esses conhecimentos são tão importantes e nos levaram tão longe que hoje entendemos diversos aspectos da Terra e até de outras partes do Universo. Conseguimos compreender, por exemplo, algumas características da Via Láctea, região do Universo onde está localizado o Sistema Solar.

Em noites claras e longe das luzes artificiais das áreas urbanas, pode-se ver no céu uma faixa nebulosa, como na fotografia acima, que retrata o céu noturno visto da Namíbia. No início do século XVII, Galileu Galilei (1564-1642) usou seu telescópio e descobriu que essa faixa, chamada Via Láctea, é formada por uma imensa quantidade de estrelas.

Na Unidade 3 vamos rever alguns conceitos sobre as constelações vistos em anos anteriores para discutir a importância delas e de outros corpos celestes em diferentes culturas.

Vamos compreender ainda como tem se desenvolvido a exploração do espaço pelo ser humano. Além dos telescópios, citados anteriormente, que outros equipamentos e instrumentos são necessários para que o ser humano consiga enxergar muito além do alcance dos olhos?

Por fim, vamos conhecer os planetas e os demais elementos que formam o Sistema Solar. Dessa forma poderemos, por exemplo, refletir sobre a possibilidade de vida fora do planeta Terra.

A nave chinesa Chang'e 4, lançada em 8 de dezembro de 2018, tocou o solo da Lua no dia 3 de janeiro de 2019. Você acha que pesquisas espaciais como essa são importantes?

Tente pensar na imensidão do Universo, no que já foi descoberto e no que ainda não se sabe. Você acha que é possível encontrar vida semelhante à nossa fora da Terra? Este ano vamos juntos desenvolver ferramentas para conseguir refletir sobre essas e outras questões.

Está preparado?

INTRODUÇÃO

▽ Família de quatis (*Nasua nasua*; um adulto tem cerca de 60 cm de comprimento desconsiderando a cauda) na Mata Atlântica, Rio de Janeiro (RJ).

UNIDADE 1

Genética, evolução e biodiversidade

A Genética e a Evolução estudam como novas características surgem e como podem ser transmitidas através das gerações. Essas ciências permitem compreender como os genes e o ambiente influenciam as características dos seres vivos. Veremos que muitos pesquisadores estudam os processos evolutivos que geram diferentes espécies e que é nossa responsabilidade preservá-las.

1. ▶ Você já observou a reprodução de seres vivos a sua volta? Como explicaria as semelhanças entre um pai e um filho, entre uma gata e seus filhotes ou entre plantas que nascem a partir de sementes do mesmo tipo? Seria possível fazer estudos sobre a reprodução dos seres vivos sem conhecer os detalhes que sabemos hoje sobre as células?

2. ▶ Os Parques Nacionais começaram a surgir no mundo no final do século XIX. São áreas naturais conservadas e administradas pelo governo. Você já visitou um? Na sua opinião, por que essas áreas são importantes não só para o ambiente, mas também para toda a sociedade?

CAPÍTULO 1

Transmissão das características hereditárias

1.1 Pais e filhos costumam ter muitas características em comum. Você sabe por que isso acontece?

Se você tem irmãos, provavelmente já percebeu que vocês compartilham algumas características em comum, como o tipo de cabelo, o formato dos olhos ou o tom de pele. O mesmo ocorre entre pais e filhos. Veja a figura 1.1. Mas, a não ser que sejam gêmeos idênticos, dois irmãos também possuem muitas dessas características diferentes entre si. Você sabe explicar as semelhanças e diferenças entre irmãos, ou entre pais e filhos?

Embora nossas características possam estar relacionadas ao ambiente que nos cerca e a nossa cultura, várias delas são herdadas de nossos pais.

Para começar

1. Por que os filhos são parecidos com os pais?
2. E os irmãos, por que geralmente se parecem, mas nunca são completamente iguais?
3. O mesmo ocorre com outros animais? E em plantas?
4. Você sabe quem foi Mendel? Conhece alguma de suas contribuições no estudo da Genética?

1 O trabalho de Mendel

Devido aos avanços científicos na área da Genética, compreendemos há algum tempo que os genes são responsáveis pelas características hereditárias, ou seja, aquelas transmitidas de pais para filhos. Mas a semelhança entre pais e filhos já foi explicada de diversas maneiras ao longo da história.

Até meados do século XVIII, alguns cientistas acreditavam na **teoria da pré-formação**, segundo a qual cada espermatozoide conteria um indivíduo em miniatura, totalmente formado. Para outros cientistas, eram os fluidos do corpo, como o sangue, que continham as características transmitidas.

> Ainda hoje há vestígios desse conceito em expressões como cavalo "puro-sangue".

Outra ideia presente ao longo da história é a de que os elementos que determinavam as características paternas e maternas se misturavam nos filhos. Essa ideia ficou conhecida como **teoria da herança misturada**. De acordo com essa teoria, uma vez misturados, esses elementos não se separariam mais. Ideias como essas predominaram por quase todo o século XIX.

Aproximadamente na mesma época, o monge austríaco Gregor Mendel (1822-1884) realizava pesquisas sobre a hereditariedade, de 1858 a 1866, ano de publicação do resultado de suas pesquisas. Ele utilizou como objetos de estudo as ervilhas da espécie *Pisum sativum* e seus experimentos foram feitos no jardim de um mosteiro na cidade de Brünn, na Áustria (hoje Brno, na República Tcheca; pronuncia-se "brunó"). Veja a figura 1.2.

> O trabalho de Mendel não recebeu a merecida atenção na época. O reconhecimento ocorreu somente por volta de 1900.

Ao estudar os experimentos de Mendel, devemos analisar como ele interpretou os resultados obtidos e, só depois, interpretá-los com os conhecimentos atuais. Lembre-se de que na época de Mendel não se conheciam genes, cromossomos e outros conceitos que hoje nos permitem compreender melhor as leis da hereditariedade.

Mundo virtual

Ciência Hoje das Crianças
http://chc.org.br/a-fantastica-historia-do-monge-e-suas-ervilhas
Artigo que conta a história das descobertas de Mendel.
Acesso em: 14 mar. 2019.

▷ **1.2** Mosteiro onde Mendel conduziu pesquisas sobre as leis da hereditariedade e que hoje é um museu. Por suas investigações, Mendel recebeu o título de "pai da Genética". No detalhe, retrato de Mendel.

Transmissão das características hereditárias • **CAPÍTULO 1** 17

Os experimentos de Mendel

Para realizar seus experimentos, Mendel escolheu a ervilha da espécie *Pisum sativum* para obter cruzamentos. Veja a figura 1.3. Essa planta apresenta uma série de características que facilitaram o estudo de Mendel. Por exemplo, é fácil de cultivar, produz muitas sementes e, consequentemente, um grande número de descendentes. Em muitos experimentos de ciência, é importante usar amostras grandes. Isso facilita a avaliação dos resultados porque permite a identificação de padrões. Veremos agora como os padrões encontrados por Mendel permitiram o início do estudo da Genética.

Além disso, as plantas de ervilhas apresentam partes masculinas e femininas no mesmo pé. Assim, a parte masculina pode fecundar a parte feminina da mesma planta, processo conhecido como **autofecundação**. Também é possível fazer uma **fecundação cruzada**, isto é, uma fecundação entre duas plantas diferentes de ervilha, como veremos adiante.

Outra vantagem é que a ervilha apresenta algumas variações em suas características contrastantes e fáceis de se identificar: por exemplo, a cor da sua semente é amarela ou verde, sem tons intermediários; a forma da semente é lisa ou rugosa. Veja a figura 1.4.

1.3 Planta de ervilha da espécie *Pisum sativum*, acima, e sua vagem com sementes, abaixo. (O caule tem, em geral, entre 0,2 m e 2,4 m de comprimento; as sementes medem de 7 mm a 10 mm de diâmetro.)

Características das ervilhas estudadas por Mendel				
Forma da semente	lisa		rugosa	
Cor da semente	amarela		verde	
Forma da vagem	lisa		ondulada	
Cor da vagem	verde		amarela	
Cor da flor	púrpura		branca	
Posição da flor	axial (ao longo do caule)		terminal (na ponta do caule)	
Tamanho da planta	alta (cerca de 2 m)		baixa (menos de 0,5 m)	

Fonte: elaborado com base em KROGH, D. *Biology*: a guide to the natural world. 5. ed. Boston: Benjamin Cummings, 2011. p. 194.

1.4 Quadro que apresenta algumas características da ervilha *Pisum sativum* estudadas por Mendel. (Elementos representados em tamanhos não proporcionais entre si. Cores fantasia.)

UNIDADE 1 • Genética, evolução e biodiversidade

Para explicar a variação nas características encontradas na ervilha, Mendel supôs que, se uma planta tinha semente amarela, ela devia possuir algum "fator" responsável por essa cor. O mesmo ocorreria com a planta de semente verde, que teria um fator determinando essa coloração.

Acompanhe na figura 1.5 uma representação simplificada do experimento de Mendel. Ao cruzar plantas de sementes amarelas com plantas de sementes verdes (chamadas geração parental ou **P**), ele obteve na 1ª geração filial (chamada geração F_1) apenas plantas que produziam sementes amarelas. O que teria acontecido com o fator para a cor verde?

A resposta veio com a geração F_2, isto é, a segunda geração filial, resultante do cruzamento de uma planta da geração F_1 com ela mesma (por autofecundação). Em F_2 a cor verde reapareceu em cerca de 25% das sementes obtidas. Assim, Mendel concluiu que o fator para a cor verde não tinha sido destruído, ele apenas não se manifestava na presença do fator para a cor amarela. Com base nisso, ele considerou **dominante** a característica "ervilha amarela" e **recessiva** a característica "ervilha verde".

> Hoje sabemos que a cor da ervilha é determinada por um gene, mas na época de Mendel não se sabia disso.

> Você estudou como ocorre a reprodução das plantas no 8º ano.

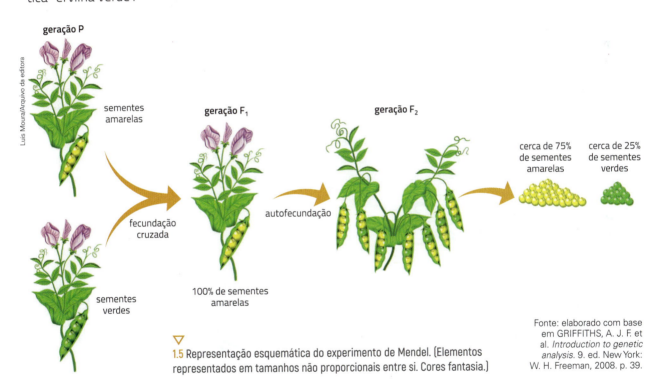

1.5 Representação esquemática do experimento de Mendel. (Elementos representados em tamanhos não proporcionais entre si. Cores fantasia.)

Fonte: elaborado com base em GRIFFITHS, A. J. F. et al. *Introduction to genetic analysis*. 9. ed. New York: W. H. Freeman, 2008. p. 39.

As conclusões de Mendel

Seguindo os mesmos princípios desse experimento, Mendel realizou novos cruzamentos para testar se outras características da ervilha (como a forma da semente ou a forma da vagem; reveja a figura 1.4) manifestavam-se de modo semelhante.

Em todos os casos estudados, os resultados eram semelhantes ao que ele tinha observado para a característica cor da ervilha: a geração F_1 tinha a característica dominante e a geração F_2 apresentava uma **proporção** média de 3 dominantes para 1 recessivo, isto é, havia, por exemplo, uma quantidade três vezes maior de ervilhas de cor amarela do que de ervilhas cor verde.

Considerando esse padrão encontrado, Mendel chegou a algumas conclusões para explicar seus resultados:

- Cada organismo possui um par de fatores responsável pelo aparecimento de determinada característica.
- Esses fatores são recebidos dos indivíduos da geração paternal; cada um contribui com apenas um fator de cada par.
- Quando um organismo tem dois fatores diferentes, é possível que uma das características se manifeste (dominante) sobre a outra, que não aparece (recessiva).

Essas conclusões foram reunidas em uma lei que ficou conhecida como **primeira lei de Mendel** ou **lei da segregação de um par de fatores**. É costume enunciá-la assim: "Cada caráter é condicionado por um par de fatores que se separam na formação dos gametas, nos quais ocorrem em dose simples".

> Essa lei não se aplica a todos os tipos de herança, isto é, ela é válida apenas dentro de certos limites e para determinadas características.

Saiba mais

A técnica de Mendel

Mendel podia decidir se promoveria cruzamentos por autofecundação ou por fecundação cruzada. A autofecundação pode ocorrer naturalmente quando os grãos de pólen produzidos nos estames (parte masculina da flor) caem sobre os carpelos (parte feminina) da mesma flor. Logo, se desejasse impedir esse tipo de cruzamento, Mendel abria a flor e removia os estames antes que a planta atingisse sua maturidade reprodutiva.

Para realizar a fecundação cruzada, ele recolhia os grãos de pólen com um pincel e o passava no estigma (a abertura do carpelo) de outra flor. Veja a figura 1.6. No caso apresentado na figura 1.5, Mendel fez os cruzamentos parentais usando a parte masculina de uma planta de semente amarela e a parte feminina de uma planta de semente verde.

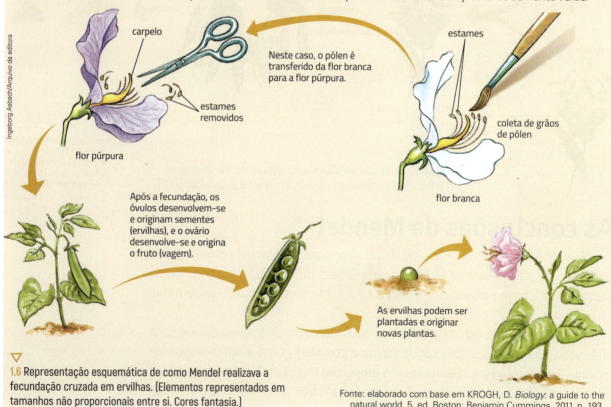

1.6 Representação esquemática de como Mendel realizava a fecundação cruzada em ervilhas. (Elementos representados em tamanhos não proporcionais entre si. Cores fantasia.)

Fonte: elaborado com base em KROGH, D. *Biology*: a guide to the natural world. 5. ed. Boston: Benjamin Cummings, 2011. p. 193.

UNIDADE 1 • Genética, evolução e biodiversidade

2 Interpretação atual das conclusões de Mendel

Para interpretar as conclusões de Mendel com base nos conhecimentos atuais, vamos recordar alguns conceitos que você aprendeu no 6º ano, quando estudou a organização básica das células, e no 8º ano, quando estudou a reprodução dos seres vivos. Muitos desses conceitos não eram conhecidos por Mendel, uma vez que vários conhecimentos científicos só foram desenvolvidos com base nas ideias dele.

Cromossomos e divisão celular

Você estudou que muitos organismos se reproduzem de forma sexuada. Nessa forma de reprodução são produzidas células especiais, os **gametas**, que se unem na fecundação, formando uma nova célula, o zigoto, também chamado célula-ovo.

No núcleo dos gametas e das demais células existe um conjunto de estruturas microscópicas formadas por minúsculos filamentos e chamadas **cromossomos** (a forma individualizada de um cromossomo só é visível ao microscópio quando a célula começa a se dividir). Eles são principalmente compostos de uma substância química chamada **ácido desoxirribonucleico**: o **DNA**. Cada cromossomo contém milhares de genes. Veja a figura 1.7.

Na maioria das células de um organismo, os cromossomos ocorrem aos pares. Para cada cromossomo existe outro com a mesma forma e o mesmo tamanho. Esses pares de cromossomos são chamados **homólogos**. A ervilha estudada por Mendel, por exemplo, possui sete pares de cromossomos homólogos.

▶ **Homólogo:** vem do grego *homoios*, "igual", e *logos*, "relação".

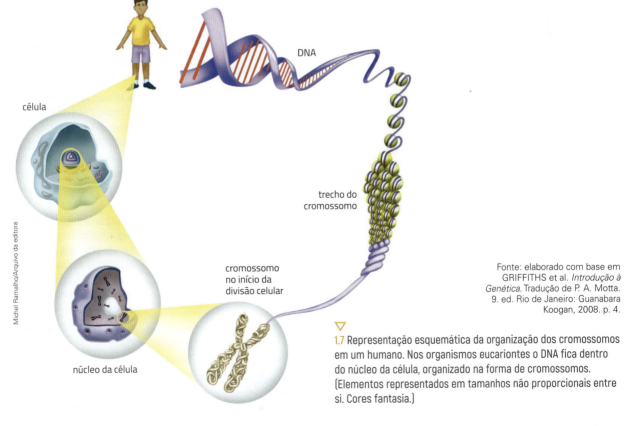

Fonte: elaborado com base em GRIFFITHS et al. *Introdução à Genética*. Tradução de P. A. Motta. 9. ed. Rio de Janeiro: Guanabara Koogan, 2008. p. 4.

▽ 1.7 Representação esquemática da organização dos cromossomos em um humano. Nos organismos eucariontes o DNA fica dentro do núcleo da célula, organizado na forma de cromossomos. (Elementos representados em tamanhos não proporcionais entre si. Cores fantasia.)

Nos gametas não há cromossomos em pares. Cada gameta contém apenas a metade do número de cromossomos das outras células do corpo. No caso da espécie humana, o espermatozoide e o ovócito II humanos têm, cada um, 23 cromossomos. Quando os gametas se unem na fecundação, forma-se o zigoto, com 46 cromossomos, que se divide em outras células, também com 46 cromossomos. Veja a figura 1.8. No caso da ervilha, há sete cromossomos nos gametas e 14 na maioria das outras células.

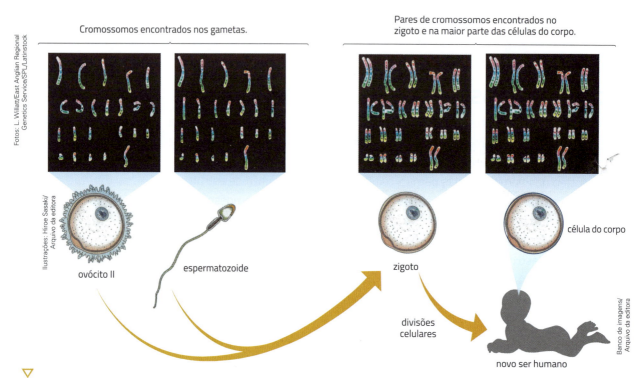

▽ **1.8** Fotografias ao microscópio óptico do conjunto de cromossomos humanos presentes no gameta masculino (espermatozoide), no gameta feminino (ovócito II), no zigoto e em uma célula do novo ser humano. (Os gametas, o zigoto e as células do corpo são microscópicos. Elementos representados em tamanhos não proporcionais entre si. Cores fantasia.)

Apesar de o zigoto se dividir, o número de cromossomos das células-filhas se mantém. Isso ocorre porque, antes de uma célula se dividir, cada cromossomo do núcleo se duplica. Com a duplicação dos cromossomos, a divisão do zigoto origina duas células-filhas com o mesmo número de cromossomos da célula original. Esse processo de divisão da célula é chamado de **mitose**. Veja a figura 1.9.

▶ **Mitose:** vem do grego *mitos*, "fio", e *ose*, "estado de"; os fios referem-se aos cromossomos.

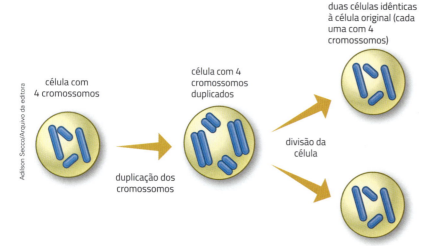

▷ **1.9** Representação esquemática simplificada da mitose, processo pelo qual uma célula se divide e origina duas com o mesmo número de cromossomos. No esquema, foi representada uma célula hipotética com apenas 4 cromossomos. (Elementos representados em tamanhos não proporcionais entre si. Cores fantasia.)

UNIDADE 1 • Genética, evolução e biodiversidade

E por que os gametas possuem metade do número de cromossomos das outras células de um organismo? Algumas das células do corpo sofrem uma divisão especial, chamada **meiose**, que produz células com a metade do número de cromossomos das demais. Veja a figura 1.10. Na espécie humana, por exemplo, esse processo ocorre nos testículos e nos ovários e são produzidos gametas (espermatozoides e ovócitos II). Já em plantas com flores, o processo ocorre na flor e as células produzidas são chamadas **esporos**, que depois se transformam em gametas.

▶ **Meiose:** vem do grego *meios*, "diminuição".

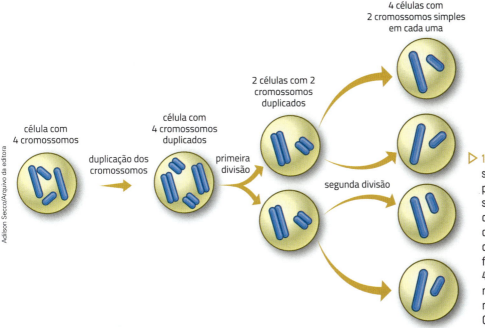

▷ 1.10 Representação esquemática simplificada da meiose, processo pelo qual uma célula se divide e origina quatro células, cada uma com a metade do número de cromossomos da célula original. No esquema, foram representados apenas 4 cromossomos. (Elementos representados em tamanhos não proporcionais entre si. Cores fantasia.)

Genes e as características hereditárias

Observe na figura 1.11 uma representação simplificada de dois dos sete pares de cromossomos homólogos de uma célula da ervilha estudada por Mendel. A região onde um gene está situado é chamada **loco**. Um par de cromossomos homólogos apresenta genes que atuam nas mesmas características e nas mesmas posições. Por exemplo, no primeiro par da figura, está representado o loco de um gene para a cor da semente em dois cromossomos homólogos; no outro, para a forma da semente.

▶ **Loco:** vem do latim *locus*, "lugar".
▶ **Alelo:** em grego, significa "de um a outro", indicando reciprocidade.

Em cromossomos homólogos pode haver formas ou versões diferentes de um mesmo gene. Essas diferentes versões são chamadas **alelos**. Assim, em um dos cromossomos da figura 1.11, por exemplo, há um alelo do gene para cor da semente que determina a cor amarela (representado pela letra **V**), e no loco correspondente do cromossomo homólogo há um alelo que determina a cor verde (representado pela letra **v**).

No outro par, um dos cromossomos tem o alelo que determina semente com a superfície lisa (representado pela letra **R**) e o seu homólogo tem o alelo que determina semente com superfície rugosa (representado pela letra **r**).

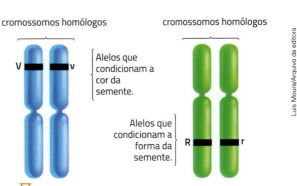

▽ 1.11 Representação simplificada de dois dos sete pares de cromossomos homólogos da célula da ervilha e dois pares de alelos em destaque. (Elementos representados em tamanhos não proporcionais entre si. Cores fantasia.)

Por convenção, usamos a letra inicial do caráter recessivo (verde e rugoso, neste caso) para denominar os alelos: o alelo responsável pela característica dominante é indicado pela letra maiúscula e o responsável pela característica recessiva, pela letra minúscula. Assim, o alelo para a semente de cor amarela é representado pela letra **V**; o alelo para a cor verde pela letra **v**; para a forma lisa da semente é usada a letra **R** e para a forma rugosa, **r**.

O conjunto de alelos que um indivíduo possui em suas células é chamado de **genótipo**. Em relação ao seu genótipo, um indivíduo ou uma planta com dois alelos iguais (**VV** ou **vv**, no caso da ervilha) são chamados **homozigotos** (ou "puros", segundo Mendel), e um indivíduo ou planta com dois alelos diferentes (**Vv**, no caso da ervilha) são chamados **heterozigotos** (ou "híbridos", termo usado por Mendel).

O genótipo e os fatores ambientais influenciam no conjunto de características manifestadas pelo indivíduo, como a cor ou forma da semente, por exemplo; ou a cor dos olhos, a cor da pele e a altura de uma pessoa. Dizemos que essas características formam o **fenótipo** do indivíduo.

Às vezes, o efeito do ambiente pode ser muito pequeno, como ocorre no caso da cor dos olhos de uma pessoa. Na maioria das vezes, porém, o ambiente pode influir bastante no fenótipo, como ocorre com a cor da pele. O termo ambiente abrange desde o ambiente interno de um organismo, como os nutrientes, até fatores físicos do ambiente externo, como a luz do sol, a alimentação e também fatores sociais e culturais, como a aprendizagem. Por isso, é mais adequado falar que um gene influencia uma característica do que falar que um gene determina uma característica.

> **Genótipo:** vem do grego *genos*, "originar", e *typos*, "característica".
> **Homozigoto:** vem do grego *homoios*, "igual", e *zygos*, "par".
> **Heterozigoto:** vem do grego *hetero*, "diferente", e *zygos*, "par".
> **Fenótipo:** vem do grego *phainein*, "fazer aparecer".

> Por convenção, a letra maiúscula sempre é escrita antes da letra minúscula.

> A altura e o peso de uma pessoa, por exemplo, são influenciados por sua alimentação, ou seja, por um fator do ambiente.

Conexões: Ciência e sociedade

Por que o trabalho de Mendel foi ignorado?

O trabalho de Mendel permaneceu ignorado pela comunidade científica por mais de trinta anos. Para alguns historiadores, isso ocorreu porque as descobertas de Mendel foram ofuscadas pela polêmica acerca do livro *A origem das espécies*, de Charles Darwin. Outros consideram que os agrônomos da época estavam mais interessados em resultados práticos do que nas generalizações estatísticas de Mendel. E talvez os cientistas ainda não estivessem preparados para o uso da Estatística como Mendel estava.

O certo é que as descobertas feitas nos estudos das células, que dariam uma evidência física para a hereditariedade, só ocorreram entre 1882 e 1903, e o trabalho de Mendel foi publicado em 1866.

A redescoberta dos trabalhos de Mendel ocorreu por três cientistas que compreenderam e apoiaram suas ideias. William Bateson (1861-1926; figura 1.12) estudava variações encontradas nas plantas e já tinha uma ideia de como planejar os experimentos mesmo antes de ler o trabalho de Mendel.

Já Hugo de Vries (1848-1935; figura 1.13) e Carl Erich Correns (1864-1933; figura 1.14) desenvolveram de forma independente experimentos similares aos de Mendel e chegaram a conclusões semelhantes.

É interessante pensar que, mesmo se Mendel não tivesse desenvolvido seus trabalhos, outros pesquisadores chegariam a conclusões semelhantes. Mesmo assim, houve oposição, principalmente pelo fato de as leis de Mendel não poderem ser aplicadas para todas as características hereditárias.

Fonte: elaborado com base em HENIG, R. M. *O monge no jardim*. Rio de Janeiro: Rocco, 2001; IB-USP. A redescoberta e a expansão do mendelismo. Disponível em: <http://dreyfus.ib.usp.br/bio203/texto4.pdf>. Acesso em: 14 mar. 2019.

1.12 William Bateson (1861-1926).

1.13 Hugo de Vries (1848-1935).

1.14 Carl Erich Correns (1864-1933).

Explicação dos resultados de Mendel

Como você aplicaria agora os conceitos que acabou de aprender para explicar os resultados e as conclusões a que Mendel chegou ao fazer seus experimentos com ervilhas? A que correspondem os "fatores" de Mendel? Vamos analisar o caso da cor da ervilha como exemplo.

Você aprendeu que na maioria das células os cromossomos ocorrem aos pares: são os cromossomos homólogos. Você também estudou que em cromossomos homólogos podem existir formas ou versões diferentes de um mesmo gene, os alelos. Assim, em um cromossomo pode haver um alelo para cor da semente que condiciona semente amarela (**V**), e na posição correspondente do outro cromossomo do par pode haver um alelo que determina a semente verde (**v**). Essa planta pode ser representada por **Vv** e terá semente amarela, já que a cor verde é recessiva. Uma planta com semente verde será representada por **vv**. Já uma planta de semente amarela pode ser **VV** (se for homozigota) ou **Vv** (se for heterozigota).

Acompanhe a descrição a seguir, observando a figura 1.15.

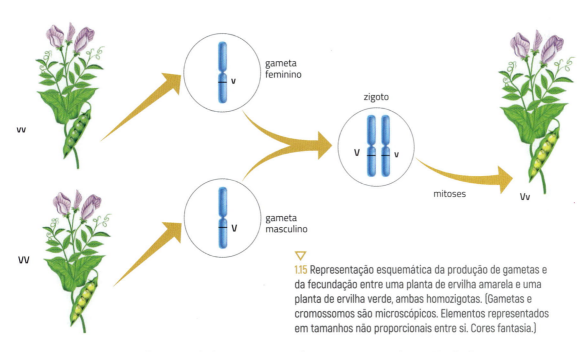

1.15 Representação esquemática da produção de gametas e da fecundação entre uma planta de ervilha amarela e uma planta de ervilha verde, ambas homozigotas. (Gametas e cromossomos são microscópicos. Elementos representados em tamanhos não proporcionais entre si. Cores fantasia.)

Uma planta de ervilha amarela homozigota pode ser representada por **VV**, indicando que ela possui dois alelos para a cor amarela em suas células. Essa planta irá produzir apenas gametas com o alelo **V**. A planta de ervilha verde, representada por **vv**, irá produzir apenas gametas com o alelo **v**. Com a fecundação, forma-se então uma planta amarela heterozigota, representada por **Vv**. Reveja a figura 1.15.

Foi isso que aconteceu na formação da primeira geração no cruzamento de Mendel: plantas de ervilhas amarelas cruzadas com as de ervilhas verdes originaram apenas plantas de ervilhas amarelas (**Vv**).

Você se lembra de que, quando Mendel realizou a autofecundação das ervilhas amarelas da primeira geração (F_1), ele obteve ervilhas com sementes amarelas e verdes na proporção aproximada de 3 amarelas para cada verde? Como podemos explicar esse resultado? Essa proporção nos ajuda a prever o resultado de outros cruzamentos?

Observe a explicação dos resultados na figura 1.16.

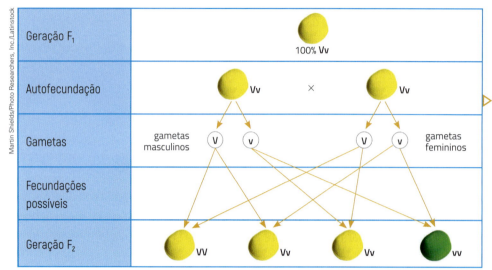

1.16 Interpretação dos resultados da autofecundação das plantas de ervilhas amarelas e heterozigotas. Observe a proporção de ervilhas amarelas e verdes obtidas em F_2. (Gametas são microscópicos. Elementos representados em tamanhos não proporcionais entre si. Cores fantasia.)

Fonte: elaborado com base em HOEFNAGELS, M. *Biology:* concepts and investigations. 4. ed. New York: McGraw-Hill, 2018. p. 192.

A ervilha amarela da geração F_1 é heterozigota (**Vv**). Então ela irá produzir gametas com o alelo **V** e gametas com o alelo **v**. Isso ocorre na mesma proporção, ou seja, metade dos gametas terá o alelo **V** e a outra metade terá o alelo **v**.

A autofecundação de uma planta **Vv** equivale ao cruzamento entre duas plantas heterozigotas (**Vv** e **Vv**). As fecundações ocorrem ao acaso. Isso significa que o fato de um gameta possuir determinado alelo não faz com que ele tenha chance maior de fecundar ou ser fecundado. Um gameta com o alelo **V** tem a mesma chance ou probabilidade – de 50% – de fecundar (ou ser fecundado) que um gameta com o alelo **v**.

Veja na figura 1.17 que há quatro possibilidades de fecundação na formação das sementes da segunda geração. Note que elas têm chances iguais de ocorrer:

- 25% de chance de um gameta masculino **V** fecundar um gameta feminino **V**, formando uma semente **VV**;
- 25% de chance de um gameta masculino **V** fecundar um gameta feminino **v**, formando uma semente **Vv**;
- 25% de chance de um gameta masculino **v** fecundar um gameta feminino **V**, formando uma semente **Vv**;
- 25% de chance de um gameta masculino **v** fecundar um gameta feminino **v**, formando uma semente **vv**.

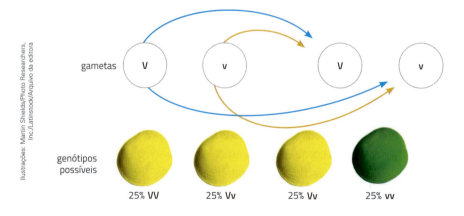

1.17 Representação esquemática das fecundações possíveis na formação das sementes da segunda geração. (Gametas são microscópicos. Elementos representados em tamanhos não proporcionais entre si. Cores fantasia.)

UNIDADE 1 • Genética, evolução e biodiversidade

Embora existam quatro possibilidades de fecundação, cada uma com 25% de probabilidade de ocorrer, duas delas resultam no mesmo tipo de genótipo: **Vv**. Portanto, podemos esperar desse cruzamento a proporção de uma semente com genótipo **VV**, duas **Vv** e uma **vv** (isto é, três sementes amarelas e uma verde a cada quatro sementes), ou, em porcentagem, 75% amarelas $\left(\frac{3}{4}\right)$ e 25% verdes $\left(\frac{1}{4}\right)$.

Veja outra forma de representar esse cruzamento no quadro a seguir, na figura 1.18, onde estão representados os gametas originados pelos indivíduos no cruzamento e os resultados das fecundações possíveis. Lembre-se de que há duas possibilidades de uma semente **Vv** ser formada: quando um gameta masculino **V** fecunda um gameta feminino **v** e quando um gameta masculino **v** fecunda um gameta feminino **V**.

♂ \ ♀	gameta V	gameta v
gameta V	VV	Vv
gameta v	Vv	vv

▷ **1.18** Representação do cruzamento entre uma planta feminina (♀) Vv e uma planta masculina (♂) Vv. Nesse quadro é possível verificar a proporção com a qual os genótipos se formam.

Por isso, o genótipo **Vv** aparece duas vezes no quadro e tem de ser contado duas vezes quando calculamos a proporção de, em quatro sementes, duas serem **Vv**. Veja que no quadro aparecem os genótipos **VV** (uma vez); **Vv** (duas vezes) e **vv** (uma vez). Como no quadro aparecem quatro possibilidades, a frequência de genótipos **VV** é $\frac{1}{4}$; a de **Vv**, $\frac{2}{4}$; a de **vv**, $\frac{1}{4}$. Em outras palavras, a **proporção genotípica** é 1 : 2 : 1.

Ao estudar o resultado de eventos que ocorrem ao acaso, como a fecundação, é importante considerar que calculamos as chances de cada evento ocorrer, o que não necessariamente corresponde ao que realmente acontece.

Usamos para esses cálculos uma teoria da Matemática, a **teoria da probabilidade**, que tem aplicações em várias ciências. Para exemplificar isso, podemos analisar um evento mais simples, como o lançamento de uma moeda. Veja a figura 1.19.

Ao jogarmos uma moeda para o alto, existe 50% de chances de sair cara e 50% de chances de sair coroa. Dificilmente veremos resultados coerentes com essa probabilidade ao analisar poucos lançamentos: em quatro lançamentos, por exemplo, pode ser perfeitamente possível obter 3 caras e 1 coroa.

Entretanto, à medida que aumentamos o número de lances, a chance de o resultado obtido sair diferente do esperado diminui. Com isso, podemos obter um resultado aproximado de 50% de caras e 50% de coroas. Quanto maior o número de lançamentos, mais os resultados obtidos se aproximarão dos valores esperados.

▽ **1.19** O lançamento de moedas é feito em alguns esportes para sortear quem começará a partida. Você sabe por quê?

Isso significa que, da mesma forma que ocorre com as moedas, os resultados obtidos com fecundações serão mais próximos aos resultados esperados quando analisarmos um grande número de descendentes: quanto maior o número, menor o desvio estatístico (há testes matemáticos para avaliar esses desvios).

No caso de um cruzamento de ervilhas heterozigotas para a cor da semente, por exemplo, quanto maior o número de descendentes, mais próximos devemos ficar da proporção esperada de 3 : 1 (**proporção fenotípica**) ou de 1 : 2 : 1 (proporção genotípica). Por isso, Mendel analisava sempre um grande número de indivíduos. Ao resolver atividades de Genética, calculamos o resultado esperado pela teoria da probabilidade.

3 Resolução de problemas de genética

A primeira lei de Mendel explica a transmissão de muitas características em várias espécies de plantas e animais. Veja a seguir se você já sabe usar seus conhecimentos de genética para resolver problemas, acompanhando a resolução de algumas questões.

Atividade resolvida

Considere que em porquinhos-da-índia o fenótipo pelo curto é dominante sobre o fenótipo pelo longo e que esse tipo de herança obedece à primeira lei de Mendel. Veja a figura 1.20.

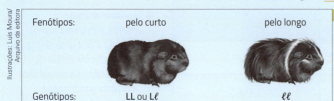

▷ 1.20 Representação esquemática de fenótipos e genótipos dos porquinhos-da-índia em relação ao tipo de pelo. O pelo curto é dominante sobre o pelo longo e a herança obedece à primeira lei de Mendel. (Cores fantasia.)

Atividade 1

Qual o resultado do cruzamento entre dois porquinhos-da-índia heterozigotos para o tipo de pelo?

Resolução:

Como o alelo pelo curto é dominante e os dois porquinhos-da-índia são heterozigotos, o genótipo de cada um deles é **Lℓ**. Cada um dos indivíduos produz dois tipos de gameta em igual proporção: a metade com o alelo **L** e a outra metade com alelo **ℓ**. Veja a figura 1.21:

▷ 1.21 Quadro de possíveis resultados do cruzamento de dois porquinhos-da-índia heterozigotos para o tipo de pelo. (Elementos representados em tamanhos não proporcionais entre si. Cores fantasia.)

Considerando que os encontros dos gametas ocorrem ao acaso, podemos calcular as chances de formação de cada genótipo e fenótipo. Analisando o quadro, vemos que os filhotes terão pelo curto em 75% dos casos (50% **Lℓ** e 25% **LL**); e terão pelo longo (**ℓℓ**) em 25% dos casos. Isso quer dizer que quanto maior o número de filhotes originados desse cruzamento, mais o resultado irá se aproximar da proporção de 75% para 25%.

Atividade 2

O que aconteceria se o cruzamento fosse entre um porquinho-da-índia de pelo curto e heterozigoto e um de pelo longo?

Resolução:

O porquinho-da-índia de pelo curto e heterozigoto (**Lℓ**) produz dois tipos de gameta em igual proporção, como acabamos de ver. Já o porquinho-da-índia de pelo longo é homozigoto (**ℓℓ**) e origina apenas um tipo de gameta (**ℓ**). Então, só há dois tipos de fecundações possíveis em relação a esses alelos: um gameta **L** irá fecundar um gameta **ℓ** ou um gameta **ℓ** irá fecundar um gameta também **ℓ**.

O resultado é que 50% dos filhotes terão pelo curto (serão **Lℓ**) e 50% terão pelo longo (serão **ℓℓ**).

No próximo exemplo estudaremos um caso em seres humanos. Muitas características humanas são hereditárias, quer dizer, são herdadas da mãe e do pai e podem ser transmitidas aos descendentes caso tenham filhos.

Veja na figura 1.22 que podemos representar as relações de descendência de um casal e seus filhos por meio de um diagrama chamado **heredograma**. Por convenção, o quadrado representa um indivíduo do sexo masculino e o círculo representa um indivíduo do sexo feminino. Um traço horizontal entre os dois simboliza a geração de descendentes, ou um cruzamento. Os filhos estão representados na linha de baixo e são ligados aos pais por traços verticais. Os portadores da característica analisada também podem ser identificados no heredograma com uma cor diferente.

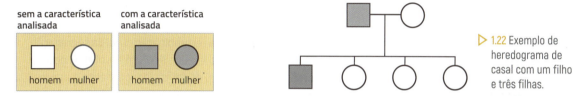

▷ 1.22 Exemplo de heredograma de casal com um filho e três filhas.

Um exemplo de característica hereditária é o albinismo. Uma pessoa com albinismo não produz melanina, o pigmento responsável pela cor da pele. Veja a figura 1.23.

Há vários tipos de albinismo. Aqui o termo é usado para o tipo mais comum, causado por um alelo recessivo. Nesse caso, há um alelo dominante envolvido na produção de melanina – que podemos chamar de alelo **A** – e um alelo recessivo que impede ou deixa em níveis muito baixos a produção de melanina – o alelo **a**.

1.23 Músico brasileiro Hermeto Pascoal, nascido em Alagoas no ano de 1936. Ele tem uma condição chamada albinismo, em que a produção de melanina é ausente ou muito baixa, deixando a pele e os cabelos brancos, entre outras características.

Atividade resolvida

Um homem e uma mulher que não tenham albinismo podem gerar um filho com albinismo? Se isso for possível, represente essa situação por meio de um heredograma.

Resolução:
Se tanto o homem quanto a mulher possuírem um alelo para albinismo, eles têm chance de ter um filho com essa característica. Em outras palavras, se ambos forem **Aa**, poderão ter um filho **aa**.

No exemplo da figura 1.24, um homem e uma mulher sem albinismo tiveram um filho também sem a condição e uma filha com albinismo. Como a filha possui a característica que está sendo estudada, o albinismo, o círculo que a representa recebe a cor cinza. Observe que o filho pode ser **AA** ou **Aa**, mas a filha é obrigatoriamente **aa**, já que estamos considerando que esse tipo de albinismo é uma característica recessiva. Ambos os pais têm de ser **Aa**, caso contrário, não poderiam ter uma filha com albinismo. Lembre-se de que um dos alelos vem do pai e outro da mãe.

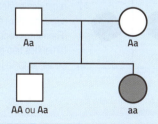

▷ 1.24 Heredograma de um casal, ambos heterozigotos para albinismo, e de seus dois filhos, um deles com albinismo (a menina).

Saiba mais

A segunda lei de Mendel

A primeira lei de Mendel analisa uma característica de cada vez: apenas a cor da semente ou apenas sua textura, por exemplo. Seria possível analisar mais de uma característica ao mesmo tempo?

Mendel cruzou ervilhas puras (homozigotas) para semente amarela e para superfície lisa (caracteres dominantes) com ervilhas de semente verde e superfície rugosa (caracteres recessivos). Constatou que **F₁** era totalmente constituída por indivíduos com sementes amarelas e lisas, o que era esperado, uma vez que esses caracteres são dominantes e os pais eram homozigotos. Ao provocar a autofecundação de um indivíduo **F₁**, observou que a geração **F₂** era composta de quatro tipos de sementes: amarela e lisa, amarela e rugosa, verde e lisa, verde e rugosa.

Os fenótipos "amarela e lisa" e "verde e rugosa" já eram conhecidos, mas os tipos "amarela e rugosa" e "verde e lisa" não estavam presentes na geração parental nem na **F₁**.

A partir desses dados, Mendel formulou sua segunda lei, também chamada **lei da recombinação** ou **lei da segregação independente**, que pode ser enunciada da seguinte maneira: "Em um cruzamento em que estejam envolvidos dois ou mais caracteres, os fatores que condicionam cada um se separam (se segregam) de forma independente durante a formação dos gametas, recombinam-se ao acaso e formam todas as combinações possíveis".

Em termos atuais, dizemos que a separação do par de alelos para a cor da semente (**V** e **v**, com **V** condicionando semente amarela e **v**, semente verde) não interfere na separação do par de alelos para a forma da semente (**R** condicionando semente lisa e **r**, semente rugosa).

O genótipo de plantas de ervilhas com sementes amarelas e lisas puras (homozigotas) é **VVRR** e o de plantas com sementes verdes e rugosas é **vvrr**. A planta **VVRR** produz gametas **VR**, e a planta **vvrr**, gametas **vr**. A união de gametas **VR** e **vr** produz apenas um tipo de planta na geração **F₁**: **VvRr**. Esse indivíduo é duplamente heterozigoto, ou seja, heterozigoto para a cor da semente e heterozigoto para a forma da semente, e produz quatro tipos de gametas: **VR**, **Vr**, **vR** e **vr**. Todos podem ocorrer com a mesma frequência: 25% ou $\frac{1}{4}$.

As sementes resultantes da autofecundação dessa planta duplo-heterozigota (**VvRr**) serão as possíveis combinações entre esses quatro tipos de gametas. Isso pode ser visto na figura 1.25.

Os cruzamentos com duas ou mais características ao mesmo tempo são mais complexos.

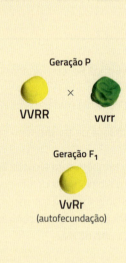

Proporção fenotípica

- $\frac{9}{16}$ amarela e lisa
- $\frac{3}{16}$ amarela e rugosa
- $\frac{3}{16}$ verde e lisa
- $\frac{1}{16}$ verde e rugosa

▶ **1.25** Resultado do cruzamento de duas ervilhas heterozigotas para a cor da semente (amarela ou verde) e para a forma da semente (lisa ou rugosa) — as sementes de ervilha têm cerca de 7 mm a 10 mm de diâmetro. Veja que há genótipos repetidos e diferentes que correspondem ao mesmo fenótipo. (Elementos representados em tamanhos não proporcionais entre si. Cores fantasia.)

Fonte: elaborado com base em RUSSELL, P. J.; HERTZ, P. E.; McMILLAN, B. *Biology*: The Dynamic Science. 4. ed. Boston: Cengage, 2017. p. 261.

ATIVIDADES

Aplique seus conhecimentos

1. A figura abaixo representa: indivíduos que produzem gametas, a fecundação e a geração de um novo indivíduo. Observe a figura 1.26 e responda às questões.

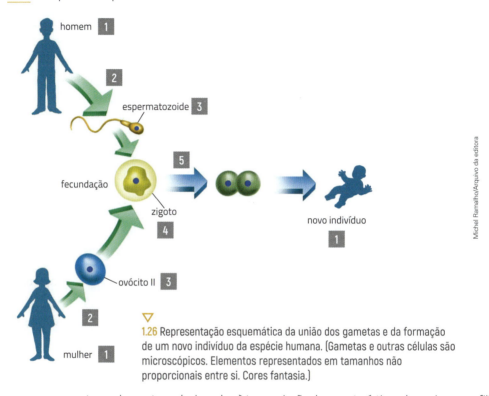

▽ **1.26** Representação esquemática da união dos gametas e da formação de um novo indivíduo da espécie humana. (Gametas e outras células são microscópicos. Elementos representados em tamanhos não proporcionais entre si. Cores fantasia.)

   a) Qual é o número que representa os elementos relacionados à transmissão de características dos pais para o filho?
   b) Qual é o número de cromossomos da maioria das células do nosso corpo?
   c) O número 2 indica o tipo de divisão celular que origina 3. Qual é o nome dessa divisão?
   d) O número 3 indica o número de cromossomos dos gametas da espécie humana. Qual é esse número?
   e) O número 4 indica o número de cromossomos do zigoto. Qual é esse número?
   f) O número 5 indica o tipo de divisão celular pelo qual o zigoto origina a maioria das células do corpo. Qual é o nome dessa divisão?

2. Um estudante afirmou que os gametas de um indivíduo eram heterozigotos. Por que essa afirmação está errada?

3. De acordo com a primeira lei de Mendel, características transmitidas, como a cor de uma semente de ervilha, são condicionadas por um par de fatores que se separam na formação dos gametas.
   a) A que correspondem os "fatores" considerados por Mendel?
   b) Que tipos de gametas um indivíduo **Vv** pode produzir? Em que proporção esses gametas são produzidos?
   c) Que processo é responsável pela separação desses fatores durante a formação dos gametas?

4. Se cruzarmos uma planta de genótipo **Vv** para cor de ervilha com uma planta que produz apenas ervilhas verdes, que proporção de ervilhas amarelas e verdes você espera conseguir? Justifique sua resposta indicando os genótipos das ervilhas.

5. Utilizando letras (use a letra inicial da característica recessiva), mostre os genótipos das seguintes plantas de:
   a) ervilhas de sementes amarelas que cruzadas entre si nunca originavam ervilhas verdes;
   b) ervilhas de sementes amarelas que cruzadas entre si originavam ervilhas amarelas e verdes;
   c) ervilhas de sementes verdes.

ATIVIDADES 31

6 ▸ Em ervilhas, a herança da textura da semente, que pode ser lisa ou rugosa, é semelhante à observada em relação à cor das sementes. Observe o quadro abaixo.

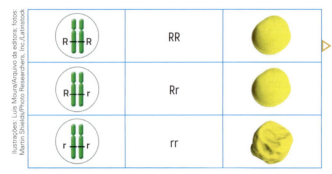

▷ 1.27 Quadro representando os genótipos e fenótipos correspondentes à textura das sementes em ervilhas. (Cromossomos são microscópicos. Elementos representados em tamanhos não proporcionais entre si. Cores fantasia.)

a) Quais são os pares de fatores possíveis relacionados à textura das sementes de ervilha?
b) Quais são os fenótipos possíveis para essa característica? Qual é o caráter dominante e qual é o recessivo?
c) Quais são os gametas produzidos por um indivíduo **rr**? E por um indivíduo **Rr**?
d) Como são os genótipos e fenótipos possíveis de se obter no cruzamento de uma planta de ervilhas lisas de genótipo **Rr** com uma planta de ervilhas rugosas? E de uma planta de ervilha lisa e homozigota, com uma de ervilha rugosa?

7 ▸ Se o alelo **a** determina albinismo (característica recessiva) e o alelo **A** determina a presença de melanina (característica dominante), como serão os fenótipos dos indivíduos **AA**, **Aa** e **aa**?

8 ▸ Em porquinhos-da-índia, vamos considerar que a herança para a cor do pelo obedece à primeira lei de Mendel. O caráter pelo preto (**MM** ou **Mm**) é dominante sobre o pelo marrom (**mm**).
a) Que cores podem ter os descendentes de um cruzamento entre uma fêmea de pelo preto (**MM**) e um macho de pelo marrom (**mm**)? Qual é o genótipo desses indivíduos?
b) Quais são os genótipos dos indivíduos que, quando cruzados, podem gerar descendentes com o pelo marrom?

9 ▸ Observe o heredograma abaixo. A cor preta, neste caso, representa indivíduos com albinismo.
Observe que o casal (1 e 2) teve quatro filhos (3, 4, 5 e 6). A filha indicada pelo número 4 tem albinismo.
Quais os genótipos dos indivíduos 1, 2 e 4? Justifique.

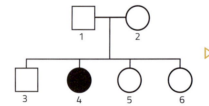

▷ 1.28 Heredograma de um casal e de seus quatro filhos, um deles com albinismo.

10 ▸ A figura abaixo, elaborada com base em uma ilustração feita em 1694, representa um espermatozoide. Ela mostra uma ideia popular na época sobre a função do espermatozoide para a formação de um novo ser vivo. Qual seria essa ideia? Por que, segundo nossos conhecimentos atuais, ela está errada?

▷ 1.29 Ilustração de espermatozoide em 1694.

11 ▸ Um homem com braquidactilia (condição caracterizada pelo encurtamento dos dedos), casado com uma mulher com a mesma característica, tem um filho com comprimento padrão de dedos.
   a) Qual deve ser o caráter dominante?
   b) Qual é o genótipo dos pais?

12 ▸ Os gêmeos univitelinos são geneticamente iguais, pois vieram de um mesmo zigoto. Isso significa que todas as suas características são também idênticas? Justifique sua resposta.

13 ▸ Indique a opção falsa:
   a) o fenótipo é influenciado pelo ambiente.
   b) o fenótipo depende do genótipo e do meio ambiente.
   c) o genótipo depende do fenótipo e do meio ambiente.
   d) o genótipo depende dos genes.

De olho no texto

O texto a seguir foi retirado do *site* da Sociedade Brasileira de Dermatologia. Ele descreve o albinismo oculocutâneo, ou seja, aquele que atinge os olhos e a pele. Leia o texto e faça o que se pede.

O albinismo oculocutâneo é uma desordem genética na qual ocorre um defeito na produção da melanina, pigmento que dá cor a pele, cabelo e olhos.

[...]

Os sintomas são variáveis de acordo com o tipo de mutação apresentada pelo paciente. A mutação envolvida determina a quantidade de melanina produzida, que pode ser totalmente ausente ou estar parcialmente presente. Assim sendo, a tonalidade da pele pode variar do branco a tons um pouco mais amarronzados; os cabelos podem ser totalmente brancos, amarelados, avermelhados ou acastanhados e os olhos avermelhados (ausência completa de pigmento, deixando transparecer os vasos da retina), azuis ou acastanhados.

Devido a deficiência de melanina, pigmento que além de ser responsável pela coloração da pele, a protege contra a ação da radiação ultravioleta, os albinos são altamente suscetíveis aos danos causados pelo sol. Apresentando frequentemente, envelhecimento precoce [...] e câncer da pele, ainda muito jovens. Não é incomum encontrar albinos na faixa dos 20 a 30 anos com câncer da pele avançado, especialmente aqueles que moram em regiões quentes e se expõem de forma prolongada e intensa à radiação solar.

[...]

Não existe, atualmente, nenhum tratamento específico e efetivo, pois o albinismo é decorrente de uma mutação geneticamente determinada.

[...]

Como a principal fonte de vitamina D é proveniente da exposição solar, e os albinos precisam realizar fotoproteção estrita, é necessária a suplementação com vitamina D, para evitar os problemas decorrentes da deficiência dessa vitamina, como alterações ósseas e imunológicas.

SBD. Albinismo. Disponível em: <http://www.sbd.org.br/dermatologia/pele/doencas-e-problemas/albinismo/24>. Acesso em: 14 mar. 2019.

   a) Consulte em dicionários o significado das palavras que você não conhece e redija uma definição para essas palavras.
   b) Por que podem existir variações na forma como o albinismo se apresenta?
   c) De acordo com o texto, pessoas com albinismo devem usar fotoproteção estrita, ou seja, não podem se expor ao sol. Por que as pessoas com albinismo são mais sensíveis aos danos causados pelo sol?
   d) Que implicações a falta de exposição ao sol pode trazer?
   e) A radiação solar é muito perigosa para pessoas com albinismo. Mas também traz problemas para todas as pessoas que se expõem em excesso. Pense em medidas que uma cidade pode tomar para permitir que as pessoas se protejam do sol.
   f) Imagine que o albinismo é causado por um gene. Um homem heterozigoto para o albinismo (**Aa**) é casado com uma mulher albina (**aa**). Quais são os gametas produzidos pelo homem? E pela mulher?
   g) Quais são os genótipos dos possíveis filhos desse casal? Há chances de nascerem crianças com albinismo?

Aprendendo com a prática

Organizem-se em grupos de quatro ou cinco colegas.

Material
- Dois sacos de papel opaco
- 12 peças de jogo de damas brancas e 12 peças pretas, todas do mesmo tamanho (podem ser usados feijões pretos e feijões mais claros, como o carioquinha, desde que sejam aproximadamente do mesmo tamanho)

Procedimento

1. Em um dos sacos de papel deve ser escrito "gametas masculinos"; no outro, "gametas femininos". Cada saco deverá conter 6 peças pretas e 6 peças brancas. Veja a figura 1.30.
2. Sem olhar o conteúdo do primeiro saco, um dos estudantes do grupo retira uma peça de seu interior; outro estudante retira uma peça do outro saco, também sem olhar. Veja a figura 1.31.
3. Um terceiro estudante do grupo anota a cor de cada peça (a ordem em que foram tiradas não importa). Veja a figura 1.32. As duas peças devem ser devolvidas aos respectivos sacos e misturadas com as outras. O processo deve ser repetido 32 vezes.

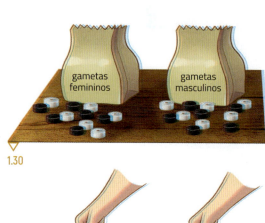
1.30

1.31

Resultados e discussão

Agora, respondam às seguintes questões:

a) Suponham que cada peça corresponda a um alelo de determinado gene e cada sorteio represente o encontro de dois gametas. Usando letras maiúsculas e minúsculas para representar os alelos (considere **A** = peça preta e **a** = peça branca), demonstrem os genótipos dos pais que participam dessa representação de cruzamentos.

b) Usando as mesmas letras, informem qual a proporção genotípica esperada para a descendência desse cruzamento. Qual a proporção obtida pelo grupo na prática?

c) Qual é a proporção fenotípica esperada, isto é, quantos são os indivíduos com a característica dominante e quantos têm a característica recessiva? Qual é a proporção fenotípica obtida?

d) Comparem as proporções obtidas em seu grupo com as de outros grupos. Os resultados foram os mesmos? Expliquem por que as proporções genotípicas e fenotípicas obtidas não precisam ser iguais às proporções esperadas.

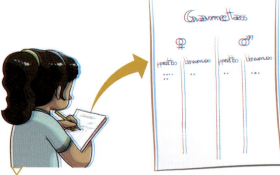
1.32

e) Redistribuam as peças de modo que um dos sacos fique com 3 peças brancas e 3 peças pretas e o outro saco fique com 6 peças brancas e repitam o processo de sorteio descrito anteriormente. Novamente, usando letras maiúsculas e minúsculas para os alelos e supondo novamente que as peças brancas representam o alelo recessivo, respondam novamente às questões **a** a **d** adaptando-as a essa nova situação.

Autoavaliação

1. Em qual tema deste capítulo você teve mais dificuldade? Como buscou superá-la?
2. Você analisou e compreendeu os esquemas de estruturas e processos representados no capítulo?
3. Como você avalia sua compreensão sobre proporção fenotípica e probabilidade genotípica?

CAPÍTULO 2

A genética depois de Mendel

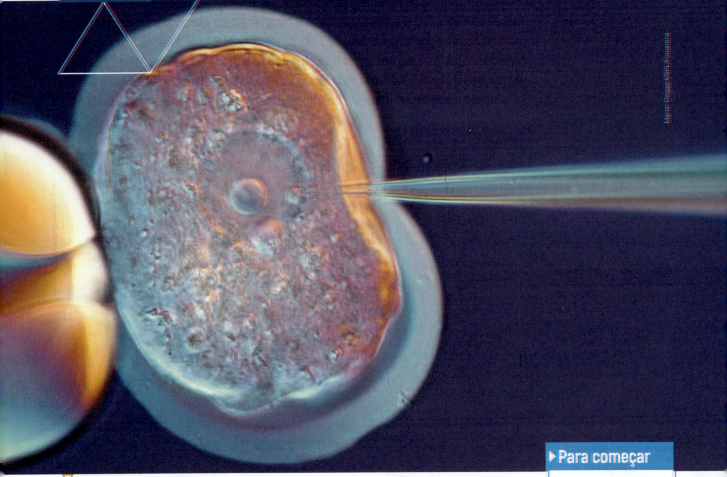

2.1 Óvulo de rato recebe material genético de outra espécie em técnica de genética molecular. À esquerda, uma pipeta segura o óvulo enquanto, à direita, a ponta de uma microagulha contendo o material genético é introduzida nele. Foto de microscopia óptica (a célula tem cerca de 0,07 mm de diâmetro).

Muitas descobertas em Genética foram possíveis porque partiram dos trabalhos de Mendel. Exemplos são a descoberta de que os genes estão contidos nos cromossomos localizados no núcleo das células e a descrição da estrutura química do DNA, da qual os genes são formados.

Hoje, já é possível transferir material genético de um ser vivo a outro, ou alterar os genes de um organismo por meio de técnicas de uma área conhecida como Engenharia Genética. Veja a figura 2.1. Entretanto, essas aplicações costumam gerar controvérsias na sociedade. Neste capítulo, você vai conhecer alguns conceitos básicos da genética depois de Mendel e poderá discutir e formar as próprias opiniões sobre esse assunto.

▶ Para começar

1. Em um gene, um alelo sempre apresenta dominância sobre outro alelo?
2. O sexo de um indivíduo é determinado pelos cromossomos?
3. Como a manipulação do material genético pode ser usada na produção de medicamentos?
4. Você sabe o que são clones?

1 As descobertas após Mendel

No capítulo anterior, vimos que Mendel explicou como certas características de ervilhas são transmitidas entre as gerações. Ele formulou as leis da hereditariedade mesmo sem ter conhecimento dos conceitos de cromossomos, genes e meiose.

O trabalho de Mendel foi ignorado na época de sua publicação e redescoberto em pesquisas independentes mais de 30 anos depois. O cientista estadunidense Walter Sutton (1877-1916), em estudo com gafanhotos, demonstrou que os cromossomos ocorriam aos pares e que sua distribuição na formação dos gametas coincidia com os denominados "fatores" de Mendel. Já o biólogo alemão Theodor Boveri (1862-1915), em estudo com gametas de ouriço-do-mar, percebeu que era necessário que os cromossomos estivessem presentes para que o desenvolvimento do embrião ocorresse.

Entretanto, quem identificou os genes e os associou aos "fatores" de Mendel foi o geneticista estadunidense Thomas Hunt Morgan (1866-1945) e sua equipe de estudantes. Eles analisaram a transmissão de características em drosófilas (*Drosophila melanogaster*), pequenas moscas conhecidas popularmente como "mosquinhas da banana". Veja a figura 2.2.

2.2 Thomas Morgan em seu laboratório na Universidade Columbia, em Nova York.

Essa mosca foi escolhida para o estudo por ser pequena e fácil de alimentar e de criar e ainda pelo fato de cada fêmea produzir centenas de ovos, que, em pouco tempo (duas semanas), geram grande número de descendentes. Além disso, ela tem apenas quatro tipos de cromossomo e muitas características físicas fáceis de observar, como a cor dos olhos e o tipo de asa.

> Em um ano é possível estudar até vinte gerações desse tipo de mosca.

Nos resultados dos cruzamentos das drosófilas, de vez em quando, é possível notar o nascimento de descendentes com características novas, que não estavam presentes na população de origem. Veja a figura 2.3. Como você explicaria o surgimento dessas novas características?

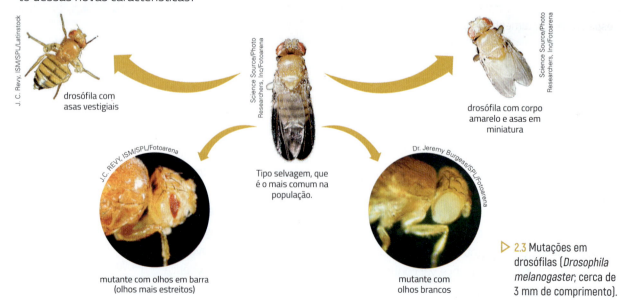

drosófila com asas vestigiais

Tipo selvagem, que é o mais comum na população.

drosófila com corpo amarelo e asas em miniatura

mutante com olhos em barra (olhos mais estreitos)

mutante com olhos brancos

▷ 2.3 Mutações em drosófilas (*Drosophila melanogaster*; cerca de 3 mm de comprimento).

36 UNIDADE 1 • Genética, evolução e biodiversidade

Fatores ambientais, como a radiação solar, podem causar alterações no material genético de um indivíduo. Essas alterações são conhecidas como **mutações** e, quando ocorrem nas células que geram os gametas, elas podem ser transmitidas para as gerações seguintes, produzindo indivíduos chamados **mutantes**.

Alguns mutantes têm asas muito reduzidas, chamadas vestigiais; outros apresentam a cor ou o formato dos olhos diferentes da condição comum. Reveja a figura 2.3. Esses organismos mutantes, quando cruzados, podem também passar suas características para os descendentes, como veremos na atividade a seguir.

Atividades resolvidas

Atividade 1

Ao cruzar drosófilas mutantes com asas vestigiais, um pesquisador percebeu que essa característica é transmitida aos descendentes e é recessiva com relação à asa normal. Supondo que essa herança ocorra de forma semelhante ao que observamos na herança da cor das ervilhas de Mendel, determine a proporção esperada no cruzamento representado na figura 2.4.

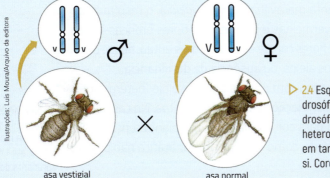

▷ **2.4** Esquema de cruzamento entre drosófila macho de asa vestigial e drosófila fêmea com asas normais e heterozigota. (Elementos representados em tamanhos não proporcionais entre si. Cores fantasia.)

Resolução:

No cruzamento apresentado, a drosófila macho produzirá apenas gametas **v** e a drosófila fêmea produzirá 50% de gametas **V** e 50% de gametas **v**. Portanto, espera-se que os descendentes sejam 50% heterozigotos com asa normal (**Vv**) e 50% com asa vestigial (**vv**).

Atividade 2

Em outro caso, ao cruzar duas moscas com corpo castanho, um pesquisador percebeu que eram gerados alguns descendentes com corpo castanho e alguns com corpo preto, sendo esta uma característica recessiva. Supondo, mais uma vez, que essa herança ocorra de forma semelhante ao observado por Mendel, determine a proporção genotípica esperada no cruzamento representado na figura 2.5.

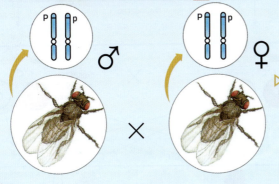

▷ **2.5** Esquema de cruzamento entre drosófilas de corpo castanho, ambas heterozigotas para cor do corpo. (Elementos representados em tamanhos não proporcionais entre si. Cores fantasia.)

Resolução:

No cruzamento apresentado, a drosófila macho produzirá 50% de gametas **P** e 50% de gametas **p**, e a drosófila fêmea produzirá gametas nessa mesma proporção. Assim, espera-se que os descendentes sejam 25% homozigotos dominantes (**PP**), 50% heterozigotos (**Pp**) e 25% homozigotos recessivos (**pp**).

A genética depois de Mendel • **CAPÍTULO 2**

2 Padrões de herança não estudados por Mendel

Estudos posteriores ampliaram as ideias sobre as leis da herança de Mendel, demonstrando que elas não são válidas para todos os casos. Entre outras descobertas, esses estudos permitiram a identificação dos cromossomos sexuais, além de casos em que um alelo não tem dominância sobre outro.

A dominância incompleta

Como vimos no capítulo anterior, nos estudos com ervilhas que Mendel conduziu era possível observar uma **dominância completa**, ou seja, basta a presença de um alelo que determina a característica dominante para que a característica se expresse. Então, por exemplo, para uma ervilha ter sementes da cor amarela (característica dominante) basta que ela tenha um alelo que determina a cor amarela.

Já em outros casos, como na planta maravilha (*Mirabilis jalapa*), o resultado do cruzamento entre plantas com flores vermelhas e plantas com flores brancas é uma planta com uma terceira característica: flores cor-de-rosa. Dizemos então, nesse caso, que há **dominância incompleta** entre os alelos, ou **ausência de dominância**.

Na dominância incompleta, o indivíduo com os dois tipos de alelo (heterozigoto) apresenta um fenótipo intermediário em relação ao dos homozigotos. No caso abordado, a presença de apenas um alelo para cor vermelha leva a planta a produzir o pigmento vermelho em menor quantidade; como o alelo para cor branca não produz pigmento, a planta será cor-de-rosa.

Nesses casos, os alelos são representados por letras com índices, em vez de letras maiúsculas e minúsculas: a flor vermelha é C^VC^V (**C** de cor e **V** de vermelho); a branca, C^BC^B; a cor-de-rosa, C^VC^B. Essa notação pode também ser simplificada para **VV**, **BB** e **VB**.

Veja, na figura 2.6, que o cruzamento entre duas plantas homozigotas, uma vermelha e outra branca, produz apenas flores cor-de-rosa. O cruzamento de duas plantas de flores cor-de-rosa produz a proporção de uma flor vermelha para duas cor-de-rosa e uma branca (ou seja, uma proporção de 1 : 2 : 1). Repare que a proporção genotípica é a mesma encontrada por Mendel no cruzamento entre duas plantas heterozigotas – o que muda é a proporção fenotípica. Além disso, repare que a distribuição dos alelos nos gametas também obedece, neste caso, à primeira lei de Mendel. O que muda é a ausência de dominância entre os alelos.

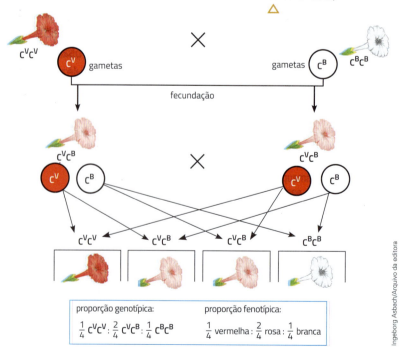

2.6 Representação do cruzamento entre indivíduos da planta maravilha (*Mirabilis jalapa*; até 1 m de altura), que apresenta dominância incompleta para a determinação da cor da flor. (Elementos representados em tamanhos não proporcionais entre si. Cores fantasia.)

Determinação do sexo

Em muitas espécies, o sexo biológico é determinado por um par de cromossomos chamados **cromossomos sexuais**. Genes situados nesses cromossomos determinam se o embrião vai desenvolver determinados órgãos sexuais, como testículos ou ovários. Os testículos e os ovários, por sua vez, produzem hormônios masculinos e femininos, respectivamente, que influenciam diversas características sexuais na espécie humana, como vimos no 8º ano.

No caso da espécie humana, existem 22 pares de cromossomos comuns ao homem e à mulher (são chamados **autossomos**) e mais um par de cromossomos sexuais.

As mulheres apresentam dois cromossomos sexuais iguais, chamados de cromossomos **X**. Já os homens apresentam um cromossomo sexual **X** e um cromossomo sexual **Y**, este bem menor que o cromossomo **X**. Veja a figura 2.7.

Nos gametas há metade do conjunto de cromossomos. Todos os ovócitos que as mulheres liberam na ovulação a partir da puberdade contêm um cromossomo **X**. Já cerca de metade dos espermatozoides produzidos pelos homens terá um cromossomo **X**, enquanto a outra parte terá um cromossomo **Y**. Veja a figura 2.8.

Na fecundação, o ovócito (**X**) tem 50% de chance de ser fecundado por um espermatozoide (**X**), dando origem a um zigoto (**XX**), que será do sexo feminino; e 50% de chance de ser fecundado por um espermatozoide (**Y**), formando um zigoto (**XY**) que será do sexo masculino. Portanto, como o ovócito II necessariamente tem o cromossomo **X**, o sexo da criança é determinado pelo espermatozoide no momento da fecundação, havendo chances iguais de a fecundação ocorrer por um espermatozoide contendo cromossomo **X** ou **Y**.

> Como vimos no 8º ano, os gametas femininos dos mamíferos estão, antes da fecundação, em um estágio conhecido como ovócito secundário. Mas é comum chamar esses gametas tanto de óvulos como de ovócitos.

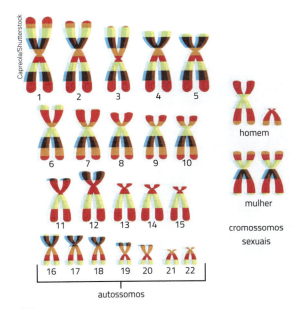

2.7 Representação artística do conjunto de cromossomos do ser humano. À direita, os cromossomos sexuais do homem e da mulher. (Os cromossomos são microscópicos. Elementos representados em tamanhos não proporcionais entre si. Cores fantasia.)

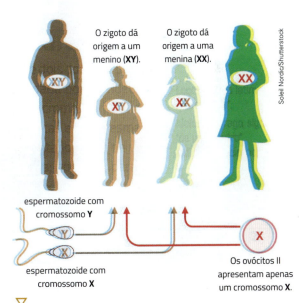

2.8 Representação da produção de gametas por mulheres e homens e da determinação do sexo do indivíduo a partir da união dos gametas feminino e masculino. (Os gametas são microscópicos. Elementos representados em tamanhos não proporcionais entre si. Cores fantasia.)

A determinação do sexo pode variar dependendo do organismo estudado. Em muitas aves, por exemplo, o sexo é determinado pelo gameta da fêmea. Em alguns casos, o sexo pode ser determinado por fatores ambientais, como a temperatura.

3 Os genes e o ambiente

Os genes influenciam muitas características. Além do fator genético, hoje sabemos que fatores ambientais também têm forte influência sobre a forma como nós e os outros seres vivos nos desenvolvemos. Considera-se que esses fatores incluem aspectos físicos e químicos dentro e fora das células, como a alimentação e a exposição aos raios solares.

Quando um caráter está presente já no nascimento – independentemente de sua causa ser genética ou ambiental –, ele é considerado **congênito**. Como exemplo, podemos mencionar duas causas para a surdez congênita, uma ambiental e outra genética. Se uma mulher for infectada pelo vírus da rubéola durante a gravidez, ele também pode infectar o embrião e provocar surdez congênita na criança. Mas a surdez pode ser causada também por alterações em um gene que é transmitido dos pais para os filhos.

Pode-se dizer que, na maioria dos casos, uma característica é influenciada tanto pelos genes quanto pelos fatores ambientais. Uma pessoa com genes que determinam a produção de pouca melanina, por exemplo, terá a pele clara. Se ela se expuser muito ao sol, poderá ficar com a pele um pouco mais escura, mas nunca chegará a ter pele tão escura quanto a de uma pessoa com genes que determinam a produção de uma grande quantidade de melanina. Veja a figura 2.9.

2.9 Trabalhadora rural com a pele "queimada" pela exposição ao sol em colheita de couve em Ibiúna (SP), 2018.

É preciso compreender também que o efeito de um gene pode ser modificado pelo ambiente. Uma pessoa com tendência genética para a obesidade, por exemplo, pode conseguir manter um peso saudável se controlar a alimentação. Nesse caso, um fator ambiental, a alimentação, impede que um possível efeito genético se manifeste.

Por isso, mesmo gêmeos monozigóticos ou idênticos, que possuem os mesmos genes, são diferentes entre si. O desenvolvimento humano, por exemplo, depende de fatores genéticos e também culturais e sociais, como indicam os estudos em Psicologia e Sociologia. Dessa forma, tanto os genes quanto os fatores ambientais são responsáveis por produzir a grande diversidade de indivíduos existentes.

4 Alterações genéticas na espécie humana

Vimos que os genes, em interação com o ambiente, são responsáveis pelo nosso desenvolvimento e por nossas características. Nos seres humanos, por exemplo, alterações nos genes podem resultar em problemas de saúde quando afetam a produção de algumas substâncias, como as enzimas. Elas são substâncias que atuam nas transformações químicas. Sem as enzimas, essas transformações não ocorreriam. Vamos analisar a seguir um caso de alteração genética.

Pessoas com fenilcetonúria não conseguem utilizar adequadamente o aminoácido fenilalanina. Em pessoas com essa alteração genética, a fenilalanina se acumula no organismo, causando lesões no cérebro. Essa e outras alterações genéticas são muitas vezes diagnosticadas por meio de exames simples, como o chamado teste do pezinho (que você conheceu no 8º ano), realizado nos primeiros dias de vida do bebê. O exame é obrigatório por lei e realizado gratuitamente nos serviços públicos de saúde nos primeiros 15 dias de vida. Esse teste consiste em retirar gotas de sangue do calcanhar e analisá-las em laboratório para detectar alterações, como a fenilcetonúria.

A fenilalanina pode ser encontrada em produtos indicados para pessoas que não podem consumir açúcar, como diabéticos, por exemplo. Se você já leu a composição de um alimento dietético, é muito provável que tenha visto um aviso como o que aparece na figura 2.10.

Ao longo dos estudos de Ciências você tem visto como é importante ter informações sobre os alimentos para adotar uma dieta adequada. Os rótulos de alimentos trazem importantes informações sobre os ingredientes que eles contêm e sobre o seu valor nutricional.

> **Mundo virtual**
>
> **Como as doenças genéticas são transmitidas**
> http://www.genoma.ib.usp.br/sites/default/files/folder_doenca_genetica_transmitidas.pdf
> Folheto sobre a transmissão das doenças genéticas.
> Acesso em: 19 mar. 2019.

▷ 2.10 Aviso sobre a presença de fenilalanina em embalagem de gelatina dietética.

Alterações cromossômicas

Ocasionalmente, pode ocorrer a formação de gametas com cromossomos a mais ou a menos. Isso pode acontecer devido à repartição desigual de material genético durante a meiose. Caso ocorra fecundação com esses gametas, essas alterações originam pessoas com um número de cromossomos diferente de 46. Um desses casos é a síndrome de Down, que afeta um em cada mil recém-nascidos.

Pessoas com síndrome de Down nascem com três cromossomos do tipo 21 (os cromossomos são numerados em ordem decrescente de tamanho). Veja a figura 2.11 e a compare com a figura 2.7. Essa alteração cromossômica pode provocar, em diferentes graus, deficiência intelectual, problemas cardíacos, maior predisposição a infecções, entre outros. Pode influenciar também algumas características físicas, em graus variados: altura abaixo da média, orelhas com implantação baixa, pescoço grosso e mãos curtas e largas.

> **Mundo virtual**
>
> **Fundação síndrome de Down**
> http://www.fsdown.org.br/sobre-a-sindrome-de-down/o-que-e-sindrome-de-down
> Explicações sobre a síndrome e indicação das leis que regulam os direitos das pessoas com síndrome de Down. Acesso em: 19 mar. 2019.

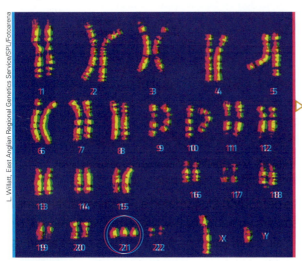

2.11 Fotografia de cromossomos humanos observados ao microscópio óptico. Observe que há três cromossomos do tipo 21, indicados pelo círculo. Essa alteração determina a síndrome de Down.
A observação dos cromossomos também permite concluir que essa pessoa é do sexo masculino, pois há um cromossomo X, o penúltimo, e um cromossomo Y, o último. (Aumento de cerca de 1430 vezes; coloridos artificialmente.)

Conexões: Ciência e sociedade

Educação e síndrome de Down

Uma boa educação é um bem enorme que produz benefícios pessoais durante toda a vida. Isso não é diferente para pessoas com síndrome de Down.

[...]

Conviver com pessoas de diferentes origens e formações em uma escola regular e inclusiva pode ajudar ainda mais as pessoas com síndrome de Down a desenvolverem todas as suas capacidades.

Antigamente, acreditava-se que as pessoas com síndrome de Down nasciam com uma deficiência intelectual severa. Hoje, sabe-se que o desenvolvimento da criança depende fundamentalmente da estimulação precoce, do enriquecimento do ambiente no qual ela está inserida e do incentivo das pessoas que estão à sua volta. Com apoio e investimento na sua formação, os alunos com síndrome de Down, assim como quaisquer outros estudantes, têm capacidade de aprender.

2.12 As relações com a família e a sociedade são importantes para o desenvolvimento de uma criança com síndrome de Down. Consultar um médico pediatra é fundamental para ter orientação sobre cuidados médicos e exames a serem realizados.

É importante destacar que cada estudante, independentemente de qualquer deficiência, tem um perfil único, com habilidades e dificuldades em determinadas áreas. No entanto, algumas características associadas à síndrome de Down merecem a atenção de pais e professores, como o aprendizado em um ritmo mais lento, a dificuldade de concentração e de reter memórias de curto prazo.

Movimento Down. *Educação e síndrome de Down*. Disponível em: <www.movimentodown.org.br/educacao/educacao-e-sindrome-de-down>. Acesso em: 18 mar. 2019.

5 Biotecnologia

Mesmo antes do conhecimento dos conceitos atuais de Genética, já existia a ideia de que certas características podem ser transmitidas ao longo das gerações. Na agricultura, por exemplo, o ser humano cruzava variedades de plantas com características de interesse para selecioná-las. O milho que conhecemos hoje, por exemplo, é resultado de centenas de anos de seleção de características interessantes ao consumo. Veja a figura 2.13.

2.13 Milho selvagem (em cima) e moderno (embaixo), resultado de centenas de anos de cruzamentos selecionados.

Outro exemplo de manipulação de seres vivos é no uso de microrganismos para produzir pães, bebidas fermentadas e outros alimentos, que existe há mais de 6 mil anos.

O conhecimento genético deu um grande impulso a essas tecnologias, que passaram a incluir novas técnicas, como a identificação de genes, a manipulação do material genético de células isoladas ou de organismos e até a transferência de genes de uma espécie para outra, com o objetivo de produzir substâncias e modificar uma série de processos. Métodos como esses fazem parte da área conhecida como **Biotecnologia**.

Os organismos transgênicos

Você conhece alguém que tenha diabetes? Na maioria dos casos, pessoas com essa doença não produzem o hormônio insulina, ou o produzem em quantidade insuficiente. A insulina é sintetizada pelo pâncreas e sua função é possibilitar que o açúcar em circulação no sangue entre nas células, suprindo-as com energia. Sem a insulina, as taxas de açúcar no sangue aumentam muito, o que pode gerar consequências graves e até levar à morte. Por essa razão, muitas pessoas com diabetes devem tomar insulina.

De acordo com a Sociedade Brasileira de Diabetes (SBD), cerca de 425 milhões de pessoas em todo o mundo são diabéticas. No Brasil são aproximadamente 12,5 milhões de diabéticos.

Durante muito tempo esse hormônio foi obtido de porcos, que produzem insulina semelhante à humana. O composto de origem animal, no entanto, podia causar alergia e outros problemas em algumas pessoas. Diante disso, a ciência desenvolveu técnicas de manipulação do DNA de bactérias que viabilizaram a produção de insulina idêntica à humana. Observe a figura 2.14.

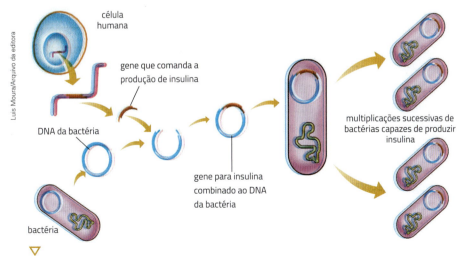

Fonte: elaborado com base em U. S. Department of Health & Human Services. *How did they make insulin from recombinant DNA?* Disponível em: <https://www.nlm.nih.gov/exhibition/fromdnatobeer/exhibition-interactive/recombinant-DNA/recombinant-dna-technology-alternative.html>. Acesso em: 18 mar. 2019.

2.14 Ilustração da técnica que possibilita a produção de insulina por bactérias. (Elementos representados em tamanhos não proporcionais entre si. Cores fantasia.)

A genética depois de Mendel • **CAPÍTULO 2** **43**

Quando recebe o gene que codifica a insulina, a bactéria incorpora esse gene em seu material genético e começa a produzir insulina idêntica à humana. Além disso, quando a bactéria se reproduz, o gene se duplica junto com o DNA da bactéria. Como resultado, são geradas bilhões de bactérias produtoras de insulina humana. Reveja a figura 2.14.

Seres que tiveram seu material genético alterado com técnicas de Biotecnologia são chamados de **organismos geneticamente modificados (OGM)**. Em alguns casos, são implantados genes de uma espécie diferente, gerando **organismos transgênicos**. Técnicas de manipulação do DNA podem ser usadas para produzir várias substâncias: hormônios, como o do crescimento; diversos tipos de vacina, como a vacina contra a hepatite B; fatores que atuam na coagulação do sangue, entre outras.

É assim que porcos, por exemplo, recebem de outras espécies genes que comandam a produção de hormônios de crescimento e passam a ter uma carne mais musculosa e menos gordurosa. Há vários outros exemplos de organismos transgênicos, como coelhos, ovelhas, bicho-da-seda, larvas de mosquito. Veja na figura 2.15 a foto de larvas de mosquito que receberam um gene de determinada espécie de água-viva.

Mundo virtual

Conselho de Informações sobre Biotecnologia
www.cib.org.br
Notícias sobre biotecnologia, vídeo sobre melhoramento genético e infográficos sobre assuntos ligados à biotecnologia.
Acesso em: 19 mar. 2019.

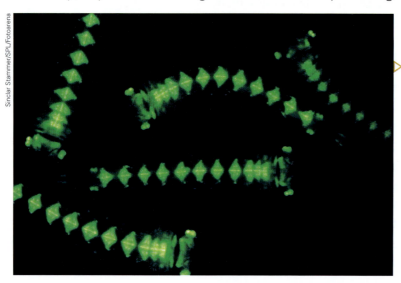

▶ **2.15** Larvas de mosquito (*Anopheles stephensi*; cerca de 3 mm de comprimento) observadas ao microscópio óptico, sob luz ultravioleta. Nas células dessas larvas foi introduzido um gene que codifica uma proteína fluorescente. O gene foi extraído de uma espécie de água-viva. Esse procedimento é um passo preliminar para experimentos que visem controlar a transmissão de doenças, como a malária.

Vários tipos de plantas transgênicas já são comercializadas e muitas ainda estão em fase de pesquisa. Uma variedade de soja transgênica, por exemplo, recebeu de uma bactéria um gene que confere resistência a um agrotóxico que destrói ervas daninhas. Assim, o agrotóxico pode ser aplicado na plantação para matar ervas daninhas sem que a soja seja prejudicada.

Outro tipo de planta transgênica é o milho Bt. Ele foi criado a partir da combinação com um gene de uma bactéria do solo, o *Bacillus thuringiensis*. Esse gene regula a produção da toxina Bt (iniciais do nome da bactéria), que mata a lagarta-do-cartucho e a lagarta-da-broca, ambas pragas do milho. Esses insetos morrem assim que começam a comer o milho Bt.

Apesar dos benefícios, os transgênicos apresentam alguns riscos e são alvo de um debate entre seus defensores e seus críticos.

As pessoas que criticam essa biotecnologia afirmam que faltam confirmações de que esses produtos não causam danos à saúde ou desequilíbrios ambientais. Por isso, em muitos países é necessário identificar os produtos que possuem um componente transgênico.

Nesses países, os alimentos que contêm transgênicos apresentam tal informação no rótulo, com a presença de um selo. Veja a figura 2.16. A identificação é um direito do consumidor e um instrumento importante nos estudos de casos de alergias e outros problemas de saúde relacionados à ingestão de transgênicos.

O ambiente também pode ser afetado pelos organismos geneticamente modificados. Carregados pelo vento ou por insetos, grãos de pólen de algumas plantas transgênicas podem acabar fecundando plantas não transgênicas.

O cultivo de um único tipo de transgênico pode afetar a diversidade de plantas ao reduzir a variabilidade genética, o que deixa um ecossistema mais vulnerável a pragas e a mudanças climáticas. Por isso é importante preservar as plantas nativas, que possibilitam o surgimento de novas variedades.

É importante, portanto, estudar as consequências da transgenia e avaliar o risco de perda da biodiversidade original, além de estabelecer normas para o uso dessa técnica.

Outro problema apontado é que o fornecimento de sementes poderia ficar sob controle de grandes empresas do setor agrícola. Esse monopólio já existe, com poucas empresas controlando mais da metade do mercado mundial de sementes e com produtores pagando pelo direito de uso das sementes. No caso do Brasil, a Empresa Brasileira de Pesquisa Agropecuária (Embrapa) já possui tecnologia para produzir alguns transgênicos. Veja a figura 2.17. A Embrapa é uma empresa pública, vinculada ao Ministério da Agricultura, Pecuária e Abastecimento.

2.16 Embalagem de alimento (óleo de soja) com identificação da presença de transgênicos.

Minha biblioteca

Transgênicos: Inventando seres vivos, de Samuel Murgel Branco, Editora Moderna, 2015.
Livro que apresenta uma visão geral sobre os transgênicos, sua história e sua importância para a humanidade, explicando as técnicas hoje utilizadas e mostrando por que o assunto é sempre tão polêmico.

2.17 Plantação de algodão transgênico produzido pela Embrapa, no estado da Bahia, 2017. Algumas variedades de transgênicos apresentam maior potencial produtivo; outras, maior resistência a insetos ou a variações climáticas, por exemplo.

Os defensores dos transgênicos, por outro lado, alegam que a população mundial vem crescendo e que a produção desse tipo de organismo representa aumento na qualidade dos alimentos e/ou em sua produtividade. Essas pessoas acreditam, assim, que a alta produtividade dos transgênicos possibilita que áreas menores possam ser dedicadas ao cultivo, o que representaria menor destruição ambiental.

E você? O que pensa sobre a produção e o consumo de transgênicos? Você deve ter percebido que, apesar de alguns benefícios, ainda há preocupações acerca de questões sociais, econômicas, ambientais e de saúde envolvidas no cultivo de transgênicos.

Clonagem reprodutiva

Você sabe o que é um clone? Tem ideia das intervenções que podem ser feitas em um ser vivo usando a tecnologia de clonagem?

O termo **clone** indica seres geneticamente idênticos entre si. A reprodução assexuada em bactérias e outros seres, por exemplo, produz clones de forma natural. Mas os que vêm despertando a atenção nos últimos tempos são os clones de animais produzidos em laboratório.

Em 1996 nascia Dolly, a primeira ovelha clonada a partir de uma célula de uma ovelha adulta. Pesquisadores escoceses uniram uma célula da glândula mamária de uma ovelha da raça *Finn dorsett* a um ovócito II – do qual foi retirado o núcleo – de uma ovelha da raça *Scottish blackface*. A célula resultante foi implantada no útero de outra ovelha da raça *Scottish blackface*. Observe a figura 2.18. Nasceu, então, Dolly, uma ovelha *Finn dorsett*, que é um clone daquela que forneceu a célula da glândula mamária.

Mundo virtual

InVivo – Fiocruz
http://www.invivo.fiocruz.br/cgi/cgilua.exe/sys/start.htm?infoid=5&sid=9
Texto sobre clonagem.
Acesso em: 19 mar. 2019.

Fonte: elaborado com base em RUSSELL, P. J.; HERTZ, P. E.; McMILLAN, B. *Biology*: The Dynamic Science. 4. ed. Boston: Cengage, 2017. p. 421.

2.18 O esquema, à esquerda, demonstra o processo que gerou a ovelha Dolly (na foto acima). Ovelhas domésticas têm, em média, entre 1,20 m e 1,50 m de comprimento. (Elementos representados em tamanhos não proporcionais entre si. Cores fantasia.)

No final de 1998, pesquisadores japoneses, utilizando uma técnica mais eficiente, produziram dezenas de vacas clonadas a partir de animais adultos. Eles trataram células do sistema reprodutor de uma vaca adulta, retiraram seus núcleos e os implantaram em ovócitos de outra vaca, que tiveram seus núcleos removidos.

Por meio dessa técnica, é possível clonar todo um rebanho a partir de um único animal que apresente carne de boa qualidade, dentre outras características desejáveis.

Durante esse procedimento, no entanto, a maioria dos embriões clonados morre, apresenta malformações ou tem maior probabilidade de desenvolver alterações genéticas. Dolly, por exemplo, apresentava sinais de envelhecimento prematuro quando foi sacrificada devido a uma infecção pulmonar, aos 6 anos de idade (a média de vida das ovelhas é de 12 anos).

Apesar das dificuldades, a clonagem de animais domésticos vem sendo desenvolvida. No Brasil, a Embrapa produziu vários clones bovinos. Veja a figura 2.19.

2.19 Vitória, o primeiro animal brasileiro clonado pela Embrapa. A bezerra nasceu em 2001.

> **Mundo virtual**
>
> Centro de Pesquisa sobre o Genoma Humano e Células-Tronco (USP)
> http://www.ib.usp.br/biologia/projetosemear/estanodna
> *Site* com informações sobre o DNA e a determinação das características dos indivíduos.
> Acesso em: 19 mar. 2019.

Assim como ocorre com a clonagem de outros animais, a clonagem reprodutiva humana também implicaria a destruição de muitos embriões. Além disso, não haveria certeza de que o clone se desenvolveria sem problemas futuros. E, finalmente, há problemas éticos, jurídicos e religiosos que ainda precisam ser devidamente discutidos pela sociedade. Por isso, atualmente, nenhum país permite a clonagem reprodutiva de seres humanos.

Conexões: Ciência e tecnologia

Outras aplicações da biotecnologia

Além de provocar uma revolução na Biologia, o desenvolvimento de biotecnologias levantou uma série de questões de ordem moral, social, econômica e política. É importante que todos estejam bem informados sobre os avanços dessas técnicas para que a sociedade tome decisões bem fundamentadas a respeito de como o conhecimento científico deve ser utilizado.

Exame de DNA

Você já deve saber que o DNA de uma pessoa é único. Por isso, ele pode ser usado como uma espécie de impressão digital, sendo possível identificar uma pessoa pelo exame do material genético de qualquer célula do corpo que o contenha. Essa técnica permite, por exemplo, identificar um criminoso pelo exame da raiz dos fios de cabelo ou pelos vestígios de sangue ou esperma encontrados no local de um crime. Veja a figura 2.20. O exame de DNA permite também determinar se um homem é o pai de uma criança. A chance de acerto é muito próxima de 100%.

2.20 Em suas investigações, o profissional conhecido como perito criminal pode procurar por traços de DNA no local de um crime. Na foto, perita criminal analisando amostra de DNA no Instituto de Criminalística em São Paulo (SP), 2018.

A genética depois de Mendel • **CAPÍTULO 2**

Mapeamento genético

O desenvolvimento da Engenharia Genética também possibilitou a criação do Projeto Genoma Humano, que teve por objetivo descobrir a localização exata de cada gene no cromossomo e desvendar a sua estrutura química. Veja a figura 2.21. Com os estudos sobre o genoma espera-se, por exemplo, identificar os genes que causam doenças hereditárias. Abre-se caminho para o desenvolvimento de testes que permitam prever se uma pessoa terá ou não determinada doença genética, viabilizando um tratamento mais adequado.

Os genomas de outros organismos também têm sido mapeados, como microrganismos que causam doenças; bactérias importantes na agricultura; e mamíferos como o chimpanzé e o rato. Entre outras aplicações, esses estudos ajudam a traçar a história evolutiva e o grau de parentesco entre diversos organismos.

2.21 Centro de Estudos do Genoma Humano na Universidade de São Paulo (USP) em São Paulo (SP), 2017.

Aconselhamento genético

Se algumas doenças genéticas são identificadas antes ou durante a gestação, será que elas podem ser prevenidas antes do nascimento? No aconselhamento genético, o médico geneticista avalia os riscos de uma pessoa ou de um casal ter um bebê com uma doença genética. O profissional pode analisar o histórico familiar da doença e solicitar diversos exames, como exames de cromossomos e testes genéticos. Em caso de risco, o médico também informa sobre a evolução da doença, as opções de tratamento e outras formas de lidar com o problema.

Como foram identificados vários genes no Projeto Genoma Humano, atualmente é possível realizar exames para a detecção precoce de algumas doenças genéticas, facilitando o aconselhamento genético.

Em alguns casos, os testes indicam apenas uma predisposição, mas isso não quer dizer que a doença obrigatoriamente se desenvolverá.

Pesquisas com células-tronco

As células-tronco são capazes de se reproduzir e originar células especializadas do corpo. São encontradas em embriões no início do desenvolvimento (com até 200 células e 14 dias), no cordão umbilical e em alguns tecidos adultos, como a medula óssea.

As células-tronco têm o potencial para regenerar células de órgãos comprometidos por doenças, como paralisias causadas pela lesão da medula espinal. Por enquanto, porém, os tratamentos que usam células-tronco se encontram em fase de pesquisa. Veja a figura 2.22.

Em alguns países, as células-tronco embrionárias podem ser obtidas de embriões de clínicas de fertilização assistida. Essas clínicas atendem, por exemplo, a casais que não conseguiram engravidar por métodos naturais.

No entanto, há os que defendem que os embriões humanos, mesmo na fase inicial, devem ser considerados seres humanos, com direitos como todos nós, e, por isso, posicionam-se contra as pesquisas com células-tronco embrionárias.

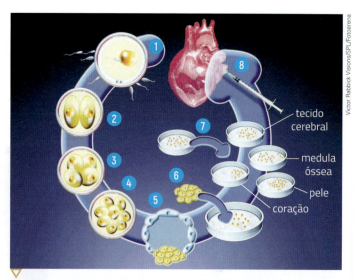

2.22 Após a fecundação em laboratório (1), forma-se um zigoto que se divide (2 e 3) formando um cacho de células, chamado mórula (4), e, em seguida, um blastocisto (5; em corte). Parte das células do blastocisto é cultivada em condições especiais (6) para se transformar em células (7) que poderiam ser utilizadas para regenerar tecidos de órgãos, como o coração (8). (As células são microscópicas. Elementos representados em tamanhos não proporcionais entre si. Cores fantasia.)

ATIVIDADES

> Aplique seus conhecimentos

1. O cruzamento entre uma planta maravilha (*Mirabilis jalapa*) com flores vermelhas e uma planta da mesma espécie com flores brancas origina apenas plantas com flores cor-de-rosa.

2.23 Flores de maravilha (*Mirabilis jalapa*): branca, vermelha e cor-de-rosa.

   a) Qual é a explicação para esse resultado?
   b) Quais são os genótipos envolvidos nesse cruzamento?

2. Qual é o resultado do cruzamento entre planta maravilha de flores vermelhas e planta maravilha de flores cor-de-rosa? Dê a proporção genotípica e fenotípica do resultado.

3. Quais são os cromossomos sexuais do sexo masculino e do sexo feminino em seres humanos? Em relação ao conjunto de cromossomos abaixo, identifique se ele pertence a uma pessoa do sexo masculino ou feminino.

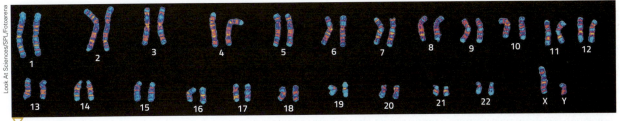

2.24 Conjunto de cromossomos de uma pessoa vistos ao microscópio óptico (aumento de cerca de 860 vezes, coloridos artificialmente).

4. Por que se diz que na espécie humana o sexo biológico é determinado no momento da fecundação? Qual é a proporção esperada para cada sexo?

5. Os genes são os únicos fatores que influenciam nas características de uma pessoa? Justifique sua resposta.

6. Observe a imagem a seguir. O clone de um rato albino (suas células não produzem melanina) será também albino? Por quê?

2.25 Rato albino.

7. Bactérias não produzem naturalmente o hormônio insulina, importante no ser humano para controlar a quantidade de açúcar no sangue.
   a) Como é possível criar uma bactéria que produza esse hormônio?
   b) Qual é a importância dessa tecnologia no campo da saúde?

8. Que alteração nos cromossomos uma pessoa com síndrome de Down tem?

9. Como seria possível verificar a presença da síndrome de Down sem analisar as características físicas do bebê?

10. Explique por que Dolly é parecida com a ovelha da qual foi extraída a célula da glândula mamária, e não com a que cedeu o óvulo.

11. Para clonar um animal podemos usar o núcleo de qualquer célula do corpo? Justifique sua resposta.

De olho na notícia

A notícia abaixo é de janeiro de 2018 e discute a clonagem em uma espécie de macaco. Leia a notícia e pesquise em um dicionário o significado das palavras que você não conhece. Em seguida, responda às questões.

Nascem os primeiros primatas clonados com a técnica da ovelha Dolly

Depois de décadas de tentativas frustradas, cientistas conseguiram produzir os primeiros clones de primatas, o grupo de mamíferos ao qual pertence o ser humano. São duas fêmeas de cinomolgo (espécie de macaco comum no Sudeste Asiático) que nasceram [...] no Instituto de Neurociência da Academia Chinesa de Ciências, em Xangai.

Zhong Zhong e Hua Hua, como foram apelidadas, agora estão com oito e seis semanas de vida, respectivamente – elas foram gestadas por mães de aluguel diferentes e, por isso, acabaram não nascendo ao mesmo tempo.

Embora seja inevitável imaginar que o refinamento das técnicas de clonagem que levou ao nascimento delas possa ser usado um dia para "copiar" seres humanos, o objetivo dos cientistas chineses é que macacos clonados se transformem numa ferramenta importante da pesquisa biomédica daqui para a frente.

"Muitas perguntas sobre a biologia dos primatas podem ser estudadas com esse modelo", argumenta Qiang Sun, coordenador do estudo sobre os clones que está saindo na revista científica "Cell". "Dá para produzir macacos clonados com características genéticas idênticas entre si, com exceção do único gene que você decidir manipular. Isso levará a modelos precisos de doenças do cérebro com base genética, câncer, problemas imunes, além de permitir testar a eficácia de drogas antes do uso clínico." [...]

2.26 Macacos clonados, apelidados de Zhong Zhong e Hua Hua.

Desde que a ovelha Dolly se tornou o primeiro clone de mamífero produzido em laboratório, em 1996, a lista de espécies geradas pelo método não parou de crescer: hoje, são 23 animais diferentes, entre os quais estão ratos, porcos, vacas e cães. [...]

Quanto à aplicação dessas técnicas em humanos, as barreiras são muito maiores, não apenas no que diz respeito à legislação (nenhum país permite a produção de clones humanos para fins reprodutivos hoje), mas também quanto à segurança das mães de aluguel.

NASCEM os primeiros primatas clonados com a técnica da ovelha Dolly. *Folha de S.Paulo*. Disponível em: <https://www1.folha.uol.com.br/ciencia/2018/01/1952959-nascem-os-primeiros-primatas-clonados-com-a-tecnica-da-ovelha-dolly.shtml>. Acesso em: 19 mar. 2019.

a) De acordo com o texto, por que a clonagem de primatas pode contribuir para a ciência?
b) Quantos mamíferos já foram clonados depois da Dolly?
c) Por que essa notícia gerou preocupação sobre a produção de um clone humano no futuro?
d) Quais problemas relacionados com a clonagem humana são apontados pela notícia?

De olho nos quadrinhos

Leia a tirinha abaixo e responda ao que se pede.

2.27

a) Qual o nome da técnica descrita no segundo quadro?
b) O personagem que aparece no terceiro quadro é um animal produzido por técnicas de engenharia genética? Você conhece o que ele representa?
c) O que você entende pela fala do personagem desse terceiro quadro?

De olho no texto

O texto abaixo aborda a influência de fatores do ambiente externo à célula na expressão dos genes. Leia o texto e, em seguida, responda às questões.

Ambiente celular é fator decisivo para desenvolvimento do câncer, diz pesquisadora

Durante muito tempo o câncer foi visto como uma doença de origem fundamentalmente genética, ou seja, causada por mutações no DNA – herdadas ou adquiridas – que alteram a expressão dos genes e fazem as células se proliferarem descontroladamente.

Mas, na visão da cientista iraniana radicada nos Estados Unidos Mina Bissell, expoente no estudo do câncer de mama, esta é apenas uma parte da história. Metade dos fatores necessários para o desenvolvimento de um tumor estaria, segundo ela, do lado de fora das células, no chamado microambiente celular.

"Se o genoma fosse realmente o fator dominante, uma única mutação herdada seria o suficiente para causar câncer em todo o nosso corpo – uma vez que todas as células compartilham exatamente o mesmo DNA", afirmou Bissell [...].

"Escolhemos a glândula mamária como modelo de estudo porque é um dos poucos tecidos que mudam durante a vida adulta. Ela se desenvolve durante a gravidez, durante a lactação e, quando a amamentação é interrompida, a glândula regride", disse Bissell.

Para investigar como ocorriam essas alterações no tecido, a pesquisadora se concentrou em estruturas conhecidas como ácinos, pequenos sacos existentes na mama cujas paredes são revestidas por células especializadas na secreção de leite.

"Retiramos essas estruturas de camundongos fêmeas prenhes e as colocamos em uma cultura *in vitro* para ver se ainda se lembrariam de como é ser uma glândula mamária. Mas, em pouco tempo, elas assumiam uma estrutura completamente diferente e esqueciam como fazer leite. Isso mostra que é o microambiente que diz para as células o que elas devem fazer. As células não são autônomas, como alguns biólogos ainda acreditam", avaliou a pesquisadora.

E o que seria afinal esse microambiente? Segundo Bissell, trata-se da chamada matriz extracelular – uma massa que une as células e é composta por moléculas como colágeno, glicoproteínas, integrinas e laminina.

[...]

O papel da actina

[...]

Durante seu pós-doutorado realizado no laboratório de Bissell, Bruni-Cardoso [pesquisador brasileiro Alexandre Bruni-Cardoso, docente do Instituto de Química da Universidade de São Paulo] ajudou a esclarecer como ocorre o transporte da proteína actina de dentro para fora do núcleo celular.

"A actina é uma proteína que faz parte do citoesqueleto celular. Ela compõe fibras que ajudam a dar forma e movimento às células. Nos últimos 30 anos estudos começaram a apontar que também existe actina no núcleo e, mais recentemente, mostrou-se que lá dentro ela interage com outras proteínas nucleares e regula a transcrição gênica", explicou Bruni-Cardoso.

[...]

Ao tratar a cultura de células com a proteína laminina – uma das mais importantes proteínas da membrana basal das células –, Spencer observou que a quantidade de actina no núcleo caía drasticamente e isso acontecia bem antes de as células pararem de se proliferar.

Ao repetir o experimento, mas desta vez acrescentando um peptídeo na actina que a impedia de sair do núcleo, Spencer observou que os sinais inibitórios da laminina eram anulados e as células continuavam a se proliferar. [...].

AMBIENTE celular é fator decisivo para desenvolvimento do câncer, diz pesquisadora. Agência Fapesp. Disponível em: <http://agencia.fapesp.br/ambiente-celular-e-fator-decisivo-para-desenvolvimento-do-cancer-diz-pesquisadora/19770/>. Acesso em: 19. mar. 2019.

a) O que é microambiente celular?

b) Na sua opinião, o microambiente celular pode ser considerado um fator ambiental que influencia o desenvolvimento de um organismo? Justifique sua resposta com base no que você leu neste capítulo e nas informações do texto.

Trabalho em equipe

Cada grupo de estudantes vai escolher uma das atividades a seguir para pesquisar em livros, revistas ou *sites* confiáveis (de universidades, centros de pesquisa, etc.). Vocês podem buscar o apoio de professores de outras disciplinas (Geografia, História, Língua Portuguesa, etc.). Exponham os resultados da pesquisa para a classe e a comunidade escolar (estudantes, professores e funcionários da escola e pais ou responsáveis), com o auxílio de ilustrações, fotos, vídeos, blogues ou mídias eletrônicas em geral. Ao longo do trabalho, cada integrante do grupo deve defender seus pontos de vista com argumentos e respeitando as opiniões dos colegas.

1 ▸ É fundamental conscientizar a população para que todas as pessoas tenham seus direitos garantidos. Pensem em uma campanha para esclarecer para sua comunidade a importância da participação das pessoas com síndrome de Down na sociedade. Vocês podem usar *smartphones* para gravar vídeos ou escrever textos em redes sociais. Se fizerem pesquisa de textos e imagens, não deixem de dar os créditos das fontes consultadas.

2 ▸ Procurem notícias recentes sobre alimentos transgênicos em jornais e revistas de divulgação científica. Verifiquem se houve ou não crescimento na produção desses itens; se novos transgênicos foram disponibilizados no mercado; que países são os maiores produtores desse tipo de alimento; quais são os transgênicos produzidos ou comercializados no Brasil, etc. Pesquisem também argumentos a favor ou contra o cultivo de plantas transgênicas.

3 ▸ Busquem em jornais, revistas e na internet artigos sobre a clonagem de animais no Brasil e no mundo. Façam um resumo da notícia com suas próprias palavras e apresentem o resultado do trabalho para a classe.

4 ▸ Procurem informações sobre as pesquisas na área da terapia gênica. Apresentem também quais são os possíveis problemas éticos envolvidos nessa área de pesquisa.

5 ▸ Pesquisem a vida e o trabalho de alguns geneticistas brasileiros, como Mayana Zatz, Crodowaldo Pavan, Warwick Estevam Kerr, Oswaldo Frota-Pessoa, entre outros.

6 ▸ Pesquisem notícias recentes sobre estudos com células-tronco no Brasil e no mundo. Complementem a pesquisa com informações sobre a legislação acerca desse tema em nosso país.

7 ▸ Pesquisem problemas legais e éticos relacionados aos testes genéticos. Discutam pontos como: O que fazer quando o teste indica uma doença séria que poderá se desenvolver no futuro e para a qual ainda não há prevenção nem tratamento? Será que a pessoa deve saber que terá a doença? Essa é uma escolha individual difícil; será que todos estariam preparados para saber disso? Empresas teriam o direito de realizar testes em seus funcionários ou em candidatos a um emprego para procurar doenças que poderão se desenvolver no futuro? Companhias de seguro poderiam fazer testes para aprovar ou rejeitar pedidos de seguro saúde?

Autoavaliação

1. Qual padrão de herança apresentado neste capítulo você teve mais dificuldade de compreender? Como buscou superar essa dificuldade?

2. Você analisou e compreendeu os esquemas das estruturas e os processos representados no capítulo?

3. Como você avalia sua compreensão sobre a relação entre os genes e o ambiente na influência das características de uma pessoa?

CAPÍTULO 3

As primeiras ideias evolucionistas

3.1 Representação da diversidade encontrada no grupo das borboletas e das mariposas.

Em nosso planeta encontramos uma grande diversidade de seres vivos, em praticamente todos os ambientes. Podemos encontrar organismos muito diferentes no mesmo ambiente, como uma alga e um tubarão, assim como organismos semelhantes, com pequenas variações em certas características, como podemos observar na figura 3.1, podem ser encontrados em diferentes locais. As ideias evolucionistas buscam explicar o porquê das semelhanças e diferenças observadas nos seres vivos.

> ### Para começar
>
> 1. As características dos organismos que viviam há milhões de anos no planeta são as mesmas dos organismos atuais?
> 2. Como você explicaria a origem de certas características dos seres vivos, como a presença de asas?
> 3. Você sabe quem foi Lamarck? E Darwin? Em que campo da ciência esses cientistas fizeram grandes contribuições?

As primeiras ideias evolucionistas • **CAPÍTULO 3** 53

1 Fixismo e transformismo

Você já aprendeu que muitos seres vivos são compostos de apenas uma célula, como as bactérias e os protozoários; outros podem ser formados por trilhões de células, como os animais e as plantas.

Além do número de células, os organismos são diferentes em relação a uma série de outras características. Eles podem ter variados formatos de corpo, hábitos de alimentação e reprodução, podem ser sésseis ou se locomover de diversas formas. Além disso, os organismos podem ser encontrados em diferentes ambientes do planeta.

Compare, por exemplo, a rã e a minhoca mostradas na figura 3.2. Fica evidente que esses dois animais têm características distintas, tanto na aparência como nos hábitos de vida.

Observamos na natureza uma diversidade enorme de seres vivos. Bactérias, protozoários, fungos, algas, plantas e animais são os principais exemplos. Como todos esses seres vivos diferentes teriam se originado? Ao longo da história, muitos pesquisadores tentaram responder a essa questão.

3.2 Rã (cerca de 10 cm de comprimento) comendo minhoca. A foto mostra dois seres vivos muito diferentes.

No século XVIII, predominava a ideia do **fixismo** para explicar a biodiversidade. De acordo com esse pensamento, cada espécie teria surgido de maneira independente e permaneceria sempre com as mesmas características. Essa teoria, portanto, não considerava que as espécies poderiam se modificar. Um dos pensadores que acreditavam nessa ideia era o sueco Carl Von Linné (1707-1778), conhecido como Lineu, responsável por padronizar o nome científico das espécies e seu agrupamento em categorias hierárquicas (espécies, gêneros, famílias, ordens, classes e reinos).

> Você conheceu os principais grupos de seres vivos no 7º ano.

Outro cientista fixista era o francês Georges Cuvier (1769-1832), que estudava os fósseis encontrados em diferentes camadas de sedimentos. Veja a figura 3.3.

No 6º ano, você estudou que fósseis são vestígios ou restos de organismos que existiram no passado e se formam em condições muito especiais.

Para Cuvier, as espécies encontradas em sedimentos mais antigos e que não existem hoje, tinham sido extintas por catástrofes naturais. Outros cientistas consideravam que os fósseis desafiavam a teoria do fixismo: se as espécies não se modificam ao longo do tempo, qual é a relação entre as espécies atuais e as do passado? Por que tantas espécies surgiram e desapareceram?

3.3 Foto de escavação no sítio arqueológico Grande Dolina, na Espanha, 2017. Observe as camadas de sedimentos: as mais profundas se formaram antes e acabaram sendo recobertas por novas camadas ao longo de muitos anos.

Com base nos fósseis e em outras evidências, alguns cientistas passaram a defender a ideia de que as espécies se modificam ao longo do tempo. Isso explicaria a diversidade das espécies e a existência de fósseis de organismos diferentes dos organismos atuais. Essa ideia ficou conhecida como **transformismo** ou **transmutação das espécies**.

O geólogo escocês James Hutton (1726-1797), por exemplo, defendia a ideia de que, assim como as características físicas e químicas da Terra mudam ao longo do tempo, as espécies também se transformam. Essas mudanças seriam graduais, ou seja, ocorreriam aos poucos, ao longo do tempo.

Apesar de seus defensores não apresentarem nenhuma explicação satisfatória de como esse processo ocorreria, essa nova ideia se difundiu e influenciou o pensamento de muitos estudiosos, como Lamarck e Charles Darwin, que você vai conhecer melhor adiante.

Conexões: Ciência no dia a dia

Teoria e hipótese

No dia a dia é comum ouvir pessoas usando a palavra "teoria" como sinônimo de hipótese. Por exemplo, quando alguém diz que tem uma teoria para explicar algo que aconteceu. Entretanto, em ciência, esse termo é usado com outro significado.

A formulação de hipóteses é uma etapa da investigação científica, que envolve a observação de um fenômeno, a formulação de hipóteses para explicá-lo, os testes para verificar se a hipótese é correta ou não (por meio de observações, experimentos ou coleta de dados) e a conclusão, que envolve a análise dos resultados obtidos e a comparação com outros trabalhos.

Esses procedimentos, porém, variam de acordo com o tipo de pesquisa. Veja e compare as figuras 3.4 e 3.5. Por essa razão, não há um método de pesquisa único que possa ser aplicado a qualquer tipo de estudo.

3.4 Pesquisadora grava sons na toca de um roedor em Tramandaí (RS), 2017.

3.5 Pesquisadores avaliam resultado de experimento relacionado ao zika vírus no Instituto de Biociências da Universidade de São Paulo (USP), em São Paulo (SP), 2016.

Após muitos estudos, é possível chegar a uma teoria científica. A teoria científica é um conjunto de leis, conceitos e modelos por meio do qual é possível explicar diversos fenômenos.

Vamos considerar a teoria da evolução, construída a partir das conclusões de diferentes pesquisadores incorporadas ao longo do tempo. Essa teoria explica, por exemplo, como as espécies se transformam ao longo do tempo, como surgem as diversas características nos seres vivos e por que algumas espécies são mais semelhantes entre si do que em relação a outras espécies.

É importante ter em mente que, por mais bem-sucedida que uma teoria seja, ela pode ser corrigida, aperfeiçoada e até substituída. Essas mudanças ocorrem, por exemplo, à medida que são feitas novas descobertas ou realizados novos experimentos.

2 Evolução: as ideias de Lamarck

No início do século XIX, o naturalista Jean-Baptiste Pierre Antoine de Monet, Chevalier de Lamarck, ou, simplesmente, Lamarck (1744-1829; figura 3.6), sugeriu um mecanismo para explicar a transformação das espécies. Por suas ideias, ele foi considerado um importante evolucionista que se opunha às noções fixistas de sua época.

A tese de Lamarck é expressa nos livros *Filosofia zoológica* (*Philosophie zoologique*, no original; veja a figura 3.7), publicado em 1809, e *História natural dos animais invertebrados* (*Histoire naturelle des animaux sans vertèbres*), publicado em dois volumes de 1815 a 1822. O conjunto de ideias de Lamarck é conhecido como **lamarckismo**.

Contrariando as ideias fixistas da época, o pesquisador francês defendia que os organismos atuais teriam surgido a partir de outros, mais simples, e que teriam uma tendência a se transformar, gradualmente, em seres cada vez mais complexos. A origem dos seres mais simples era explicada pela geração espontânea, processo em que a vida surgiria a partir da matéria sem vida, como veremos no próximo capítulo.

Para Lamarck, a evolução seria guiada pela necessidade dos organismos, que, como mencionado anteriormente, teriam uma tendência natural de aumentar de complexidade. Essa tendência é uma das ideias centrais na teoria da evolução de Lamarck.

Lamarck considerou a formação dos tentáculos nos caracóis, por exemplo, como uma evidência desse processo. Ele acreditava que os tentáculos teriam se desenvolvido para que os caracóis pudessem detectar objetos ao seu redor. Veja a figura 3.8.

3.6 Lamarck defendeu a teoria de que os organismos mudam com o tempo e que as espécies atuais são descendentes de outras espécies.

Atualmente, Lamarck é mais conhecido pela elaboração de duas leis que pretendiam explicar os mecanismos de transformação dos seres vivos: a **lei do uso e desuso** e a **lei da herança das características adquiridas**. Vale lembrar que, na época de Lamarck, era comum a crença nessas leis.

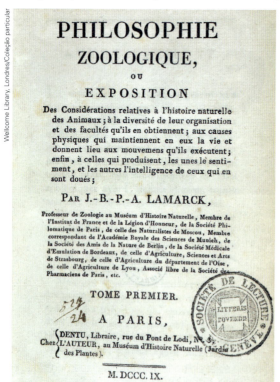

3.7 Primeira página da primeira edição da obra de Lamarck, *Philosophie zoologique*, publicada em 1809.

3.8 Caracol (*Helix pomatia*; a concha tem em torno de 8 cm de comprimento), também conhecido como *escargot*. As projeções na cabeça são os tentáculos.

UNIDADE 1 • Genética, evolução e biodiversidade

Em seu livro *Philosophie zoologique*, Lamarck defendeu que a modificação dos animais se dá pelo uso ou pela falta de uso das estruturas, e chamou esse fenômeno de lei do uso e desuso. Ele escreveu que o uso frequente e contínuo de um órgão fortalece e desenvolve essa estrutura gradualmente enquanto a falta de uso, ou o desuso, de uma estrutura faz com que ela se enfraqueça, perdendo aos poucos sua função até desaparecer.

Ou seja, de acordo com essa lei, um órgão desenvolve-se com o uso e atrofia-se quando não é usado. Veja esta ideia aplicada para explicar as características da boca de um tamanduá, como o da figura 3.9. A língua do animal teria se desenvolvido em resposta às suas necessidades alimentares e ao uso desse órgão – o tamanduá usa a língua para capturar e comer insetos. Por outro lado, os dentes teriam desaparecido por falta de uso.

Hoje sabemos que essa lei é apenas parcialmente correta, porque o ambiente só altera as características do organismo dentro de certos limites. Como vimos no capítulo anterior, esses limites são determinados pela constituição genética do organismo. Isso quer dizer, por exemplo, que um filhote de cão pode crescer mais se tiver acesso a uma boa alimentação do que se for subnutrido. Mas, mesmo com uma boa alimentação, um cão de raça pequena não vai ficar do tamanho de cães de raças maiores.

Sobre a lei da herança das características adquiridas, Lamarck escreveu que as modificações que ocorrem em um organismo são preservadas nas gerações seguintes. Ou seja, ele, assim como muitos cientistas de sua época, acreditava que as características adquiridas do desenvolvimento pelo uso e da atrofia pelo desuso das estruturas, influenciadas pelo ambiente, seriam passadas para os descendentes durante a reprodução. Veja os filhotes do caracol da figura 3.10.

Ao observar um caracol e seus filhotes, Lamarck diria que os ancestrais dos caracóis precisavam dos tentáculos para interagir com o ambiente. O uso dos tentáculos teria levado ao seu maior desenvolvimento ao longo da vida; a transmissão dessa característica adquirida para os descendentes teria resultado no que vemos hoje: caracóis com tentáculos desenvolvidos.

3.9 Tamanduá-mirim (*Tamandua tetradactyla*; cerca de 80 cm de comprimento desconsiderando a cauda), Petrolina (PE), 2015. Nenhuma das quatro espécies de tamanduás tem dentes.

3.10 De acordo com Lamarck, o desenvolvimento de tentáculos e a transmissão dessa estrutura para os filhotes seria um exemplo de herança das características adquiridas (a concha do adulto tem cerca de 3,5 cm de comprimento).

O conhecimento atual na área da Genética invalida a lei da herança das características adquiridas. Sabemos que apenas os genes dos gametas e das células germinativas (que originam gametas) são passados para os descendentes. Características que envolvem alterações nas células somáticas de um organismo não são transmitidas de uma geração para outra.

Além disso, o uso e o desuso de órgãos e de outras estruturas não altera o DNA dos genes que serão transmitidos aos descendentes. Apenas as mutações, causadas por radiações, certas substâncias químicas e outros fatores ambientais podem alterar o DNA.

As mutações ocorrem ao acaso, quer dizer, elas não são dirigidas pelo ambiente. Em ambientes mais frios, por exemplo, a probabilidade de um indivíduo sofrer uma mutação que o torne mais adaptado ao frio é a mesma que a de ele sofrer uma outra mutação, que seja indiferente ou o torne menos adaptado ao frio. Da mesma maneira, embora as radiações possam provocar mutações, essas mutações não causam necessariamente características que protegem o organismo das radiações.

▶ **Célula somática:** célula que forma os tecidos e os órgãos do corpo e não origina os gametas.

➕ Saiba mais
Genes que são ligados ou desligados

Atualmente sabemos que certos fatores do ambiente podem fazer com que os genes sejam ativados ou desativados ao longo da vida de um indivíduo. Ou seja, fatores ambientais podem fazer com que certos genes que estavam inativos entrem em ação em determinado momento, ou vice-versa.

Sabemos ainda que, em alguns casos, a ativação ou desativação desses genes pode ser passada para os descendentes – pelo menos por algumas gerações. Esse tipo de modificação pode explicar, por exemplo, o surgimento de alguns tipos de câncer e as diferenças entre gêmeos monozigóticos: esses gêmeos possuem o mesmo DNA, porém apresentam, ao longo da vida, algumas alterações na expressão dos genes. Veja a figura 3.11.

▷ 3.11 Alterações na forma como os genes se expressam podem explicar as diferenças entre gêmeos chamados idênticos, ou monozigóticos.

Existe uma área da pesquisa dentro da Genética dedicada ao estudo desse fenômeno: a Epigenética. As mudanças epigenéticas podem ser influenciadas por fatores do ambiente, como alimentos, poluentes, doenças e até interações sociais (que provocam estresse, por exemplo). No entanto, é importante ressaltar que as alterações descritas pela Epigenética não estão de acordo com o que foi proposto por Lamarck, porque a Epigenética não apresenta a possibilidade de modificação no genótipo do indivíduo, mas apenas da expressão desse genótipo.

3 Evolução: as ideias de Darwin

O inglês Charles Darwin é conhecido como o "pai" da teoria da evolução. Mas, ao contrário do que se costuma pensar, em ciência poucas descobertas são feitas por uma pessoa só e/ou de uma hora para outra. Vamos ver a seguir o contexto que influenciou Darwin a desenvolver as principais ideias da teoria da evolução.

As observações de Darwin

Em 1831, o inglês Charles Darwin (1809-1882) participou de uma expedição, cuja missão inicial era explorar a costa da América do Sul e depois ir para a Nova Zelândia e para a Austrália. A viagem, no navio HMS Beagle, começou em 1831 e durou quase cinco anos. Veja a figura 3.12.

3.12 Gravura de Robert Taylor Pritchett representando o navio HMS Beagle e, ao lado e acima, retrato de Charles Darwin pouco tempo após a viagem do Beagle, com cerca de 27 anos (aquarela de George Richmond, 1840). Ao lado, foto de Darwin aos 66 anos.

Na época dessa viagem, ainda era comum a ideia do fixismo, que, como vimos, afirmava que as características de animais e plantas não eram alteradas ao longo do tempo. A existência de fósseis, como já mencionado, sugeria que organismos diferentes dos atuais tinham habitado a Terra no passado. Além disso, descobertas no campo da Geologia começavam a revelar que o planeta Terra tinha passado por muitas transformações.

Darwin esteve no Brasil por duas vezes, nos trajetos de ida e de volta de sua viagem. Passou por Fernando de Noronha, Salvador, Recife, Abrolhos e Rio de Janeiro. O naturalista ficou fascinado com a exuberância da Floresta Tropical, mas chocado com a presença dos africanos escravizados.

Nessa época, o trabalho escravo ainda existia no Brasil, mas o tráfico de pessoas escravizadas já era proibido por pressão da Inglaterra que, em 1833, decretara o fim da escravidão no país.

As primeiras ideias evolucionistas • CAPÍTULO 3 · 59

Durante a expedição, Darwin coletou muitos fósseis, sobretudo na América do Sul. Na Argentina, encontrou fósseis de estranhos animais de grande porte que ele não conseguiu classificar. Veja a figura 3.13. Alguns eram semelhantes aos tatus, outros se pareciam com as preguiças. Darwin enviou os fósseis a especialistas em Londres, que identificaram semelhanças entre os fósseis coletados e os tatus e as preguiças atuais. Veja a figura 3.14.

3.13 Reconstituições artísticas elaboradas com base em fósseis de animais que viveram na América do Sul e foram extintos há milhares de anos: em **A**, animal que lembra um tatu-gigante (gênero *Glyptodon*; cerca de 3 m de comprimento); em **B**, animal que lembra uma preguiça-gigante (gênero *Megatherium*; cerca de 6 m de comprimento). (Elementos representados em tamanhos não proporcionais entre si. Cores fantasia.)

3.14 Fotografias de animais encontrados atualmente: em **A**, tatu-galinha (*Dasypus novemcinctus*; 40 cm de comprimento); em **B**, preguiça-de-coleira (*Bradypus torquatus*; 45 cm a 72 cm de comprimento). Essas espécies são consideradas ameaçadas de extinção, na categoria "vulneráveis", de acordo com listagem do Instituto Chico Mendes de Conservação da Biodiversidade (ICMBio), de 2016.

A comparação entre os animais do passado e do presente levou Darwin a perguntar-se por que os fósseis dos animais gigantes haviam sido encontrados nos mesmos lugares onde hoje viviam animais semelhantes a eles, porém menores. A explicação poderia estar, como Darwin depois concluiu, na transformação das espécies a partir de ancestrais comuns.

Darwin observou também em sua viagem que um mesmo tipo de animal apresentava variações em suas características de acordo com a região onde era encontrado: por exemplo, a ema encontrada no norte da Patagônia era um pouco diferente da ema do sul da Patagônia (a Patagônia está localizada no sul do Chile e da Argentina).

> **Mundo virtual**
>
> **ICB – UFMG**
> http://labs.icb.ufmg.br/lbem/aulas/grad/evol/darwin/darwinnobrasil.html
> A viagem de Darwin pelo Brasil.
> Acesso em: 15 mar. 2019.

Darwin esteve também nas Ilhas Galápagos, um conjunto de ilhas no oceano Pacífico. Veja a figura 3.15. Lá ele observou vários animais que não existiam em outros lugares, como iguanas-marinhos, tartarugas de grande porte e algumas espécies de aves que ficaram conhecidas como tentilhões de Darwin. Veja a figura 3.16.

Ilhas Galápagos

Fonte: elaborado com base em CALDINI, V.; ÍSOLA, L. *Atlas geográfico Saraiva*. 4. ed. São Paulo: Saraiva, 2013, p. 101.

▽ 3.15 As Ilhas Galápagos fazem parte do território do Equador e localizam-se a cerca de mil quilômetros da costa. Em detalhe no centro do mapa, as principais ilhas pertencentes a esse arquipélago.

▽ 3.16 Algumas espécies encontradas nas Ilhas Galápagos: em **A**, patola-de-pés-azuis (*Sula nebouxii*; cerca de 80 cm de comprimento); em **B**, tartaruga-gigante (*Geochelone nigra*; cerca de 1,8 m de comprimento); em **C**, iguana-marinho (*Amblyrhynchus cristatus*; de 0,3 m a 1,30 m de comprimento); em **D**, cacto (*Opuntia echios*; até 12 m de altura).

As primeiras ideias evolucionistas · **CAPÍTULO 3**

Durante a visita às ilhas, Darwin não deu muita atenção aos tentilhões, que se diferenciavam principalmente pelo tamanho e formato do bico. Ele só começou a dedicar mais atenção a esse tema quando retornou à Inglaterra e, consultando especialistas, descobriu que as aves que ele tinha observado, embora apresentassem semelhanças, pertenciam a espécies diferentes. Veja as figuras 3.17 e 3.18.

3.17 Tentilhão da espécie *Geospiza magnirostris* (15 cm a 16 cm de comprimento), que se alimenta de sementes duras e tem bico curto e cônico, capaz de quebrar a casca das sementes.

3.18 Tentilhão da espécie *Geospiza scandens* (12 cm a 14 cm de comprimento), que se alimenta de cactos e tem bico longo e afiado, capaz de rasgar as diferentes partes do cacto.

Darwin notou que as diferentes espécies de tentilhões das Ilhas Galápagos eram muito parecidas com outra ave, que vivia no continente. O clima e outras condições ambientais no continente eram diferentes daquelas existentes nas ilhas. O naturalista supôs então que as espécies do arquipélago teriam se originado de espécies provenientes do continente, o que explicaria a semelhança entre elas. Ao longo do tempo, essas espécies teriam se diversificado e se adaptado às condições do ambiente de cada ilha. Por exemplo, o formato do bico estaria relacionado ao tipo de alimentação disponível no local ocupado por elas.

Os grandes questionamentos que surgiram então foram: Por que nessas ilhas, que apresentavam solo e clima muito semelhantes, não existiam a mesma flora e a mesma fauna? Por que elas apresentavam flora e fauna mais parecidas com as existentes nas regiões continentais do que entre si?

Era difícil responder a essas e a outras perguntas, como a semelhança entre fósseis de animais com outros atuais, com base no fixismo. No entanto, era possível respondê-las caso se admitisse que espécies semelhantes seriam descendentes de uma espécie ancestral comum, existente no passado, que passou por modificações ao longo do tempo. Com isso, ela teria se diferenciado e originado espécies diferentes. Essa é a ideia de descendência com modificação a partir de um ancestral comum, defendida por Darwin. Cães e lobos, por exemplo, são parecidos porque compartilharam uma espécie ancestral, que deve ter sofrido transformações ao longo do tempo, dando origem aos lobos e aos cães atuais.

Mundo virtual

Laboratório de Biodiversidade e Evolução Molecular – UFMG
http://labs.icb.ufmg.br/lbem/aulas/grad/evol/darwin/tentilhoes.html
Explica a evolução dos tentilhões de Darwin.
Acesso em: 15 mar. 2019.

A explicação de Darwin: seleção natural

Após retornar à Inglaterra, Darwin continuou suas pesquisas, tentando responder às perguntas geradas por suas observações. Ele também tentava explicar sua ideia de descendência com modificação.

Darwin começou a suspeitar que o mecanismo da evolução poderia ter alguma semelhança com a **seleção artificial**, processo em que o ser humano seleciona para reprodução espécies animais e vegetais com características desejáveis e despreza as demais. Foi por meio desse processo que surgiram as raças de cães, carneiros, cavalos, vacas e as variedades de frutas e outros vegetais. Veja a figura 3.19.

3.19 A partir da mostarda-selvagem (*Brassica* sp.; 30 cm a 1 m de altura), por meio de cruzamentos conduzidos pelo ser humano, foram obtidos o repolho, a couve-de-bruxelas, o brócolis e a couve-flor. (Os elementos representados nas fotografias não estão na mesma proporção.)

Darwin passou um bom tempo estudando os cruzamentos seletivos que os criadores de pombo realizavam para obter as várias raças desse animal. De forma semelhante, pensou ele, a natureza poderia selecionar determinadas características e, com o tempo, originar novas variedades de animais ou plantas.

Como o processo de seleção poderia ocorrer na natureza sem a interferência humana? Uma ideia para a resposta a essa pergunta veio em 1838, quando Darwin leu um livro do economista inglês Thomas Malthus (1766-1834) sobre populações.

Malthus afirmava que as populações tendem a crescer de forma exponencial (ou seja, a taxa de crescimento aumenta com o tempo). Por exemplo, no instante inicial uma população de reprodução assexuada seria formada por um indivíduo; no instante seguinte, a população dobraria (2 indivíduos); no próximo instante, ela dobraria novamente (4 indivíduos), e assim sucessivamente (2^3, 2^4, 2^5, 2^6, etc.; ou 8, 16, 32, 64, etc.).

Já os recursos para sustentar os indivíduos (como o alimento) cresceriam mais lentamente: no instante inicial haveria uma quantidade de recurso; no instante seguinte, 2 quantidades; no próximo instante, 3 quantidades, e assim sucessivamente (3 + 1, 4 + 1, 5 + 1, etc.; ou 4, 5, 6, etc.).

O crescimento mais rápido da população em relação ao aumento de recursos (alimento, espaço, etc.) resultaria na escassez desses recursos, que são necessários a sua reprodução e a sua sobrevivência.

Considerando que os recursos são limitados, Darwin concluiu que nem todos os organismos que nascem conseguem sobreviver e se reproduzir. Os indivíduos com melhores oportunidades de sobrevivência seriam aqueles com características apropriadas para conseguir recursos e enfrentar as condições desfavoráveis de seu ambiente. Esses indivíduos teriam maior probabilidade de se reproduzir e gerar descendentes férteis.

Nessas condições, as características favoráveis tenderiam a ser preservadas e as desfavoráveis, destruídas. Darwin chamou de **seleção natural** a preservação de variações favoráveis e a eliminação de variações desfavoráveis. Segundo ele, pelo lento e constante processo de seleção natural ao longo das gerações, as espécies podem diversificar-se e tornar-se adaptadas ao ambiente em que vivem.

Dessa forma, as variações e a seleção natural dariam origem a características que facilitam a sobrevivência e a reprodução de um organismo em determinado ambiente. No polo norte, por exemplo, um urso com boa cobertura de pelos está mais adaptado que um urso com poucos pelos.

Adaptações são, portanto, características que facilitam a sobrevivência e a reprodução de um organismo em determinado ambiente. Essas adaptações são resultado de variações entre os indivíduos e do processo de seleção natural.

Darwin resume essa conclusão no trecho abaixo, tirado de seu livro de 1859, *Sobre a origem das espécies por meio da seleção natural, ou a preservação das raças favorecidas na luta pela vida,* que ficou mais conhecido em português como *A origem das espécies*. Veja a figura 3.20:

[...] vendo que as variações úteis ao homem ocorreram sem dúvida, que outras variações úteis de alguma forma a cada ser na grande e complexa batalha da vida possam ocorrer durante muitas gerações sucessivas? Se isso ocorrer, podemos duvidar (lembrando que nascem mais indivíduos do que podem sobreviver) que indivíduos com vantagens, por menores que sejam, teriam uma melhor chance de sobreviver e procriar sua espécie? Por outro lado, podemos ter certeza de que qualquer variação prejudicial seria destruída. A essa preservação de diferenças individuais e variações favoráveis e à destruição das prejudiciais chamei de seleção natural ou a sobrevivência do mais preparado.

DARWIN, Charles. *A origem das espécies e a seleção natural.* Tradução de Soraya Freitas. São Paulo: Editora Madras, 2014. p. 84.

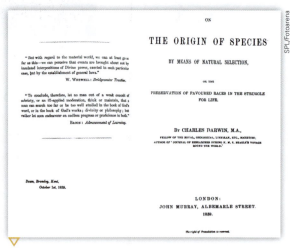

3.20 Primeiras páginas da primeira edição da obra *A origem das espécies*, de Charles Darwin, publicada em 1859.

Quando Darwin fala das "variações úteis ao homem" ele está se referindo ao processo de seleção artificial, amplamente utilizado pelos seres humanos para criar variedades de plantas, cães, gado, etc. com características consideradas úteis. Em seguida, ele observa que essas variações também podem se formar na natureza, na "grande e complexa batalha da vida", numa referência à luta pela sobrevivência. E ao lembrar que "nascem mais indivíduos do que podem sobreviver", ele está se valendo das ideias de Malthus. Na última frase do trecho acima, Darwin define seu conceito de seleção natural.

Para Darwin, as mudanças ao longo das gerações são muito mais lentas quando ocorrem naturalmente do que quando provocadas pela seleção artificial. Diz ele em *A origem das espécies* (na mesma edição citada anteriormente):

> Como são fugazes os desejos e esforços dos homens! Como seu tempo é curto! Consequentemente, como serão pobres seus resultados, comparados com os acumulados pela natureza durante várias eras geológicas!
>
> DARWIN, Charles. *A origem das espécies e a seleção natural*. Tradução de Soraya Freitas. São Paulo: Editora Madras, 2014. p. 86.

Veja na figura 3.21 um esquema de como a seleção natural promove uma mudança nas populações.

Você pode observar na figura que a frequência de ratos de cor clara na população está aumentando ao longo das gerações e a de ratos de cor escura, diminuindo. Isso está acontecendo porque, nesse ambiente em particular, as corujas, que se alimentam de ratos, localizam com maior facilidade os ratos de cor escura do que os ratos de cor clara, já que estes últimos, cuja cor se confunde com a cor do solo, ficam mais camuflados. Sob essas condições, no futuro, a população poderá ser formada apenas por ratos de cor clara.

3.21 Esquema simplificado representando o fenômeno da seleção natural (a coruja mede cerca de 60 cm de comprimento; o rato mede cerca de 15 cm de comprimento, desconsiderando a cauda. Elementos representados em tamanhos não proporcionais entre si. Cores fantasia).

Fonte: elaborado com base em MUHLRAD, P. Coats of Different Color: Desert Mice Offer New Lessons on Survival of the Fittest. *The university of Arizona*. Disponível em: <https://uanews.arizona.edu/story/coats-different-color-desert-mice-offer-new-lessons-survival-fittest>. Acesso em: 15 mar. 2019.

Veja agora como o conceito de seleção natural de Darwin explica a língua comprida do tamanduá (reveja a figura 3.9). Em uma população inicial de tamanduás, alguns indivíduos possuíam língua mais comprida que outros. Por isso, tinham maiores chances de capturar insetos e, consequentemente, de sobreviver até a fase adulta e se reproduzir. Essa característica hereditária foi transmitida às gerações seguintes. Assim, o número de tamanduás com língua maior do que a média aumentou ao longo das gerações, o que significa que a frequência (o número relativo) de animais de língua mais comprida aumentou de maneira gradativa na população.

Outro exemplo interessante é a relação entre a orquídea da espécie *Angraecum sesquipedale* e a mariposa da espécie *Xanthopan morganii*. Veja a figura 3.22. A partir de seus estudos e observando essa orquídea, Darwin imaginou que deveria existir um inseto que tivesse uma estrutura bucal suficientemente longa para alcançar o néctar dessa flor. Só depois de algum tempo a mariposa que se alimenta do néctar dessa orquídea foi encontrada e descrita. Nesse caso, a ideia da seleção natural foi capaz de prever as características e a possível existência de um animal ainda não descoberto.

3.22 Mariposa (*Xanthopan morganii*; cerca de 6 cm de comprimento) alimentando-se do néctar de uma orquídea (*Angraecum sesquipedale*; as flores têm cerca de 16 cm de diâmetro). O néctar se concentra ao final de um tubo de cerca de 35 cm dentro da flor.

Conexões: Ciência e História

Darwin e Wallace

As conclusões de Darwin não foram logo publicadas. Ele continuou recolhendo evidências e trabalhando em sua teoria por mais vinte anos após a viagem a bordo do Beagle. Nesse meio tempo, Darwin tentava elaborar uma teoria que pudesse explicar um grande número de fenômenos diferentes. Dentre os fenômenos que ele buscava explicar, podemos citar a adaptação, a transformação das espécies, a existência de fósseis e a semelhança dos organismos que vivem em ilhas com os que vivem no continente próximo.

Em 1858, Darwin recebeu um pequeno manuscrito do cientista inglês Alfred Russel Wallace (1823-1913; figura 3.23), intitulado *A tendência das variedades de se afastarem indefinidamente do tipo original*. Para sua surpresa, Wallace tinha chegado às mesmas conclusões que ele e, por isso, seus trabalhos foram anunciados juntos.

3.23 Fotografia de Alfred Russel Wallace, naturalista inglês, aos 79 anos.

Darwin tem o mérito de ter apresentado imensa série de evidências a favor de sua teoria. Por essa razão, é mais frequente que os créditos pela formulação da teoria da evolução sejam atribuídos a Darwin do que a Wallace. Há também quem defenda que o maior prestígio científico e social de Darwin colocava-o em posição de destaque, prejudicando a visibilidade de Wallace. Mesmo assim, alguns cientistas se referem à teoria da evolução como teoria de Darwin-Wallace.

Limitações da teoria de Darwin

Darwin não sabia explicar como surgiam as variadas características entre os indivíduos de uma mesma espécie. Ele também não conseguiu explicar como essas variações eram transmitidas ao longo das gerações.

O conceito de gene e o conceito de mutação não eram conhecidos na época. Por essa razão, Darwin não sabia como podiam surgir indivíduos com novas características.

Darwin, assim como outros cientistas de sua época, desconhecia o trabalho de Mendel em Genética ou não avaliou bem sua importância.

Houve muita resistência na comunidade científica para aceitar a teoria da evolução por seleção natural. A falta de evidências sobre os mecanismos de hereditariedade comprometia sua credibilidade. Além disso, argumentava-se, por exemplo, que não era possível ver uma espécie se transformando em outra.

No contexto da época, também era muito difícil para as pessoas aceitar que a própria espécie humana teria surgido por evolução a partir de outros animais. No ano de 1871, Darwin expôs com mais detalhes essa ideia, no livro *A descendência do homem e seleção em relação ao sexo*.

Nas primeiras décadas do século XX, porém, houve uma síntese entre as ideias de Darwin, as leis de Mendel e o conhecimento dos genes e das mutações, entre outras descobertas, que deu origem à **teoria sintética da evolução**, que será estudada no próximo capítulo.

Mundo virtual

Ciência hoje das crianças
http://chc.org.br/dois-pais-de-uma-teoria
Comenta o trabalho de Darwin e Wallace.
Acesso em: 15 mar. 2019.

Museu de Paleontologia da Universidade da Califórnia
http://www.ib.usp.br/evosite/evo101/index.shtml
Informações sobre a evolução.
Acesso em: 15 mar. 2019.

Esse é mais um exemplo de como fatores culturais e sociais podem influenciar a aceitação de novas ideias científicas.

Conexões: Ciência e sociedade

Os limites da ciência

A ciência trata de questões que podem ser testadas por meio de observações ou de experimentos. Outras áreas do conhecimento podem tratar de questões diferentes que estão fora do alcance da ciência. É o caso das artes, por exemplo, que nos ensinam muito sobre questões subjetivas dos seres humanos. Veja a figura 3.24.

Lendo um romance, por exemplo, podemos sentir emoções com base no que vivem os personagens e refletir sobre elas. A ciência, em conjunto com a arte, a religião, o conhecimento cotidiano e a filosofia, faz parte da cultura humana.

A ciência pode nos dizer o que somos capazes de fazer, mas ela não nos diz o que devemos fazer ou o que é certo ou errado. O bem e o mal e o certo e o errado pertencem à esfera da ética e não à esfera científica.

Em resumo, a ciência procura descobrir como as coisas funcionam, mas não nos diz como as coisas deveriam ser, isto é, ela não nos diz como devemos aplicar o conhecimento obtido, que regras morais devemos seguir e por que devemos segui-las.

3.24 *A família*, de Tarsila do Amaral, 1925 (óleo sobre tela, de 79 cm × 101,5 cm). A artista buscou representar nessa pintura uma família da zona rural. Repare na expressão de cada rosto e nas emoções transmitidas pela obra.

ATIVIDADES

Aplique seus conhecimentos

1. Fósseis são restos ou vestígios de organismos que viveram há milhões de anos e foram preservados em sedimentos.
   a) Por que a descoberta de fósseis de espécies que não existem mais desafiou o fixismo?
   b) Qual é a importância dos fósseis para o estudo da evolução?

2. Qual foi a contribuição de Lamarck para a teoria da evolução atual?

3. Sobre a lei de transmissão de características adquiridas, defendida por Lamarck, responda:
   a) Se essa lei fosse válida, como seria a pele de uma criança gerada por um casal de pele muito clara que ficou exposto à luz solar por muitos anos?
   b) Explique, utilizando o mesmo exemplo, por que a lei de transmissão de características adquiridas não é válida.

4. Sobre a observação dos animais e plantas da América do Sul, Darwin disse que tinha ficado muito impressionado com:

   certos fatos na distribuição de seres [...] que habitam a América do Sul e as relações geológicas do presente com os habitantes anteriores desse continente. Esses fatos [...] parecem elucidar a origem das espécies.

   DARWIN, Charles. *A origem das espécies e a seleção natural.* Tradução de Soraya Freitas. São Paulo: Editora Madras, 2014. p. 21.

   Por que observar espécies extintas fez com que Darwin pensasse na origem das espécies por evolução?

5. Com os conhecimentos que temos hoje, identifique o nome do fenômeno que origina o que Darwin explicava como uma mudança acidental no tamanho e na forma do corpo.

6. A domesticação do lobo provavelmente começou há cerca de 30 mil anos e deu origem a uma nova espécie, o cão doméstico (*Canis familiaris*). Desde então, foram criadas várias raças com características bem diferentes. Veja a figura 3.25.
   a) Explique como o ser humano conseguiu produzir raças de cães tão diferentes quanto um pastor-alemão e um buldogue francês, por exemplo.
   b) Que semelhança há entre esse processo e um dos conceitos mais importantes da teoria da evolução de Darwin? Qual é esse conceito?
   c) De acordo com a teoria de Darwin, como são selecionadas as características de uma população?
   d) De acordo com a mesma teoria, como são selecionadas as características de raças diferentes de cães?

3.25 Cão pastor-alemão (cerca de 60 cm de altura) e buldogue francês (cerca de 30 cm de altura), ambos da espécie *Canis familiaris*.

7. Um cientista encontrou em determinada ilha uma espécie de pássaro com um bico grande e forte, capaz de quebrar as sementes duras encontradas no local para comer o seu conteúdo. Com base nesse dado e em fósseis de uma espécie com bico menor e mais fraco, que, no passado, habitou o local, o cientista supôs que a espécie atual se originou, por evolução, da espécie anterior. Responda às questões a seguir:
   a) Como essa mudança teria ocorrido se a lei da herança das características adquiridas, proposta por Lamarck, fosse verdadeira?
   b) Utilize o conceito de seleção natural para explicar essa evolução.

8. Um estudante afirmou que a evolução das espécies pode ser plenamente explicada pela teoria proposta por Charles Darwin. Você concorda com essa afirmação?

9. As orquídeas da espécie *Ophrys insectifera* (até 60 cm de altura) são conhecidas por suas flores com forma e textura semelhantes às de uma vespa, inseto que as poliniza. Veja a figura 3.26.
Essas flores exalam um odor semelhante ao exalado pela vespa fêmea, o que facilita a atração da vespa macho. A vespa macho acaba transportando o pólen de uma flor para outra ao tentar acasalar com a flor da orquídea. Com isso, aumentam-se as chances de reprodução da planta e, consequentemente, de sobrevivência da espécie. Considere a aparência física da flor para responder à seguinte questão: Como essa característica pode ser explicada com base no princípio de seleção natural de Darwin?

3.26 Flor de orquídea da espécie *Ophrys insectifera*.

De olho no texto

No texto abaixo, Darwin explica como a probóscide (tromba) de um inseto torna-se adaptada a atingir a região da flor onde há néctar:

[...] sob certas circunstâncias as diferenças individuais na curvatura ou no comprimento da tromba, etc., pequenas demais para ser apreciadas por nós, podem beneficiar uma abelha ou outro inseto, de modo que certos indivíduos conseguiriam obter seu alimento com mais rapidez do que outros e assim as comunidades às quais pertencem floresceriam e teriam muitos enxames de abelhas com as mesmas peculiaridades.

DARWIN, Charles. *A origem das espécies e a seleção natural*. Tradução de Soraya Freitas. São Paulo: Editora Madras, 2014. p. 95.

a) Consulte em dicionários o significado das palavras que você não conhece e redija uma definição para essas palavras.
b) De acordo com a ideia do trecho acima, como Darwin justifica o fato de não percebermos as mudanças nas espécies?
c) A que processo Darwin se refere quando fala que "certos indivíduos conseguiriam obter seu alimento com mais rapidez do que outros"?

Trabalho em equipe

Cada grupo de estudantes vai escolher uma das atividades a seguir para pesquisar em livros, revistas ou *sites* confiáveis (de universidades, centros de pesquisa, etc.). Vocês podem buscar o apoio de professores de outras disciplinas (Geografia, História, Língua Portuguesa, etc.). Exponham os resultados da pesquisa para a classe e a comunidade escolar (estudantes, professores e funcionários da escola e pais ou responsáveis), com o auxílio de ilustrações, fotos, vídeos, blogues ou mídias eletrônicas em geral. Ao longo do trabalho, cada integrante do grupo deve defender seus pontos de vista com argumentos e respeitando as opiniões dos colegas.

1. Dados biográficos, ideias e obras de alguns cientistas que colaboraram com o darwinismo ou tiveram alguma influência sobre as primeiras teorias evolutivas, como Jean-Baptiste Lamarck, Alfred Russel Wallace, Henry Walter Bates e Fritz Müller.
2. Pesquisem o que foi o movimento conhecido como "darwinismo social", no século XIX. Façam críticas, demonstrando os equívocos desse movimento.

Autoavaliação

1. Você é capaz de explicar a resistência a antibióticos pela teoria da seleção natural e justificar a importância do uso desses medicamentos apenas com orientação médica?
2. Quais fatores contribuíram para que Darwin elaborasse a teoria da evolução?
3. Com base no que foi estudado no capítulo, como explicar que a evolução não é uma ideia especulativa por ser uma teoria?

CAPÍTULO 4
Evolução: da origem da vida às espécies atuais

4.1 Do cruzamento entre um leão macho (*Panthera leo*; 1,8 m a 2,5 m de comprimento, desconsiderando a cauda) e um tigre fêmea (*Panthera tigris*; 1,4 m a 2,6 m de comprimento, desconsiderando a cauda) nasce o ligre (3 m a 3,6 m de comprimento, desconsiderando a cauda), um híbrido das duas espécies. Apesar de leões e tigres conseguirem cruzar entre si, seus descendentes não podem se reproduzir, porque são estéreis.

A partir da década de 1930, uma nova teoria da evolução começou a ser construída a partir das ideias de Darwin, das leis de Mendel e de novas descobertas na área da Genética, como as mutações que podem ocorrer no material genético.

Nascia, assim, a chamada teoria sintética da evolução. Essa nova teoria explica um número maior de fenômenos do que a teoria de Darwin e afeta, além da Biologia Evolutiva, praticamente todas as áreas das ciências relacionadas, como a Paleontologia, que estuda o passado dos seres vivos.

As descobertas no campo da evolução também influenciaram, por exemplo, no conceito biológico de espécie, definido como grupo de indivíduos capazes de cruzar entre si e gerar descendentes férteis. Veja a figura 4.1.

▶ Para começar

1. Como você explicaria as diferenças entre indivíduos de uma mesma espécie?
2. De que maneira uma nova característica pode surgir?
3. Como surgiu o primeiro ser vivo?
4. Podemos dizer que o ser humano evoluiu a partir de um macaco, como o chimpanzé?

1 A teoria sintética da evolução

Estudamos no capítulo anterior que, apesar de ser considerado o principal responsável pela teoria da evolução, Darwin encontrou resistência em sua época. Isso ocorreu principalmente pelo fato de que a teoria de Darwin não explicava como novas características poderiam surgir na população. Estudos posteriores permitiram concluir que elas surgem pela variabilidade genética que existe dentro das populações, como veremos a seguir.

Como é comum em ciências, a teoria atualmente aceita para explicar a evolução, a **teoria sintética da evolução**, foi desenvolvida com o trabalho de vários cientistas, como Theodosius Dobzhansky (1900-1975) e Ernst Mayr (1904-2005). Novas descobertas sobre os seres vivos continuam ampliando nosso conhecimento sobre a evolução, inclusive a evolução humana.

> **Na tela**
>
> **O Desafio de Darwin.**
> Direção: John Bradshaw. Estados Unidos, 2010. 102 min.
> No ano de 1858, o cientista Charles Darwin enfrenta desafios ao ter sua revolucionária teoria da evolução contestada. Apesar disso, Darwin compreende melhor a essência de seu trabalho e publica suas teorias.

Variabilidade genética: mutações e reprodução sexuada

É comum que pessoas imaginem mutações como transformações enormes que ocorrem de uma hora para outra. Muitos acreditam que essas mutações conferem a um indivíduo características exageradas, como uma "superforça" ou uma visão extremamente refinada. Ao contrário dessa percepção, as mutações são, na realidade, mudanças acidentais que ocorrem no DNA, o material que forma os genes. Essas mudanças podem fazer com que um gene se torne diferente do original. Alguns desses genes diferentes podem se expressar, fazendo com que surjam novas características em um organismo. Veja um exemplo de mutação da mosca-da-banana na figura 4.2.

4.2 À esquerda, mosca-da-banana (*Drosophila melanogaster*) selvagem; à direita, mosca da mesma espécie com uma mutação que faz com que as asas não se desenvolvam. Imagem obtida em microscópio eletrônico (aumento de cerca de 19 vezes; colorida artificialmente).

Como ocorrem os eventos que causam as mutações? Eles podem acontecer, por exemplo, quando há erros durante a duplicação do DNA. Mutações também ocorrem quando o DNA é submetido a fatores ambientais capazes de modificá-lo, como a radioatividade, a ação de certos vírus ou de alguns produtos químicos.

Mutações que ocorrem nas células somáticas de um indivíduo, isto é, nas células que não originam gametas, não são transmitidas aos descendentes, por isso não têm importância evolutiva. Já as mutações que ocorrem nos gametas ou nas chamadas células germinativas, que originam gametas, são transmitidas aos descendentes e têm impacto evolutivo.

> No capítulo 1, vimos que os gametas estão associados à transmissão das características hereditárias, estabelecendo relações entre ancestrais e descendentes.

No caso da mosca mutante da figura 4.2, as mutações ocorreram nos gametas de indivíduos adultos. Quando eles se reproduziram, transmitiram o material genético que carregava essas mutações, originando descendentes mutantes, como o que está representado na figura.

Mutações também podem surgir no processo de reprodução assexuada de seres vivos unicelulares. Nesse caso, as mutações são transmitidas aos descendentes, já que nesse tipo de reprodução eles são geneticamente idênticos ao progenitor. Veja o exemplo de uma bactéria na figura 4.3.

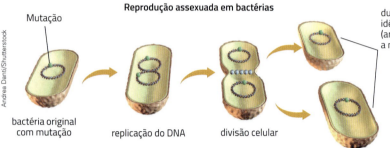

4.3 Representação simplificada de transmissão de mutação (em verde) em uma bactéria conforme ela se reproduz de forma assexuada. As bactérias são microscópicas. (Elementos representados em tamanhos não proporcionais entre si. Cores fantasia.)

Diferentemente da reprodução sexuada, que produz combinações novas, a reprodução assexuada produz indivíduos idênticos aos originais, a não ser que ocorram mutações.

As mutações ocorrem ao acaso. Dizemos também que elas são acidentais ou aleatórias. Qualquer mutação relacionada a qualquer função pode aparecer e, caso ela seja transmitida aos descendentes, aumenta a variabilidade genética da população.

Outra fonte de variabilidade genética é a reprodução sexuada. Esse tipo de reprodução combina genes presentes nos gametas da geração parental. A reprodução sexuada, portanto, produz combinações novas de genes e de características, sendo importante no processo de evolução.

Sem variabilidade genética, não poderia haver seleção natural nem evolução, pois todos os indivíduos de uma população teriam as mesmas características. Se os indivíduos fossem iguais, não haveria aqueles com maior chance de sobrevivência ou reprodução que outros.

> No 8º ano conhecemos os diferentes processos reprodutivos que ocorrem nos grupos de seres vivos.

Seleção natural após Darwin

Sabendo que a variabilidade genética é o fator que gera novas características, podemos compreender melhor como a seleção natural atua nos seres vivos. Adaptações são moldadas pela seleção natural. Isso significa que, quando uma nova característica permite a sobrevivência dos indivíduos que a possuem e é passada de uma geração para a outra por meio da reprodução, ela é considerada uma adaptação. Em alguns casos, é possível observar a ação da seleção natural em uma escala de tempo perceptível ao ser humano, como veremos a seguir.

Nos últimos anos tem sido cada vez mais comum encontrar alimentos orgânicos em mercados e feiras. Você sabe o que caracteriza esses alimentos?

Alimentos orgânicos são cultivados sem o uso de agrotóxicos (também chamados pesticidas ou defensivos agrícolas) e sem a aplicação de fertilizantes industriais. Enquanto os agrotóxicos são usados para combater pragas que destroem as lavouras, os fertilizantes tornam o solo mais rico em nutrientes. Veja a figura 4.4.

4.4 Aplicação de agrotóxicos em plantação de hortaliças em Nova Friburgo (RJ), 2015. É necessário utilizar equipamentos de segurança durante a aplicação desses produtos, pois seu uso inadequado pode causar problemas ao ser humano e ao ambiente.

Além dos problemas ambientais provocados pelo uso inadequado de agrotóxicos, verificou-se que, após mais de sessenta anos de uso, muitas espécies de insetos que atacam as plantações tornaram-se resistentes a vários pesticidas. Agora que você já sabe melhor como os seres vivos evoluem, saberia explicar como os insetos se tornam resistentes a esses pesticidas?

> Você estudou os efeitos do uso de agrotóxicos nos anos anteriores.

Os insetos costumam ter um ciclo de vida curto e produzir muitos descendentes. Dessa forma, é possível que apareçam vários tipos de mutações em intervalos curtos de tempo. Lembre-se de que essas mutações são aleatórias, mas é possível que algumas delas confiram resistência a pesticidas. Assim, quando esses produtos são aplicados, a maioria dos insetos morre. Mas, caso haja algum indivíduo com uma mutação que o torne resistente, ele sobrevive, pode se reproduzir e, dependendo do tipo de mutação, pode transmitir a resistência a seus descendentes. Caso a aplicação do pesticida continue, ao longo do tempo diminui na população a quantidade de indivíduos sensíveis, enquanto aumenta o número de resistentes, que são mais aptos às novas condições do ambiente, até que eles predominem na população. Com isso, o pesticida não é mais eficaz para combater esses insetos. Veja a figura 4.5.

4.5 Representação esquemática do aumento do número de insetos resistentes após o uso de agrotóxicos. (Elementos representados em tamanhos não proporcionais entre si. Cores fantasia.)

Antes de aplicar o pesticida — O inseto resistente (em vermelho) está em pequeno número.

Insetos sensíveis ao pesticida (em branco) morrem e, com o tempo, os resistentes sobrevivem e se reproduzem.

Após aplicação contínua do pesticida — Ao longo do tempo, a frequência dos insetos resistentes aumenta na população.

Fonte: elaborado com base em Refuges of Genetic Variation: Controlling Crop Pest Evolution. *Understanding Evolution*. Disponível em: <https://evolution.berkeley.edu/evolibrary/article/agriculture_04> Acesso em: 19 mar. 2019.

Um processo semelhante ao dos insetos ocorre com a resistência das bactérias a antibióticos. Em uma população, pode haver bactérias mutantes resistentes ao antibiótico. Quando ele é aplicado, essas bactérias sobrevivem, enquanto as sensíveis ao antibiótico morrem. Com o tempo, se a exposição ao antibiótico persistir, essas bactérias adaptadas se multiplicam e se tornam mais numerosas do que aquelas sem a mutação.

> Essa é uma das razões pelas quais não devemos tomar antibiótico sem a orientação de um médico.

Em muitos casos, não podemos observar o processo evolutivo acontecendo; entretanto, podemos observar certas adaptações nos seres vivos atuais que nos permitem sugerir o processo evolutivo pelo qual passaram, como o exemplo da língua do tamanduá, que vimos no capítulo anterior.

Observe outro exemplo de adaptação na figura 4.6: o bicho-folha, nome que designa vários grupos de insetos semelhantes a folhas.

4.6 Bicho-folha (cerca de 3 cm a 4 cm de comprimento) em região da Mata Atlântica, em Tapiraí (SP), 2015. Acredita-se que no passado surgiu um inseto com uma mutação que o tornou mais semelhante a uma folha, o que possibilitou que ele se escondesse melhor de seus predadores. Com o tempo, esses mutantes mais parecidos com folhas foram aumentando em número, uma vez que essa característica foi transmitida aos descendentes. Dessa forma, por meio do processo de seleção natural, as características atuais dos bichos-folha foram mantidas.

2 Formação e evolução das espécies

Dependendo do tipo de ambiente, diferentes características podem se estabelecer e evoluir dentro de uma população. Mas como esse processo poderia explicar a enorme diversidade de espécies encontradas nos ecossistemas?

Como vimos no 7º ano, uma espécie é o conjunto de organismos capazes de, na natureza, cruzar e gerar descendentes férteis. Esse conceito foi definido considerando a teoria da evolução. Vamos ver agora como essa teoria explica a formação de novas espécies, um processo denominado **especiação**.

Especiação

Observe na figura 4.7 duas espécies de esquilos que vivem em lados opostos do desfiladeiro Grand Canyon, nos Estados Unidos.

No passado, os ancestrais desses esquilos pertenciam a uma única espécie. Com o processo de formação do desfiladeiro, iniciado há milhões de anos, formou-se uma **barreira geográfica**: o desfiladeiro. Essa barreira separou os indivíduos em duas populações, que deixaram de se encontrar e, portanto, de cruzar entre si.

Ao longo do tempo e por muitas gerações, mutações aleatórias e a reprodução sexuada possibilitaram, respectivamente, o surgimento e a transmissão de novas características em cada população. Essas características podem ter permanecido ou não nessas populações por meio de processos como a seleção natural. Esses fenômenos fizeram com que as duas populações de esquilos se tornassem tão diferentes que passaram a ser espécies distintas.

As barreiras que impedem o cruzamento entre indivíduos de populações diferentes são muito variadas. Podem ser representadas, por exemplo, por rios, cadeias de montanhas, ou até mesmo uma grande distância que separa as populações, dependendo da capacidade de deslocamento dos indivíduos — no exemplo citado, aves poderiam atravessar o Grand Canyon voando, permitindo o cruzamento em diferentes populações e não permitindo a especiação. Quando a barreira é física, esse fenômeno é chamado **isolamento geográfico**.

Minha biblioteca

Antes e depois de Charles Darwin: como a ciência explica a origem das espécies, de Nelson Henrique Carvalho de Castro. Editora Harbra, 2009.
As principais teorias sobre a origem das espécies, em especial a proposta por Charles Darwin, são apresentadas de forma simples neste livro, revelando a importância do pensamento evolutivo para a ciência.

4.7 Duas espécies de esquilos (*Ammospermophilus harrisii*, à esquerda, e *Ammospermophilus leucurus*, à direita; cerca de 14 cm a 17 cm de comprimento, desconsiderando a cauda). Note que elas vivem em lados opostos do desfiladeiro Grand Canyon, nos Estados Unidos. (Os elementos representados nas fotografias não estão na mesma proporção.)

O isolamento geográfico permite que cada população evolua separadamente. Com o tempo, as populações acumulam diferenças a ponto de caracterizar a formação de duas ou mais **subespécies**. As subespécies são populações da mesma espécie que vivem geograficamente isoladas e por isso acabam desenvolvendo diferenças genéticas. E quando podemos dizer que houve formação de novas espécies?

Se o isolamento geográfico persistir por um longo período, chega-se a um ponto em que as diferenças genéticas impedem o cruzamento entre os indivíduos das populações, mesmo que o isolamento seja superado. Veja a figura 4.8.

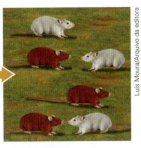

População de ratos da mesma espécie.

Uma barreira geográfica surge. Formam-se duas populações da mesma espécie isoladas geograficamente.

Ao longo do tempo, as duas populações acumulam diferenças genéticas, formando subespécies que ainda são capazes de se reproduzir caso sejam unidas novamente.

Após muito tempo, mesmo que o isolamento geográfico desapareça, as subespécies não se cruzam mais e formam, portanto, duas espécies diferentes.

4.8 Esquema simplificado mostrando a formação de novas espécies. Primeiro, o isolamento geográfico forma subespécies. Se o isolamento persistir, essas subespécies não são mais capazes de se reproduzir e pode haver a formação de novas espécies. (Elementos representados em tamanhos não proporcionais entre si. Cores fantasia.)

Quando indivíduos de duas populações não conseguem cruzar entre si (ou conseguem, mas geram indivíduos estéreis), dizemos que atingiram o **isolamento reprodutivo**. Dizemos, nesse caso, que surgiu uma nova espécie (houve especiação). O isolamento reprodutivo pode ocorrer, por exemplo, porque os machos e as fêmeas dos diferentes grupos não se reconhecem mais; porque seus órgãos genitais não são mais compatíveis; porque os gametas masculinos não conseguem fecundar o gameta feminino; ou então porque o zigoto formado ou o embrião não completam seu desenvolvimento; etc.

Caso ocorra a formação de um indivíduo, ele poderá ser um híbrido estéril, ou seja, que não produz gametas funcionais. É o caso do híbrido de leão e tigre, na figura 4.1. Outro exemplo de híbridos são o burro e a mula, animais resultantes do cruzamento entre o jumento e a égua. Veja a figura 4.9.

4.9 Em **A**, jumento (até 1,3 m de altura); em **B**, mula (até 1,5 m de altura); e em **C**, égua (cerca de 1,8 m de altura). A mula é um indivíduo híbrido estéril do cruzamento entre a égua e o jumento (animais do gênero *Equus*). (Os elementos representados nas fotografias não estão na mesma proporção.)

Evolução: da origem da vida às espécies atuais • **CAPÍTULO 4**

História evolutiva

Considerando a formação das espécies, como você representaria a evolução delas? Uma forma comum, porém não correta de as pessoas imaginarem a evolução é como uma escada, em que os organismos se tornam cada vez mais complexos, ou "mais evoluídos".

Na realidade, todas as formas atuais de vida, mesmo as mais simples, surgiram depois de um longo processo de evolução, que produziu organismos capazes de sobreviver em determinado ambiente e deixar descendentes. Em alguns casos houve maior acúmulo de adaptações que em outros. Entretanto, não podemos considerar que uma espécie atual seja mais ou menos evoluída que outra. Analisando a história evolutiva, também não podemos afirmar que uma espécie atual seja ancestral de outra.

A história evolutiva das espécies pode ser vista, portanto, como uma árvore: na extremidade de cada ramo da árvore estão as espécies atuais; e cada início da bifurcação marca o ancestral comum aos dois ramos que bifurcam. Veja a figura 4.10.

Mundo virtual

Casa da Ciência – Hemocentro de Ribeirão Preto
http://ead.hemocentro.fmrp.usp.br/joomla/index.php/noticias/adoteempauta/638-reconstruindo-o-passado-a-historia-evolutiva-das-baleias
Paleontólogo da USP explica sobre o passado evolutivo das baleias.
Acesso em: 18 mar. 2019.

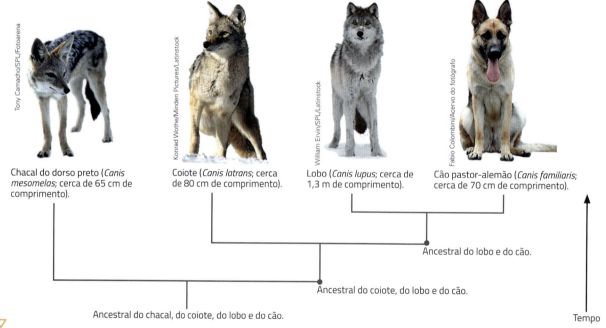

4.10 Representação de uma árvore evolutiva que mostra a hipótese da descendência de animais do gênero *Canis*. Não podemos dizer, por exemplo, que o cão é descendente do lobo, mas sim que os dois apresentam um ancestral comum que não existe mais. (As medidas indicam o comprimento do animal, desconsiderando a cauda. Os elementos representados nas fotografias não estão na mesma proporção.)

A classificação biológica dos seres vivos também ajuda a construir a história evolutiva das espécies, indicando os ancestrais e os descendentes de uma espécie ou de um grupo de seres vivos. Nesse tipo de classificação, considera-se como grupo todas as espécies unidas por um ancestral comum.

Os processos de formação de novas espécies deram origem à riqueza da biodiversidade no planeta, riqueza que maravilhava o naturalista Charles Darwin, como se pode ver neste trecho:

No 7º ano você estudou as principais divisões na classificação dos seres vivos e alguns grupos e organismos de cada reino.

[...] Ora, enquanto o nosso planeta, obedecendo à lei fixa da gravitação, continua a girar na sua órbita, uma quantidade infinita de belas e admiráveis formas, originadas de um começo tão simples, não cessou de se desenvolver e desenvolve-se ainda. [...]

DARWIN, Charles. *A origem das espécies*. São Paulo: Ediouro, 2004. p. 509.

Saiba mais

Evidências da evolução

Para compreender a história evolutiva dos seres vivos, muitas vezes precisamos comparar organismos vivos com outros que já foram extintos. Como isso pode ser feito?

Estudando fósseis de ossos das pernas de um animal, por exemplo, podemos ter ideia de sua altura e de seu peso. Já os dentes podem indicar o tipo de alimentação, pois cada animal possui adaptações que podem ser relacionadas a um determinado modo de vida: carnívoros, por exemplo, geralmente têm dentes pontiagudos e afiados, o que lhes permite prender, perfurar e comer carne. Outros tipos de dentes são adaptados à captura de peixes. Veja a figura 4.11.

4.11 Fóssil da cabeça do *Anhanguera piscator*, uma espécie de pterossauro, com cerca de 4,5 m de envergadura. Pela análise de seus dentes, acredita-se que esse animal se alimentava de peixes.

De particular interesse são os fósseis com características intermediárias entre dois grupos. Esse é o caso dos inúmeros fósseis intermediários entre as baleias e seus ancestrais em comum com outros animais terrestres, que mostram uma progressiva adaptação ao ambiente aquático. Uma das principais características são as aberturas nasais, que ao longo de muitas gerações migraram para o topo da cabeça e possibilitaram que as baleias, por exemplo, respirassem sem precisar sair totalmente da água. Além disso, o corpo delas adquiriu um formato hidrodinâmico: os membros anteriores modificaram-se em nadadeiras e os membros posteriores diminuíram até desaparecer, como mostra a figura 4.12, o que tornou mais eficiente o deslocamento na água.

A idade de um fóssil corresponde, aproximadamente, à do terreno em que ele se encontra. Em geral, quanto mais profundo o terreno, mais antigo o fóssil.

Para calcular a idade de uma rocha e do fóssil que ela contém são analisadas quantidades muito pequenas de certos elementos químicos presentes na rocha que, bem lentamente, vão se transformando em outros.

O tempo que esses elementos, chamados radioativos, levam para sofrer essas transformações é conhecido pelos cientistas. Os elementos radioativos funcionam, então, como uma espécie de "relógio natural".

Além de estudar os fósseis, podemos estabelecer relações entre os seres vivos ao comparar o seu desenvolvimento embrionário e a anatomia. Com isso, é possível estimar o grau de parentesco evolutivo por algumas semelhanças (indicam parentesco mais próximo) ou diferenças (indicam parentesco mais distante) entre eles. Estudando os detalhes da anatomia do braço do ser humano, da nadadeira da baleia e da asa do morcego, por exemplo, podemos ver que, apesar de terem funções diferentes, esses órgãos apresentam o mesmo padrão estrutural: a formação e o arranjo dos ossos são muito semelhantes. Essas semelhanças podem ser explicadas pelo fato de que esses órgãos evoluíram a partir de um mesmo órgão presente no ancestral comum desses grupos. Ao longo do tempo esses órgãos sofreram modificações direcionadas pelo ambiente em que esses animais viviam, apresentando atualmente funções diferentes.

Outra evidência da evolução são os órgãos vestigiais, ou seja, órgãos atrofiados que não desempenham mais suas funções originais e podem ser usados como indício de sua origem evolutiva. Podemos citar como exemplo os ossos vestigiais de membros posteriores em algumas baleias, como vimos na figura 4.12.

Análises do DNA, proteínas, e outras substâncias também revelam evidências de evolução. Em geral, quanto maior a diferença entre as substâncias de duas espécies, maior a distância evolutiva entre elas e quanto mais semelhantes, maior o grau de parentesco evolutivo entre as espécies.

Ossos em tamanho reduzido, semelhantes aos ossos dos membros posteriores dos mamíferos terrestres. Esses ossos também estão presentes em algumas baleias atuais.

4.12 Esqueleto fóssil de animal do gênero *Dorudon* (cerca de 5 m de comprimento), parecido com um grande golfinho e considerado um ancestral das baleias. Esse gênero existiu entre 41 milhões e 33 milhões de anos atrás.

3 A origem da vida

Acabamos de ver que novas espécies podem ser formadas a partir de outras, no processo de especiação. Mas como explicar a origem do primeiro ser vivo? Será que um organismo vivo pode surgir a partir de matéria não viva? Ao longo da história da ciência, muitos pensadores se dedicaram a entender a origem da vida. Vamos conhecer agora algumas das principais ideias utilizadas para explicar como surgiu a vida.

Abiogênese × biogênese

Até a metade do século XIX muitos cientistas e filósofos acreditavam que a vida surgia da matéria sem vida: ratos e insetos, por exemplo, surgiriam a partir de restos de comida. Essa ideia é chamada **geração espontânea** ou **abiogênese** e nos mostra que é necessário refletir sobre as observações para evitar conclusões erradas.

> **Abiogênese:** vem do grego *a*, "sem"; *bios*, "vida", e *genesis*, "origem".

Por isso, ao tentar explicar como alguma coisa ocorre, não é suficiente que o cientista apenas observe atentamente a natureza. Ele deve também testar sua explicação provisória ou, como se diz em ciência, sua hipótese. Isso foi feito em relação à geração espontânea.

Nem todos aceitavam a ideia da abiogênese. Em 1668, o médico italiano Francesco Redi (1626-1697) observou o que pareciam ser pequenos vermes em locais onde havia moscas, como na carne em decomposição. Redi supôs então que eles fossem, na realidade, larvas provenientes de ovos que tinham sido depositados pelas moscas adultas e que, portanto, não surgiriam por geração espontânea a partir da carne, como muitos afirmavam na época.

O médico elaborou, então, um experimento para testar sua hipótese. Acompanhe a montagem que ele fez observando a figura 4.13.

Frascos de vidro preparados por Redi no início do experimento

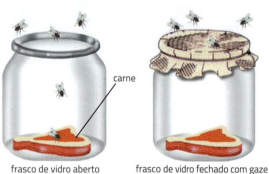

frasco de vidro aberto (presença de moscas na carne)

frasco de vidro fechado com gaze (ausência de moscas na carne)

Frascos de vidro preparados por Redi alguns dias depois

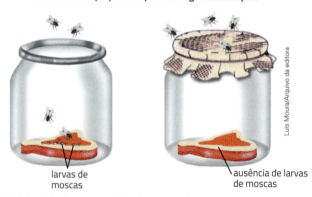

larvas de moscas

ausência de larvas de moscas

Fonte: elaborado com base em BIGGS, A. *Biology*: The Dynamics of Life. Columbus: Glencoe/McGraw-Hill, 2004. p. 380.

▽
4.13 Representação esquemática da montagem experimental de Francesco Redi. Nos frascos de vidro abertos as moscas entravam e saíam livremente; nos frascos de vidro cobertos pelo tecido as moscas não conseguiam entrar. (Elementos representados em tamanhos não proporcionais entre si. Cores fantasia.)

Se a teoria da geração espontânea fosse verdadeira, as larvas de moscas deveriam aparecer tanto nos frascos abertos como naqueles cobertos com gaze. Mas, depois de alguns dias, surgiram larvas apenas nos frascos abertos. Essa evidência contrariava a teoria da geração espontânea. Surgia, assim, a ideia da **biogênese**, na qual um ser vivo só poderia surgir a partir de outro ser vivo.

As evidências do experimento de Redi não convenceram toda a comunidade científica. Muitos pesquisadores ainda acreditavam que os seres microscópicos surgiam por geração espontânea.

Em 1864, o cientista francês Louis Pasteur (1822-1895) realizou um experimento para demonstrar que há microrganismos no ar e que eles podem contaminar a matéria e originar mais microrganismos. Veja a figura 4.14. Para entender esse experimento, observe a figura 4.15 e leia as explicações a seguir.

Pasteur ferveu caldo de carne em um balão de vidro com gargalo em forma de S (também chamado vidro com "pescoço de cisne"). Quando o caldo de carne esfriou, o ar entrou no frasco, porque o gargalo estava aberto, mas a poeira e os microrganismos presentes no ar ficaram retidos na curva do gargalo. Por isso, mesmo depois de muitos dias, não havia microrganismos no caldo de carne. Pasteur, então, quebrou o gargalo do frasco. Sem o gargalo, os microrganismos do ar caíram no caldo e se multiplicaram.

4.14 Representação artística de Louis Pasteur em seu laboratório (imagem de *La Conquete Du Monde Invisible*, por Giuseppe Penso, publicado em 1981).

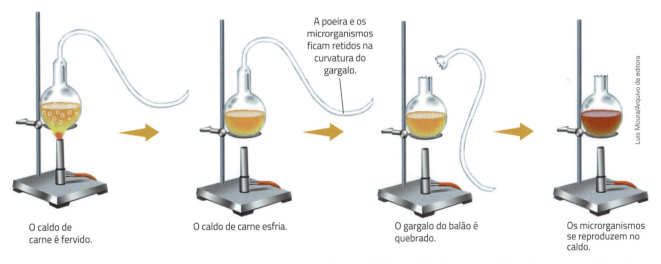

O caldo de carne é fervido. | O caldo de carne esfria. | O gargalo do balão é quebrado. | Os microrganismos se reproduzem no caldo.

Fonte: elaborado com base em TORTORA, G. J.; FUNKE, B. R.; CASE, C. L. *Microbiologia*. 10. ed. Porto Alegre: Artmed, 2012. p. 9.

4.15 Representação esquemática do experimento de Pasteur. O objetivo era provar que os microrganismos não surgem por geração espontânea. (Elementos representados em tamanhos não proporcionais entre si. Cores fantasia.)

Por que foi importante deixar o vidro aberto? Porque, se Pasteur tivesse fechado o vidro, seria possível argumentar que a falta de ar impedia o desenvolvimento dos microrganismos.

Com esse experimento, Pasteur forneceu uma forte evidência de que os microrganismos já estão presentes no ar, e não teriam surgido por geração espontânea, reforçando a ideia da biogênese.

Hipóteses sobre a origem da vida

Atualmente, sabe-se que os organismos vivos só se originam de outros seres vivos. Mas houve um tempo em que não existia nenhum ser vivo sobre a Terra: nenhuma planta, nenhum peixe, nenhum inseto, nenhuma bactéria. Então, como surgiu o primeiro ser vivo?

Estima-se que a Terra se formou há 4,6 bilhões de anos. Naquela época, a temperatura do planeta era tão alta que impedia a manifestação de qualquer forma de vida. Somente cerca de 600 milhões de anos depois, a Terra esfriou o suficiente para que o vapor de água se condensasse e surgissem no planeta as chuvas e água líquida em abundância. A figura 4.16 mostra aspectos da Terra primitiva.

4.16 Representação artística da Terra primitiva, ainda sem vida. Podem ser vistos vulcões que frequentemente entravam em erupção e meteoritos caindo sobre a Terra. (Elementos representados em tamanhos não proporcionais entre si. Cores fantasia.)

Na década de 1920, o russo Aleksandr Ivanovich Oparin (1894-1980) e o inglês John B. S. Haldane (1892-1964) lançaram uma hipótese para explicar a origem da vida na Terra. Eles consideravam que a atmosfera da Terra primitiva era diferente da atual: constituída de metano (gás comum nos pântanos), amônia (substância hoje encontrada em muitos produtos de limpeza) e gás hidrogênio, além de vapor de água.

> Como vimos no 7º ano, a atmosfera atual é formada principalmente pelos gases: nitrogênio, oxigênio, gás carbônico e vapor de água.

Com a energia das descargas elétricas que acompanhavam as tempestades e a energia dos raios ultravioleta do Sol, os gases atmosféricos teriam se combinado e formado diversas substâncias químicas. Entre as substâncias formadas estavam açúcares, gorduras e proteínas, que hoje compõem o corpo dos seres vivos. Essas substâncias são chamadas **orgânicas**.

Conforme as substâncias reagiam e se transformavam, teria surgido uma espécie de material genético primitivo, capaz de se duplicar, ou seja, de fabricar cópias de si mesmo.

Podemos supor que o processo pelo qual esse material genético primitivo se duplicava era sujeito a falhas: de vez em quando surgia um material genético ligeiramente diferente do original. Os mais eficientes em se reproduzir ou adquirir energia tinham vantagem sobre os outros. Começava então o processo de evolução da vida em nosso planeta.

> Como vimos no início deste capítulo, essas mudanças acontecem até hoje: são as mutações.

De acordo com Oparin e Haldane, o material genético primitivo se associou a outras substâncias, como as proteínas. Dessa forma, teria surgido algo parecido com uma célula, mas muito mais simples.

No entanto, é importante ressaltar que a Terra primitiva tinha condições ambientais muito específicas para o surgimento da primeira forma de vida. Ou seja, a geração espontânea de vida não seria possível nas condições atuais, ao contrário do que era defendido pela teoria da abiogênese.

Atualmente, muitos cientistas consideram que os primeiros seres vivos podem ter surgido no fundo dos oceanos, ao redor de fontes de água muito quente e compostos minerais aquecidos pelo magma do manto da Terra. Veja a figura 4.17.

Outros cientistas defendem que a vida na Terra surgiu a partir de compostos orgânicos trazidos do espaço por cometas e meteoritos. A ciência continua pesquisando e buscando novas evidências para explicar a origem da vida na Terra. E com essas pesquisas, nosso conhecimento sobre a origem e a evolução da vida aumenta cada vez mais.

> Você estudou as diferentes camadas que estruturam o planeta Terra no 6º ano. O manto é a camada que fica sob a crosta terrestre. No centro do planeta está o núcleo.

4.17 Fonte hidrotermal no fundo do oceano Pacífico. Atualmente, fontes como essa são habitadas por bactérias, vermes tubulares (*Riftia pachyptila*; até 2,40 m de comprimento) e outros organismos capazes de tolerar as altas temperaturas da água aquecida pelo magma.

Conexões: Ciência e sociedade

A função de um museu de história natural

Marcos Tavares – Curador do setor dedicado a crustáceos do Museu de Zoologia da USP [entrevistado]:

Um museu na verdade é duas instituições em uma. A mais conhecida do público é a que lida com a parte expositiva, onde a instituição comunica conhecimento a um público. Mas a exposição é uma parte ínfima das atividades. O conhecimento exposto é reflexo da pesquisa feita no museu, que também é comunicada a outro público pelos artigos em periódicos científicos. Tudo isso é feito com base no acervo [...].

Eles são uma espécie de biblioteca da vida, com testemunho da biodiversidade de grupos zoológicos, botânicos. [...]

4.18 Reserva técnica do Instituto Harpia de Pesquisa em História Natural em Cornélio Procópio (PR), 2016. As coleções mantidas em um museu são importantes tanto para a pesquisa como para a divulgação científica.

Qualquer espécie tem uma representação física na natureza, como um peixe, uma estrela-do-mar, um crustáceo. Essa representação é guardada nos acervos. Imagina quantas espécies existem nos 8 000 km de litoral do Brasil. Onde elas vivem? Como diferenciar uma da outra? [...]

FÁBIO, A. C. Qual a função de um museu de história natural e etnologia. *Nexo*. Disponível em: <https://www.nexojornal.com.br/expresso/2018/09/05/Qual-a-função-de-um-museu-de-história-natural-e-etnologia>. Acesso em: 18 mar. 2019.

4 História da vida no planeta

Uma vez que compreendemos o processo evolutivo e as principais hipóteses de como pode ter surgido a vida no planeta, podemos compreender de forma mais ampla como a vida evoluiu até as formas que conhecemos hoje.

Os grandes eventos geológicos que ocorreram na história do planeta são agrupados em éons, eras, períodos e épocas, que podem ser vistos no quadro da figura 4.19. Os éons Proterozoico, Arqueano e Hadeano formam a divisão conhecida como Pré-Cambriano. O éon Hadeano é uma divisão não oficial.

> Você estudou alguns eventos da história da Terra no 6º ano.

\multicolumn{5}{	c	}{Divisões usadas para estudar a história da Terra}
Éon	Era	Período	Época	Início (milhões de anos atrás)
Fanerozoico	Cenozoica	Quaternário	Holoceno: época atual	0,01
			Pleistoceno	2,58
		Terciário: surgem os ancestrais da espécie humana.	Plioceno	5,3
			Mioceno	23
			Oligoceno	34
			Eoceno	56
			Paleoceno	65
	Mesozoica	Cretáceo: aparecem as plantas com flores e ao final do período há uma nova extinção em massa.		144
		Jurássico: há uma diversificação dos dinossauros e surgem as primeiras aves.		206
		Triássico: surgem os primeiros dinossauros e os primeiros mamíferos.		248
	Paleozoica	Permiano: há uma diversificação dos répteis e surgem plantas com sementes. Ao final do período houve a maior extinção em massa da história do planeta.		290
		Carbonífero: formam-se as florestas de plantas vasculares que deram origem aos depósitos de carvão mineral. Aparecem os primeiros répteis.		354
		Devoniano: surgem os ancestrais dos anfíbios. Há uma diversificação dos peixes e dos artrópodes terrestres.		417
		Siluriano: surgem as plantas vasculares (com vasos condutores de seiva) e os primeiros peixes.		443
		Ordoviciano: aparecem plantas sem vasos condutores de seiva.		490
		Cambriano: diversificação dos organismos multicelulares.		540
Pré--Cambriano		Proterozoico: surgem organismos com maior complexidade, incluindo os multicelulares.		2500
		Arqueano: surgem os primeiros seres vivos unicelulares, semelhantes às bactérias.		4000
		Hadeano: formação do planeta Terra.		4600

Fonte: elaborado com base em KROGH, D. Biology: a Guide to the Natural World. 5. ed. Boston: Benjamin Cummings, 2011. p. 341.

▽
4.19 Observe no quadro alguns acontecimentos da história da vida na Terra descobertos a partir de estudos de Geologia e da análise de fósseis.

Muitos dos eventos que marcaram as divisões da escala geológica foram causados pelo movimento das placas tectônicas. Esse movimento provocou, por exemplo, a erupção de vulcões, com a liberação de gases que alteraram o clima do planeta. Meteoritos e asteroides vindos do espaço também causaram alterações climáticas que mudaram, por exemplo, o nível dos mares ao longo do tempo.

Como vimos no 7º ano, o clima influencia muito na distribuição dos seres vivos na Terra. Assim, ao longo da história da vida, mudanças climáticas alteraram a distribuição das espécies no planeta e provocaram, em certos momentos, a extinção de grande número de espécies em um curto intervalo de tempo, conhecidas como extinções em massa.

Lembre-se de que, em termos geológicos, são considerados curtos períodos entre 10 mil e 100 mil anos, por exemplo.

 Minha biblioteca

A evolução da vida na Terra, de Ingrid Biesemeyer Bellinghausen. Editora DCL, 2006.
Partindo do evento inicial que gerou o Universo, o livro conta a longa trajetória evolutiva da vida na Terra, mostrando a história do surgimento de vários seres vivos e da extinção de muitos deles.

Evolução humana

Nós vimos no capítulo 3 que, no final do século XIX, foi muito difícil para a sociedade aceitar que a espécie humana teria surgido a partir da evolução de outros animais, como sugeriu Darwin.

Hoje é amplamente aceita na comunidade científica a ideia de que chimpanzés, gorilas e orangotangos são os parentes evolutivos mais próximos da espécie humana. Nós compartilhamos com esses animais muitas características, como polegar em oposição aos outros dedos, visão com boa noção de profundidade e cérebro bem desenvolvido. O fato de esses primatas serem parentes evolutivos mais próximos do ser humano significa dizer que a espécie humana e esses animais devem descender de um mesmo ancestral, que não existe mais. Estima-se que a separação entre o grupo dos humanos e o dos chimpanzés tenha ocorrido entre 6 e 8 milhões de anos atrás.

Embora existam semelhanças entre o ser humano e os outros primatas, também são observadas diferenças importantes. Veja um exemplo: os seres humanos se mantêm na posição ereta e caminham sobre dois pés, enquanto gorilas e chimpanzés conseguem se locomover nessa posição apenas por um curto período. Veja a figura 4.20.

▷ 4.20 O ser humano é o único primata que apresenta postura ereta. Na foto, a pesquisadora Jane Goodall (1934-) estuda o comportamento de chimpanzés (gênero *Pan*), na Tanzânia, em 1987.

Evolução: da origem da vida às espécies atuais • **CAPÍTULO 4**

Outra diferença está relacionada ao desenvolvimento do cérebro: na espécie humana, o volume do crânio é muito maior do que nos demais primatas.

Boa parte do que sabemos sobre a evolução humana se deve ao estudo dos fósseis. Muitos ancestrais da espécie humana tinham um crânio com tamanho semelhante ao dos chimpanzés, mas outras características semelhantes às da espécie humana.

Entre os possíveis ancestrais da linhagem humana estão os integrantes do gênero *Australopithecus* (termo que significa "macaco do sul"). Um dos fósseis de australopiteco mais famosos pertencia à espécie *Australopithecus afarensis*, descoberto em 1974 na região de Afar, na Etiópia. Era do sexo feminino, por isso lhe deram o nome de Lucy. A idade do fóssil foi calculada em 3,18 milhões de anos. Veja a figura 4.21.

Fósseis com idades entre 3 milhões e 1,4 milhão de anos podem ser considerados os primeiros de indivíduos pertencentes ao gênero *Homo*, o gênero da espécie humana atual.

Os australopitecos já usavam pedaços de pedra ou ossos para cavar, pegar pequenos animais e se defender, mas a espécie *Homo habilis* foi a primeira a fabricar ferramentas de pedra lascada. As pedras eram quebradas de modo a ficar com uma borda afiada e provavelmente usadas como faca para cortar a carne de animais (pilhas de ossos fossilizados de animais foram encontradas próximo aos fósseis dessa espécie). Essa capacidade deu origem ao nome da espécie: "homem habilidoso".

Surgida depois da espécie *Homo habilis*, a espécie *Homo erectus* teria sido a primeira a dominar e a usar o fogo. Foram encontradas pilhas de carvão vegetal fossilizado ao lado de ossos humanos em cavernas, e as evidências sugerem que esse combustível poderia ser usado em fogueiras para aquecer o corpo e cozinhar carne. O uso do fogo deve ter facilitado a capacidade de migração desse grupo, pois permitia aquecimento em ambientes mais frios. A espécie *Homo erectus* foi a primeira dos ancestrais distantes da espécie *Homo sapiens* (à qual os seres humanos atuais pertencem) a sair da África. Observe a figura 4.22.

4.21 Representação artística do *Australopithecus afarensis* (cerca de 1,05 m de altura) que ficou conhecido como Lucy.

4.22. Reconstituição artística de um grupo da espécie *Homo erectus* (entre 1,45 m e 1,84 m de altura).

Entre 230 mil e 30 mil anos atrás viveu outro hominídeo, que ficou conhecido como o homem de Neanderthal (*Homo neanderthalensis*) porque seus primeiros fósseis descobertos estavam em uma caverna do vale de Neander, na Alemanha. Veja a figura 4.23.

Os primeiros seres humanos a serem considerados da espécie atual (*Homo sapiens*) podem ter surgido há cerca de 200 mil anos. O representante mais conhecido é o homem de Cro-Magnon, que tem esse nome porque seus fósseis foram encontrados pela primeira vez na caverna francesa de mesmo nome. Há cerca de 12 mil anos, o ser humano passava de caçador e coletor a agricultor e surgiam as primeiras civilizações.

▷ **4.23** Reconstituição artística do *Homo neanderthalensis* (entre 1,55 m e 1,64 m de altura).

Conexões: Ciência e sociedade

Raças na espécie humana?

Para afirmar que duas populações isoladas geograficamente pertencem a raças ou subespécies diferentes, tem de haver certo número de características genéticas que seja exclusivo de uma das populações ou, pelo menos, bem mais frequente em uma população do que em outra.

No caso da espécie humana, a diferença genética entre dois indivíduos e entre duas populações é muito pequena, e a variabilidade genética dentro de um grupo populacional é maior do que entre dois grupos. Isso significa que pode haver mais diferenças genéticas entre dois europeus brancos do que entre um europeu branco e um africano negro, por exemplo. Observe a figura 4.24.

O pesquisador brasileiro Sergio Danilo Pena (1947-) e sua equipe realizaram vários estudos sobre a origem do povo brasileiro, concluindo que é impossível dividi-lo em raças biológicas, pois a maioria das pessoas possui genes herdados de ancestrais brancos, negros e indígenas – independentemente, por exemplo, da cor da pele. Isso significa que uma pessoa pode ter a pele clara, mas a maior parte de sua herança genética pode ser de origem africana negra.

O conceito de raça humana é, portanto, uma construção social que, muitas vezes, serve apenas de pretexto para o preconceito e o racismo. Além de injusta, essa atitude discriminatória acaba levando à violência e à intolerância. Por isso, o racismo deve ser combatido por toda a sociedade.

▷ **4.24** Apesar da diversidade visível, não existem raças na espécie humana.

Fonte: elaborado com base em BARBUJANI, G. *A invenção das raças*. São Paulo: Contexto, 2007; CAVALLI-SFORZA, L. L.; CAVALLI-SFORZA, F. *Quem somos? História da diversidade humana*. São Paulo: Unesp, 2002; PENA, S. D. J. *Humanidade sem raças?* São Paulo: Publifolha, 2008.

ATIVIDADES

Aplique seus conhecimentos

1 ▸ Por que as mutações que afetam apenas as células somáticas não têm um efeito significativo em termos de evolução como aquelas que afetam as células germinativas ou os gametas?

2 ▸ Indique a alternativa correta e justifique as incorretas.
   a) Certa mutação provocada por radioatividade resulta em uma característica que dá resistência à radioatividade.
   b) A evolução pode ocorrer com a atuação da seleção natural sobre a variabilidade genética de uma população.
   c) Uma ginasta que desenvolveu músculos fortes, através de intensos exercícios, terá filhos com a musculatura bem desenvolvida.
   d) Duas populações da mesma espécie não podem originar espécies diferentes mesmo se estiverem isoladas geograficamente.

3 ▸ O biólogo alemão August Weismann (1834-1914) cortou a cauda de camundongos durante muitas gerações. Ao final do experimento, os filhotes continuavam a apresentar aquele órgão perfeitamente normal. O experimento mostra que:
   a) os caracteres adquiridos não são transmitidos aos descendentes.
   b) as espécies não mudam.
   c) um órgão se desenvolve com o uso.
   d) os camundongos sofreram mutações devido ao corte da cauda.

4 ▸ Observe as fotos da figura 4.25 a seguir e leia as legendas. Formule hipóteses para explicar como a adaptação destacada na legenda de cada foto pode ter ajudado na sobrevivência do animal.

O bicho-pau (ordem Orthoptera; cerca de 25 cm de comprimento, com as antenas) recebe esse nome porque seu corpo lembra o aspecto de um graveto.

O ouriço-cacheiro (gênero *Coendou*; em torno de 10 cm a 35 cm de comprimento, desconsiderando a cauda) apresenta o corpo coberto por espinhos.

Os dentes caninos do leão (*Panthera leo*; 1,70 m a 2,5 m de comprimento, desconsiderando a cauda) são longos e pontiagudos.

O jabuti (gênero *Chelonoidis*; até 70 cm de comprimento) apresenta uma carapaça rígida.

O formato do corpo do golfinho (ordem Cetacea; entre 1,30 m e 4 m de comprimento) lembra o formato do corpo de peixes.

▽
4.25 Os elementos representados nas fotografias não estão na mesma proporção.

5 ▸ Em uma floresta com muitas árvores com tronco de cor clara viviam mariposas com asas também de cor clara. Havia ainda algumas poucas mariposas com asas de cor escura. As mariposas mais escuras eram vistas com mais facilidade pelos pássaros que se alimentavam de mariposas. Com a poluição, os troncos das árvores acabaram ficando com a cor escura. O que possibilitou o surgimento de mariposas com asas de cor escura? O que deve ter acontecido ao longo do tempo com o número de mariposas escuras? Como você explica essa situação hipotética e como se chama esse processo?

6 ▸ Em uma ilha havia dois tipos de sementes: as grandes e as pequenas. Havia também dois tipos de pássaros: os de bico grande e os de bico pequeno. Só os pássaros de bico grande conseguiam quebrar e comer as sementes maiores. Após um longo período de seca, as sementes menores praticamente haviam desaparecido. O que deve ter acontecido com o número de cada tipo de pássaro durante a época da seca? Justifique sua resposta.

7 ▸ Organize os acontecimentos a seguir na sequência em que ocorrem na natureza: formação de subespécies; isolamento reprodutivo; formação de novas espécies; isolamento geográfico.

8 ▸ Pesquisadores especulam que a formação do rio Congo, na África, por volta de 1,5 milhão de anos atrás, tenha colaborado para o surgimento, há cerca de 800 mil anos, a partir de um ancestral comum, das duas espécies de chimpanzés: o bonobo, encontrado ao sul de uma das margens do rio; e o chimpanzé comum, encontrado ao norte da margem oposta. Sabendo que esses animais não são bons nadadores, explique como a formação do rio pode ter influenciado essa especiação.

9 ▸ Entre as populações de insetos estudadas em determinado ambiente, observou-se que a população A cruza com B e geram descendentes férteis, mas A e B não cruzam com C. Quantas espécies estão envolvidas nesse estudo? Justifique sua resposta.

10 ▸ Você viu que no experimento de Redi havia carne em vários frascos de vidro, alguns abertos e outros cobertos com um tecido que impedia a entrada de moscas. Então, responda.
a) Qual teoria Redi estava tentando derrubar?
b) Por que Redi utilizou um frasco de vidro aberto e um frasco de vidro fechado?
c) Qual foi o resultado obtido nesse experimento e o que Redi mostrou?
d) Se Redi estivesse enganado, o que deveria ter acontecido nos frascos?

11 ▸ Alguns agricultores envolvem a goiaba ainda verde com um saquinho de papel parafinado, que é fechado e amarrado no ramo da árvore. Como esse procedimento ajuda a evitar o aparecimento do bicho da goiaba? Como a eficácia desse procedimento para evitar o aparecimento do bicho da goiaba é uma evidência da biogênese?

12 ▸ Você aprendeu que Pasteur ferveu caldo de carne em um balão de vidro com gargalo em forma de S. Agora, responda:
a) O que Pasteur pretendia demonstrar com esse experimento?
b) Qual foi o resultado do experimento de Pasteur?
c) Por que foi importante deixar o vidro aberto?

13 ▸ Um estudante afirmou que a espécie humana descende do macaco, mais especificamente, do chimpanzé. Critique a afirmativa do estudante.

De olho na notícia

A notícia abaixo se refere ao incêndio no Museu Nacional do Rio de Janeiro. Ele continha um acervo de mais de 20 milhões de itens variados, desde documentos históricos até fósseis e acervos de plantas e animais. O acidente teve início no dia 2 de setembro de 2018. Leia a notícia e pesquise em um dicionário o significado das palavras que você não conhece. Em seguida, responda às questões.

Há 20 anos, o antropólogo e arqueólogo Walter Alves Neves revelava Luzia ao mundo. Foi esse o apelido que o pesquisador deu ao esqueleto humano mais antigo do Brasil e que revolucionou as teorias científicas sobre a ocupação do continente [...].

O crânio de Luzia [...] estava no Museu Nacional do Rio de Janeiro durante o incêndio no último domingo (2). O fóssil estaria sob uma área com escombros, e técnicos do museu não conseguiram acessar o local.

[...] O fóssil de mais de 11 000 anos encontrado entre 1974 e 1975 na região de Lagoa Santa, em Minas Gerais, garantiu reconhecimento internacional à teoria de Neves de que o continente americano foi ocupado por duas levas migratórias de *Homo sapiens* vindos do nordeste da Ásia [...].

O nome dado à jovem paleoamericana, que morreu com cerca de 20 anos de idade, seria uma versão abrasileirada de Lucy, o fóssil de hominídeo mais antigo do mundo, com 3,2 milhões de anos. O "pai de Luzia" diz estar em luto profundo pela "tragédia anunciada" no Museu Nacional, que descreve como um "crime contra o Brasil e a humanidade". [...]

[Walter Neves] Foi uma negligência de décadas de ausência do poder público e, portanto, uma tragédia anunciada. Todos os que conheciam o museu por dentro sabiam que essa não era uma questão de se aconteceria, mas de quando iria ocorrer. [...]

GOMES, K. 'Estou em luto profundo', diz o 'pai' de Luzia após perda de fóssil em museu. *Folha de S.Paulo*. Disponível em: <https://www1.folha.uol.com.br/cotidiano/2018/09/estou-em-luto-profundo-diz-o-pai-de-luzia-apos-perda-de-fossil.shtml>. Acesso em: 19 mar. 2019.

a) De acordo com a notícia, quem foi Luzia? Ela pertence à mesma espécie de Lucy?
b) Qual é a importância das pesquisas relacionadas à descoberta de Luzia?
c) Por que o pesquisador entrevistado declarou o incêndio como uma "tragédia anunciada"?
d) Você acha importante garantir a preservação dos museus? Qual é a função desses espaços?

4.26 Museu Nacional do Rio de Janeiro após o incêndio. Muitas coleções se perderam durante a tragédia.

De olho no texto

Leia o texto abaixo e depois faça o que se pede.

A estrutura similar dos ossos na mão de um homem, na asa de um morcego, na nadadeira da toninha e na perna do cavalo; o mesmo número de vértebras que forma o pescoço da girafa e o do elefante e inúmeros outros fatos são explicados na teoria da descendência com modificações sucessivas pequenas e lentas.

DARWIN, Charles. *A origem das espécies e a seleção natural*. Tradução de Soraya Freitas. São Paulo: Editora Madras, 2014. p. 436.

a) Consulte em dicionários o significado das palavras que você não conhece e redija uma definição para essas palavras.
b) Explique com suas palavras por que, de acordo com a teoria da evolução, a disposição dos ossos dos membros dos mamíferos, incluindo o ser humano, são semelhantes entre si.
c) Como os membros mencionados no texto teriam se adaptado a diferentes funções?
d) Que trecho do texto acima corresponde ao que hoje conhecemos como mutações?

Trabalho em equipe

Cada grupo de estudantes vai escolher uma das atividades a seguir para pesquisar em livros, revistas ou *sites* confiáveis (de universidades, centros de pesquisa, etc.). Vocês podem buscar o apoio de professores de outras disciplinas (Geografia, História, Língua Portuguesa, etc.). Exponham os resultados da pesquisa para a classe e a comunidade escolar (estudantes, professores e funcionários da escola e pais ou responsáveis), com o auxílio de ilustrações, fotos, vídeos, blogues ou mídias eletrônicas em geral. Ao longo do trabalho, cada integrante do grupo deve defender seus pontos de vista com argumentos e respeitando as opiniões dos colegas.

1. A partir do que você estudou, pesquise o que são as chamadas superbactérias (o termo científico correto é bactérias multirresistentes) e explique como elas apareceram.
2. Como seria possível testar a hipótese de que as primeiras substâncias orgânicas teriam surgido dos gases da atmosfera primitiva, como afirmaram Oparin e Haldane? Pesquise como um cientista realizou um experimento para testar essa hipótese. Qual foi o resultado do experimento?
3. Pesquise quais foram as contribuições de Pasteur para a ciência e para a tecnologia.

Aprendendo com a prática

Realize esta atividade com todos da sala de aula.

Material
- Tesouras com pontas arredondadas
- Lápis e borrachas
- Fita adesiva incolor
- Folhas de cartolina da mesma cor ou bem parecida com a cor das paredes da sala de aula
- Folhas de cartolina de cor mais escura (que contraste com as primeiras)
- Relógio ou cronômetro

Procedimento

1. Reunidos em grupos, desenhem nas folhas de cartolina figuras de pequenas mariposas pousadas e de asas abertas (a mesma quantidade em cada cor de cartolina). Veja figura 4.27.
   Atenção: todas as figuras devem ter aproximadamente a mesma forma (fazer apenas o contorno do inseto) e o mesmo tamanho (de 2 cm a 3 cm da ponta de uma asa à ponta da outra).

4.27

2. Em seguida, usando a tesoura com pontas arredondadas (com cuidado, para evitar acidentes), os grupos devem recortar as figuras.

3. Dois estudantes são escolhidos para aguardar do lado de fora da sala, enquanto os outros prendem as mariposas em dois lados das paredes da sala (por exemplo, usando um rolinho feito com fita adesiva, colocado no verso da figura). Veja figura 4.28.
   Atenção: a mesma quantidade de mariposas de cada cor (cor semelhante e diferente da parede da sala de aula) deve ser distribuída aleatoriamente pelas paredes.

4. Em seguida, os estudantes que saíram retornam e devem recolher o maior número possível de mariposas em apenas 15 segundos. Cada estudante pode ficar com um lado da parede.

4.28

Resultados e discussão

Todos farão a contagem do número de mariposas capturadas de cada cor, e depois cada grupo deve responder às seguintes questões:

a) Quais são as cores das mariposas capturadas em menor número nas paredes? Expliquem esse resultado.
b) Suponham que dois tipos de mariposa, de cor escura e de cor clara, vivam sobre troncos e ramos escuros das árvores de uma floresta. Se houver pássaros que comam essas mariposas, que tipo de mariposa estará mais bem adaptada a esse ambiente? Por quê?
c) Na situação relatada na questão anterior, que tipo de mariposa tende a desaparecer da população ao longo do tempo, se, nesse mesmo período, a cor dos ramos e troncos não se alterar?
d) Em evolução, como se chama o processo pelo qual os seres vivos mais adaptados aumentam em número na população, enquanto os menos adaptados diminuem?

Autoavaliação

1. Você compreendeu a teoria sintética da evolução? Como ela integra as ideias de Darwin com o conhecimento construído posteriormente?
2. A partir dos conceitos apresentados, explique, com suas palavras, o processo de especiação.
3. Você compreendeu a diferença entre abiogênese e biogênese? Quais são as evidências que sustentam ou refutam essas duas ideias?

CAPÍTULO 5
Biodiversidade e sustentabilidade

5.1 Turista fotografando paisagem natural em trilha do Parque Estadual do Rio Doce, em Marliéria (MG), 2018. O turismo ecológico, ou ecoturismo, é uma atividade econômica que aproveita os recursos naturais e culturais de forma sustentável e incentiva a consciência ambiental.

Todas as ações humanas causam alterações no ambiente. Entre as atividades que podem gerar sérios impactos ambientais e sociais estão o desmatamento para a construção de moradias e estradas, a caça, a pesca e a coleta de partes de plantas, como frutos, flores e sementes.

Para evitar que essas ações esgotem os recursos naturais é preciso planejar a melhor maneira de utilizá-los. Esse tipo de planejamento – que se preocupa em atender às necessidades da geração atual sem prejudicar as necessidades das gerações futuras – é chamado desenvolvimento sustentável. Veja um exemplo de atividade sustentável na figura 5.1.

> **Para começar**
> 1. O que é biodiversidade e por que ela é importante?
> 2. Quais as principais ameaças à biodiversidade?
> 3. Você sabe o que são Unidades de Conservação?
> 4. Como você pode estimar os impactos ambientais que causamos na Terra?
> 5. O que é desenvolvimento sustentável?
> 6. Há iniciativas para lidar com problemas ambientais na região em que você vive?

1 A importância da biodiversidade

Biodiversidade é a variedade de espécies de seres vivos existente em determinado lugar ou no planeta como um todo.

A enorme biodiversidade que observamos nos diferentes ambientes da Terra se desenvolveu durante bilhões de anos, no processo de evolução, como estudamos nos capítulos anteriores. Ao longo desse processo, muitas espécies desapareceram, ou seja, foram extintas. Em certos momentos da história da Terra, ocorreram extinções em massa, ou seja, muitas espécies foram extintas em um curto período de tempo (em termos geológicos). Veja a figura 5.2.

> As diversas espécies que habitam o planeta pertencem aos grupos de seres vivos que você estudou no 7º ano: grupo das bactérias, dos protozoários, das algas, dos fungos, dos animais e das plantas.

5.2 Representação artística do evento que teria levado muitas espécies à extinção, no final do período Cretáceo (há cerca de 66 milhões de anos), quando um asteroide caiu sobre a Terra.

Uma espécie é considerada extinta quando já não existe na natureza ou em cativeiro. Veja a figura 5.3. Já uma espécie considerada extinta na natureza é aquela encontrada apenas em cativeiro.

Para muitos cientistas, atualmente está acontecendo mais uma extinção em massa na história da Terra: muitas espécies estão desaparecendo em um ritmo cerca de 100 mil vezes mais rápido do que o da extinção natural. Esse tipo de extinção se deve aos fatores de evolução biológica, como a seleção natural, que estudamos nos capítulos 3 e 4, e acontece, em geral, em um ritmo mais lento do que o da extinção em massa.

5.3 Tigre-da-tasmânia (*Thylacinus cynocephalus*; cerca de 1 m de comprimento, fora a cauda), já extinto, era natural da Austrália e Nova Guiné. A foto é de 1928, em zoológico da Tasmânia, na Austrália.

Biodiversidade e sustentabilidade • **CAPÍTULO 5** 91

A extinção atual vem sendo provocada pelo ser humano, principalmente por meio da destruição dos ambientes naturais, como florestas e campos. No lugar da vegetação original estão sendo construídas estradas, cidades e fábricas, e estabelecidos cultivos e pastagens. Atividades de exploração dos recursos naturais, como a extração de madeira e de minérios, também resultam no prejuízo das características originais do ambiente. Essas atividades provocam retirada da vegetação, morte de animais nativos, erosão do solo, poluição da água, entre outras consequências.

Além disso, os ambientes naturais também vêm sendo prejudicados por outros fatores: pelo aquecimento global, agravado pela queima de combustíveis fósseis (carvão, petróleo e derivados) nas fábricas e nos veículos e pela emissão de gases provenientes das queimadas de florestas e da criação de gado; pela exploração comercial excessiva, como a caça e a pesca indiscriminadas; e pela poluição do ar, da água e do solo.

Outro fator que vem causando impactos importantes é a introdução de **espécies invasoras**. São espécies de um determinado lugar que são levadas para outras regiões e, por não terem predadores naturais nas áreas às quais são levadas, proliferam e competem com as espécies nativas por recursos, além de poder predá-las ou parasitá-las. Essas espécies podem ser intencionalmente introduzidas pelo ser humano para fins econômicos, ou acidentalmente transportadas ao novo local. Veja a figura 5.4.

Mundo virtual

Mexilhão-dourado
www.ibama.gov.br/especies-exoticas-invasoras/mexilhao-dourado
A página do Instituto Brasileiro do Meio Ambiente e dos Recursos Naturais Renováveis (Ibama) descreve os problemas causados pelo mexilhão-dourado, uma espécie de molusco que foi trazida para o Brasil. Acesso em: 22 abr. 2019.

▶ 5.4 O mexilhão-dourado (*Limnoperna fortunei*; cerca de 4 cm de comprimento) é um molusco de origem asiática. Estima-se que essa espécie tenha chegado ao Brasil com a água de lastro de navios cargueiros. Foto de Uruguaiana (RS), 2018.

Quais são as consequências do desaparecimento de espécies de plantas e de animais, por exemplo? As interações dos organismos com outros seres e com o ambiente são importantes para o equilíbrio dos ecossistemas. Assim, quando espécies são eliminadas, esse equilíbrio é ameaçado e as características dos ecossistemas são comprometidas, podendo prejudicar muitas outras espécies.

Além disso, o desaparecimento de organismos nos tira a chance de conhecer mais sobre a natureza e de aproveitar substâncias potencialmente úteis à humanidade. Em cerca de 25% dos medicamentos, há uma ou mais substâncias extraídas de plantas, fungos, bactérias e animais, ou produzidas a partir de substâncias desses organismos.

Por fim, com a extinção das espécies, perdemos parte da beleza presente na diversidade da vida e diminuímos nosso contato com a natureza, que, entre outras coisas, é fonte de criatividade, de produções artísticas, de lazer e de recreação. Por isso, ao preservar os ambientes e a biodiversidade, também preservamos nossa saúde física e mental.

A vincristina e a vinblastina, medicamentos contra a leucemia, são extraídas de uma planta de Madagascar, no continente africano. O captopril, uma substância encontrada em certos remédios para hipertensão, é obtido a partir da peçonha da jararaca.

UNIDADE 1 • Genética, evolução e biodiversidade

A destruição dos ecossistemas naturais coloca em risco também a sobrevivência das populações humanas que dependem diretamente dos recursos disponíveis nesses ambientes.

São os chamados **povos e comunidades tradicionais**, grupos com hábitos culturais característicos, que possuem formas próprias de organização social e utilizam conhecimentos e práticas gerados e transmitidos pela tradição. Além das comunidades indígenas, há os quilombolas, seringueiros, castanheiros, ribeirinhos, pantaneiros, jangadeiros e caiçaras, entre outros. Veja a figura 5.5.

As comunidades tradicionais detêm um rico patrimônio cultural que inclui práticas de manejo dos recursos naturais que podem ser valiosas na preservação dos ecossistemas.

5.5 Mulher quilombola fazendo tapete em tear na Comunidade Kalunga do Vão de Almas, em Cavalcante (GO), 2017.

Proteção da biodiversidade

Diante do aumento da destruição da vegetação nativa e da maior ocorrência de extinções nas últimas décadas, foi necessário criar algumas medidas para proteger a biodiversidade. Entre essas medidas está o combate ao desmatamento ilegal, bem como a fiscalização do corte de árvores para extração de madeira. As autoridades devem verificar se a extração está sendo feita em uma área específica e se estão sendo respeitados os direitos das comunidades locais, as leis trabalhistas e a legislação ambiental.

Para a preservação da biodiversidade é preciso também combater a **biopirataria**, ou seja, o envio ilegal de plantas, animais e outros organismos para países estrangeiros interessados em utilizar esses recursos naturais para desenvolver medicamentos, cosméticos e outros produtos. Uma forma de evitar a biopirataria é criar leis que regulamentem a exploração da biodiversidade e fiscalizar o cumprimento dessas leis. Também é preciso estimular as pesquisas científicas locais com esses recursos naturais.

A criação de áreas naturais de proteção ambiental tem sido adotada no mundo todo como uma das principais estratégias para conservação da natureza e manutenção da biodiversidade. Essas áreas visam preservar o equilíbrio ecológico que permite a sobrevivência de todas as espécies – inclusive da espécie humana. Vamos conhecer a seguir os principais tipos de áreas de conservação da natureza no Brasil.

> **Na tela**
>
> **Brasil adota ações de sustentabilidade ambiental para reduzir o desmatamento – NBR Notícias**
> www.youtube.com/watch?v=MzvvcooymPA
> Reportagem de 2015 sobre ações adotadas pelo Brasil para atingir o sétimo Objetivo de Desenvolvimento do Milênio: assegurar a sustentabilidade ambiental.
> Acesso em: 19 mar. 2019.

Conexões: Ciência e ambiente

Licenciamento ambiental

Todo empreendimento ou atividade que tem potencial de degradar o meio ambiente precisa ser licenciado. No processo de licenciamento ambiental, a instituição que deseja realizar um empreendimento, como construir uma estrada ou explorar uma área rica em minério, precisa apresentar sua proposta ao órgão ambiental responsável.

O órgão irá avaliar se o projeto é ambientalmente viável e se merece receber uma autorização para ser executado. Cabe à instituição, então, elaborar um estudo de impacto ambiental (EIA) da obra. Esses estudos dão informações sobre a viabilidade ambiental das atividades envolvidas durante a implantação e o funcionamento da instituição. Além disso, também faz parte do EIA um estudo que permite avaliar os impactos positivos (geração de emprego, por exemplo) e negativos (desmatamento, por exemplo) do empreendimento. No caso dos impactos negativos, precisam ser propostas medidas para minimizá-los.

No Brasil, as licenças ambientais são emitidas por instituições públicas da esfera federal, estadual ou municipal e são uma obrigação prevista em lei desde 1981. Uma característica marcante é a participação social na tomada de decisão, por meio de audiências públicas.

2 Unidades de Conservação

Unidades de Conservação são áreas naturais com restrições de uso, regulamentadas e protegidas por leis. Veja a figura 5.6. O objetivo principal é conservar e valorizar os recursos naturais, como a biodiversidade e as fontes de água.

Além de beneficiar algumas comunidades tradicionais, que dependem diretamente dos recursos naturais, as Unidades de Conservação beneficiam toda a sociedade, uma vez que os ambientes naturais são importantes para o fornecimento de água, o controle da poluição, a conservação do solo, entre outros.

Há dois tipos principais de Unidades de Conservação.

As **Unidades de Conservação de Proteção Integral** não podem sofrer nenhum tipo de exploração econômica, nem consumo, coleta ou qualquer destruição dos recursos naturais.

Nas **Unidades de Conservação de Uso Sustentável** é permitida a exploração econômica dos recursos naturais, desde que realizada de forma planejada e sustentável: deve ser economicamente viável, socialmente justa e manter a biodiversidade do local e seus recursos renováveis.

5.6 Placa indicativa do Parque Nacional da Lagoa do Peixe (uma Unidade de Conservação), em Tavares (RS), 2018.

Unidade de Conservação de Proteção Integral

A maioria das Unidades de Conservação de Proteção Integral não permite atividades que envolvam consumo, coleta, dano ou destruição dos recursos naturais. Veja as categorias dessas unidades de acordo com o Instituto Brasileiro do Meio Ambiente e dos Recursos Naturais Renováveis (Ibama).

As **Estações Ecológicas** são espaços para pesquisas científicas e têm como objetivo preservar a natureza. As pesquisas só podem ser conduzidas com autorização prévia e de acordo com um regulamento específico. Nesses locais não é permitida a visitação pública, exceto com objetivo educacional. Veja a figura 5.7.

> **Na tela**
>
> O que são Unidades de Conservação? – Imaflora (Instituto de Manejo e Certificação Florestal e Agrícola)
> www.youtube.com/watch?v=oeRJmHfcuAY
> Vídeo sobre as Unidades de Conservação e seu papel na conservação da biodiversidade, com depoimento de uma moradora de uma comunidade situada em área de conservação. Acesso em: 19 mar. 2019.

5.7 Vista aérea de manguezal da Estação Ecológica da Guanabara na margem da baía de Guanabara (RJ), 2016.

As **Reservas Biológicas** têm como objetivo preservar integralmente a diversidade biológica, sem interferência humana ou modificações ambientais. São permitidas intervenções restritas, para, por exemplo, restaurar o ecossistema original e preservar a biodiversidade. É proibida a visitação pública, exceto com objetivo educacional e de pesquisa científica, sendo necessário obter autorização prévia. Veja a figura 5.8.

5.8 Reserva Biológica Professor José Ângelo Rizzo, em Mossâmedes (GO), 2018. Administrada pela Universidade de Goiás, é uma base para pesquisadores nacionais e estrangeiros.

Os **Parques Nacionais** têm como função principal a preservação de ecossistemas naturais de grande relevância ecológica e beleza natural. Neles, são permitidas pesquisas científicas (com autorização prévia), atividades de educação ambiental e turismo ecológico, desde que respeitadas as normas estabelecidas. Veja a figura 5.9.

Os **Monumentos Naturais** preservam sítios naturais raros, de beleza natural. Enquanto as unidades mencionadas anteriormente são todas áreas públicas, os Monumentos Naturais podem estar em áreas particulares. Os proprietários devem seguir as normas para utilização dos recursos naturais. Assim, se estes não concordarem com as regras estabelecidas pelo órgão ambiental, a área deve ser desapropriada. A visitação pública também deve seguir as normas estabelecidas pelos órgãos responsáveis pela administração da área. Veja a figura 5.10.

> **Mundo virtual**
>
> **Visite os parques – ICMBio**
> www.icmbio.gov.br/portal/visitacao1/visite-os-parques
> Informações voltadas aos visitantes de parques nacionais e outras Unidades de Conservação. Acesso em: 19 mar. 2019.

5.9 Parque Nacional Marinho de Fernando de Noronha (PE), 2016.

5.10 Monumento Natural da Gruta do Lago Azul, em Bonito (MS), 2018.

Os **Refúgios de Vida Silvestre** (RVS) têm a função de proteger os ambientes naturais que assegurem condições de sobrevivência ou reprodução de espécies locais ou migratórias. Nessa categoria de Unidade de Conservação podem ser incluídas áreas particulares. A visitação pública e as pesquisas científicas são permitidas, sempre condicionadas pela autorização dos órgãos responsáveis e pelo cumprimento das normas. É o caso do RVS da Mata do Muriquis (MG), habitado pelo muriqui, o maior macaco das Américas. Esse animal é encontrado na Mata Atlântica e se alimenta de folhas de plantas que só existem nesse ambiente. A sobrevivência do muriqui está ameaçada pela caça e pela destruição do seu *habitat*. Outro exemplo é o RVS da Ilha dos Lobos (RS), que abriga lobos marinhos, leões marinhos, focas e uma grande diversidade de aves. Veja a figura 5.11.

5.11 Refúgio de Vida Silvestre da Ilha dos Lobos, que abriga animais como o leão-marinho-da-patagônia (*Otaria flavescens*, até cerca de 2,5 m de comprimento) e o lobo-marinho-do-sul (*Arctocephalus australis*, até 1,80 m de comprimento). Foto de Torres (RS), 2016.

Unidades de Conservação de Uso Sustentável

As Unidades de Conservação de Uso Sustentável, de forma geral, permitem a coleta e o uso dos recursos naturais, desde que seja assegurada a renovação desses recursos, além de permitir a ocupação humana. Veja as suas categorias de acordo com o Ibama.

As **Áreas de Proteção Ambiental** (APA) são áreas extensas nas quais é permitida a ocupação humana, desde que haja uso sustentável dos recursos naturais e proteção e conservação da flora e da fauna e dos recursos estéticos ou culturais da região. A utilização da área, seja para uso dos recursos naturais ou para visitação pública e pesquisas científicas, está sujeita a regras específicas. As terras que compõem as APAs podem ser públicas ou privadas. A APA tem como objetivo proteger o ambiente e espécies ameaçadas de extinção e manter as comunidades tradicionais integradas ao seu território.

Veja a figura 5.12. A APA de Piaçabuçu, no município de Piaçabuçu (AL), é uma Unidade de Conservação de Uso Sustentável federal que abriga ecossistemas de restingas, dunas e manguezais. Outro exemplo é a APA Cairuçu, no município de Paraty (RJ), uma Unidade de Conservação federal que abriga comunidades caiçaras, quilombolas e indígenas da etnia Guarani que vivem nas Terras Indígenas Araponga e Parati-Mirim.

5.12 Fotografia aérea da foz do rio São Francisco, na APA de Piaçabuçu (AL), 2018.

A **Floresta Nacional** (Flona) é uma área com cobertura florestal de espécies predominantemente nativas, em terras públicas. Na Flona são permitidas a visitação e a pesquisa científica, e um dos objetivos dessa categoria de Unidade de Conservação é descobrir métodos de exploração sustentável de florestas nativas. As comunidades tradicionais que vivem na área podem permanecer, participando do plano de manejo da unidade.

A Flona do Araripe-Apodi foi a primeira Unidade de Conservação criada no extremo sul do Ceará, na Chapada do Araripe, com o objetivo de manter as fontes de água do semiárido e barrar o avanço da desertificação no Nordeste. As chapadas do Araripe e do Apodi são conhecidas como duas grandes cisternas que captam as águas durante a estação das chuvas, liberando-as para a flora e a fauna e para as comunidades sertanejas ao longo da estação seca. As comunidades locais realizam o extrativismo sustentável de pequi, látex e outros produtos, e também há atividades de ecoturismo, educação ambiental e pesquisa científica. Veja a figura 5.13.

Minha biblioteca

É possível explorar e preservar a Amazônia?, de Ricardo Dreguer e Eliete Toledo. Editora Moderna, 2013.
Os autores tratam de temas como biodiversidade e desmatamento, extrativismo e conflitos sociais, povos indígenas e preservação.

5.13 Floresta Nacional do Araripe-Apodi (CE), 2015. A vegetação predominante é do bioma Caatinga, mas há fragmentos de Cerrado e de Mata Atlântica. No detalhe, frutos do pequi colhidos por pessoas de uma comunidade na Chapada do Araripe, Crato (CE), 2019.

A Flona do Tapajós está localizada na Amazônia, às margens do rio Tapajós, no Pará. Veja a figura 5.14. Combina alta biodiversidade com riqueza sociocultural, pois abriga comunidades de três aldeias indígenas da etnia Munduruku e comunidades ribeirinhas.

O uso sustentável dos diversos recursos naturais é evidenciado no manejo florestal comunitário, em que uma área da floresta é demarcada para extração controlada da madeira. Atitudes sustentáveis também são vistas em outras atividades desenvolvidas pelas comunidades, como extração de látex e óleos vegetais, produção de couro ecológico, criação de peixes e turismo de base comunitária.

5.14 Vista da Floresta Nacional do Tapajós, em Belterra (PA), 2017. No detalhe, ribeirinho trabalhando na produção de farinha de mandioca (foto de 2015).

Biodiversidade e sustentabilidade • **CAPÍTULO 5**

A **Reserva Extrativista** (Resex) é uma área utilizada por comunidades extrativistas tradicionais que complementam sua subsistência com a agricultura e a criação de animais de pequeno porte. Essas áreas públicas têm como objetivo proteger os meios de vida e a cultura dessas comunidades e promover o uso sustentável dos recursos naturais. A Resex Marinha de Cururupu, por exemplo, preserva o modo de vida dos nativos da região e o uso sustentável desse ambiente. Veja a figura 5.15.

5.15 Manguezal da Reserva Extrativista Marinha de Cururupu, em Apicum-Açu (MA), 2016. No detalhe, camarões pescados de maneira artesanal (foto de 2016).

A **Reserva de Fauna**, de domínio público, abriga populações de animais residentes ou migratórios, servindo para pesquisas. A visitação pode ser permitida, mas a caça é proibida.

A **Reserva de Desenvolvimento Sustentável** abriga comunidades tradicionais que exploram os recursos naturais de forma sustentável e adaptada às condições ecológicas da área. Veja a figura 5.16. Além de preservar a biodiversidade, a reserva permite conhecer e conservar a cultura e as práticas desenvolvidas por essas comunidades ao longo de gerações. A visitação pública e a pesquisa científica são permitidas, desde que respeitem as normas locais.

A **Reserva Particular do Patrimônio Natural** (RPPN) é uma Unidade de Conservação particular, criada em área privada. Não há área mínima e qualquer proprietário de terra pode fazer o pedido de reconhecimento da RPPN junto ao órgão ambiental do município, do estado ou do governo federal, que vai analisar se a área merece ser protegida em função de seu valor histórico, beleza natural, presença de espécies raras ou ameaçadas de extinção ou presença de nascentes e matas ciliares. Entre outros benefícios, o proprietário tem isenção de alguns impostos e o direito de explorar a área com turismo, atividades culturais ou de pesquisa.

A **Área de Relevante Interesse Ecológico** tem pequena extensão, pouca ou nenhuma ocupação humana, e abriga espécies regionais raras. Tem como objetivo preservar ecossistemas regionais. Pode ser uma área pública ou de propriedade privada.

> **Mundo virtual**
>
> Unidades de Conservação no Brasil – ISA (Instituto Socioambiental)
> https://uc.socioambiental.org
> Informações sobre as Unidades de Conservação. Acesso em: 19 mar. 2019.

5.16 Coleta de castanha-do-pará na Reserva de Desenvolvimento Sustentável do Rio Iratapuru (AP), 2017.

UNIDADE 1 • Genética, evolução e biodiversidade

3 Sustentabilidade

Embora seja importante garantir a preservação dos ecossistemas, é necessário conciliá-la com um desenvolvimento econômico que atenda às necessidades do ser humano. O **desenvolvimento sustentável** tem como objetivo melhorar a qualidade de vida da população e de seus descendentes, preservando também a biodiversidade e a diversidade cultural. Para colocar esse desenvolvimento em prática é preciso planejar as intervenções na natureza, empregar técnicas que diminuam os impactos ambientais e buscar maneiras de alcançar a igualdade social e econômica. Veja a figura 5.17.

5.17 A cidade de Curitiba (PR) é considerada uma das mais sustentáveis no Brasil, se destacando na parte de mobilidade urbana e qualidade do ar. Paisagem fotografada do Jardim Botânico de Curitiba, 2017.

O conceito de desenvolvimento sustentável relaciona-se diretamente ao conceito de **capacidade de suporte**, que é o quanto um ecossistema pode comportar mudanças provocadas pelo ser humano sem ter suas características significativamente alteradas. A capacidade de suporte ajuda a determinar, por exemplo, o número máximo de pessoas por dia que podem percorrer uma trilha em uma floresta, ou a quantidade de matéria orgânica que pode ser despejada em um rio.

O uso inadequado do solo e dos recursos naturais, a má distribuição de renda e os hábitos de consumo de países desenvolvidos são algumas das questões que precisam ser resolvidas, por meio de medidas coletivas, para garantir um padrão de vida justo e sustentável a todos os habitantes do planeta.

A pegada ecológica

Você já ouviu falar em pegada ecológica? Sabe o que significa? Ela é um indicador de sustentabilidade que mede os impactos produzidos pelos seres humanos na biosfera. Ela pode ser calculada para uma pessoa, cidade ou país e equivale à área (em km^2 ou hectares – considere que 1 hectare (ha) equivale a 10 000 m^2) necessária para gerar produtos, bens e serviços. Em seu cálculo podem ser incluídas, por exemplo, as áreas florestais que fornecem madeira e as áreas agrícolas que fornecem alimentos. Assim, é possível comparar diferentes padrões de consumo.

Nos países em desenvolvimento, como o Brasil, o valor médio da pegada ecológica é geralmente muito menor do que nos países desenvolvidos, como os Estados Unidos. Por que isso acontece?

Nos países desenvolvidos, as pessoas costumam ter muito mais acesso aos recursos, como água e combustíveis, e seu poder aquisitivo lhes permite consumir mais produtos, como equipamentos eletrônicos, que gastam mais energia. Assim, é como se um habitante de um país desenvolvido utilizasse uma área muito maior do planeta do que um habitante da América do Sul, por exemplo.

> **Mundo virtual**
>
> **Pegada ecológica? O que é isso? – WWF Brasil**
> www.wwf.org.br/natureza_brasileira/especiais/pegada_ecologica/o_que_e_pegada_ecologica
> Texto que explica como é calculada a pegada ecológica.
> Acesso em: 20 mar. 2019.
>
> **Teste sua pegada ecológica**
> http://www.suapegadaecologica.com.br
> Teste para você calcular o tamanho da sua pegada ecológica, com base em seu estilo de vida.
> Acesso em: 20 mar. 2019.

Objetivos de Desenvolvimento Sustentável

Estima-se que, desde o final da década de 1970, a população mundial vem usando os recursos naturais em uma velocidade maior do que a velocidade em que eles são renovados no ambiente.

Com o objetivo de convocar todas as nações a lutar contra a pobreza, proteger os recursos do planeta e garantir que todas as pessoas tenham paz e prosperidade, a Organização das Nações Unidas (ONU) estabeleceu os Objetivos de Desenvolvimento Sustentável (ODS), listados na figura 5.18.

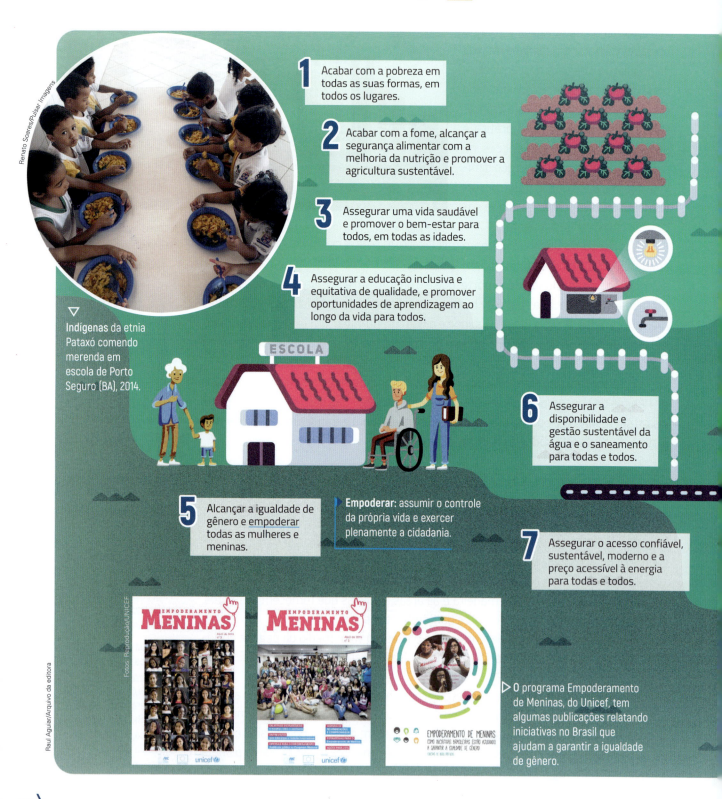

1. Acabar com a pobreza em todas as suas formas, em todos os lugares.
2. Acabar com a fome, alcançar a segurança alimentar com a melhoria da nutrição e promover a agricultura sustentável.
3. Assegurar uma vida saudável e promover o bem-estar para todos, em todas as idades.
4. Assegurar a educação inclusiva e equitativa de qualidade, e promover oportunidades de aprendizagem ao longo da vida para todos.
5. Alcançar a igualdade de gênero e empoderar todas as mulheres e meninas.
6. Assegurar a disponibilidade e gestão sustentável da água e o saneamento para todas e todos.
7. Assegurar o acesso confiável, sustentável, moderno e a preço acessível à energia para todas e todos.

Empoderar: assumir o controle da própria vida e exercer plenamente a cidadania.

▽ Indígenas da etnia Pataxó comendo merenda em escola de Porto Seguro (BA), 2014.

▷ O programa Empoderamento de Meninas, do Unicef, tem algumas publicações relatando iniciativas no Brasil que ajudam a garantir a igualdade de gênero.

UNIDADE 1 • Genética, evolução e biodiversidade

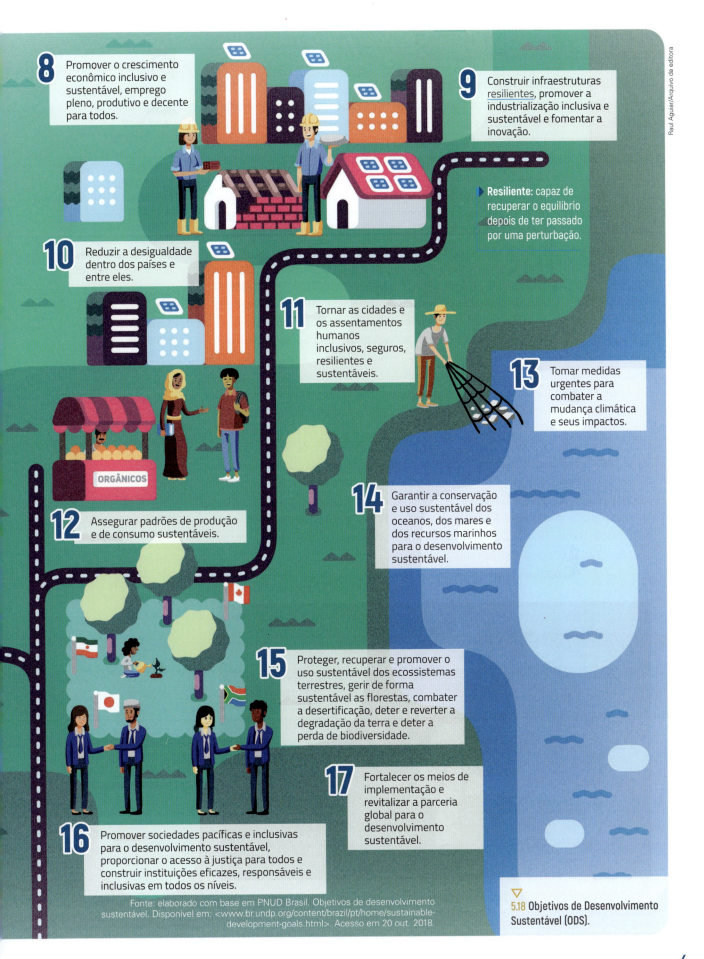

5.18 Objetivos de Desenvolvimento Sustentável (ODS).

Conexões: Ciência e sociedade

Empoderamento das meninas

As ações que promovem o empoderamento das meninas são uma questão de justiça social e de reconhecimento de seus direitos. Elas sustentam-se em um marco normativo de tratados internacionais de direitos humanos. Os países que assinaram tais tratados assumiram o compromisso político de fazer o empoderamento de meninas acontecer na prática por meio de leis e políticas públicas.

Entretanto, questões culturais ainda impedem que muitas meninas tenham acesso à educação, sejam forçadas a casar-se precocemente e ponham sua saúde em risco. Sem dúvida, a discriminação representa uma violação direta de seus direitos, limita o seu desenvolvimento e sua participação social.

Em resposta a essa situação, é fundamental que diferentes setores do governo, organizações da sociedade civil e movimentos sociais se articulem para que as meninas exercitem seu direito à participação. Para isso, é essencial investir em meninas líderes bem formadas e informadas, conhecedoras de seus direitos e dos valores importantes para o desenvolvimento de uma sociedade democrática, igualitária e que respeite a diversidade.

[...]

Malala Yousafzai é uma estudante e ativista paquistanesa nascida em 12 de julho de 1997. Ela é conhecida por seu ativismo pelos direitos à educação e o direito das mulheres [...]

Em 12 de julho de 2013, [...] Malala comemorou seu aniversário de 16 anos discursando na Assembleia da Juventude na Organização das Nações Unidas (ONU) em Nova Iorque, Estados Unidos: [...] "Vamos pegar nossos livros e canetas. Eles são nossas armas mais poderosas. Uma criança, um professor, uma caneta e um livro podem mudar o mundo. A educação é a única solução". [...] O enviado especial da ONU para a Educação Global, Gordon Brown, declarou 12 de julho como o Dia de Malala, em homenagem à sua coragem e ao seu compromisso com a educação.

UNICEF. Empoderamento das meninas. Disponível em: <www.unicef.org/brazil/pt/br_empowergirls01.pdf>. Acesso em: 18 set. 2018.

Mundo virtual

O que é desenvolvimento sustentável? – WWF Brasil
www.wwf.org.br/natureza_brasileira/questoes_ambientais/desenvolvimento_sustentavel
Apresenta mais informações sobre o desenvolvimento sustentável.
Acesso em: 20 mar. 2019.

Objetivos de Desenvolvimento Sustentável – PNUD (Programa das Nações Unidas para o Desenvolvimento)
www.br.undp.org/content/brazil/pt/home/sustainable-development-goals.html
Publicação da ONU que lista e comenta os Objetivos de Desenvolvimento Sustentável.
Acesso em: 20 mar. 2019.

5.19 Ativista paquistanesa Malala Yousafzai durante um evento que discutiu a importância da educação e do empoderamento feminino, em São Paulo (SP), 2018.

Energia: soluções individuais e coletivas

Várias iniciativas individuais e coletivas estão sendo postas em prática para ajudar a resolver os problemas ambientais e colaborar para a sustentabilidade do planeta.

Em relação à economia de energia, ao longo do ensino de Ciências você conheceu várias medidas importantes e simples que podem ser adotadas em residências, escolas e empresas, tais como: aproveitar ao máximo a luz natural e usar sensores de presença nas áreas externas; acumular roupa para lavar e passar, usando a lavadora e o ferro uma única vez; não deixar lâmpadas e aparelhos elétricos ligados sem necessidade; usar fontes de energia renovável, como a energia solar, eólica e de biomassa.

A energia solar pode ser aproveitada em residências, escolas e empresas, representando mais uma medida de economia de energia elétrica. Para isso, é preciso instalar coletores solares para esquentar a água e também sistemas fotovoltaicos para gerar energia elétrica. Como os equipamentos duram até cerca de 20 anos, o custo inicial acaba sendo coberto nos primeiros anos de uso.

Veja a figura 5.20. Esse estádio na cidade de Salvador (BA) foi o primeiro da América Latina a ser abastecido por energia solar. Como vimos no 8º ano, o sistema fotovoltaico utiliza módulos formados por células fotovoltaicas que convertem luz solar diretamente em energia elétrica. A instalação é fácil e não exige reforço estrutural.

Mundo virtual

Construção de aquecedor solar com produtos descartáveis
www.celesc.com.br/portal/images/arquivos/manuais/manual-aquecedor-solar.pdf
Conheça uma experiência pioneira: coletores solares feitos com garrafas PET e caixas de leite longa vida. Acesso em: 21 mar. 2019.

Centro de Ciência do Sistema Terrestre
https://issuu.com/ccst-inpe
Cartilhas sobre biodiversidade, sustentabilidade, pegada ecológica e outros temas ambientais globais. Acesso em: 21 mar. 2019.

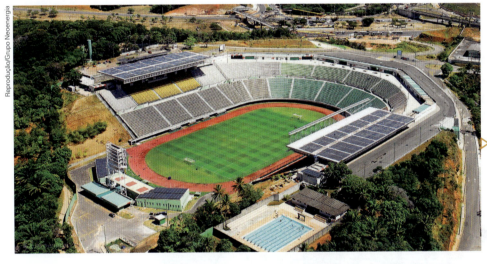

5.20 O estádio Governador Roberto Santos (conhecido como Estádio de Pituaçu), em Salvador (BA), apresenta módulos fotovoltaicos flexíveis e inquebráveis. Foto de 2012, ano em que as placas foram instaladas.

Em 2010 o governo brasileiro adotou uma medida importante para impulsionar o uso das energias renováveis: instituiu um decreto que tornou obrigatória a instalação de coletores solares em habitações populares. O sistema de aquecimento solar permite a famílias de baixa renda minimizar os gastos com energia elétrica, além de trazer benefícios ambientais.

Outra medida coletiva importante para incentivar o consumo consciente de energia é o Sistema de Bandeiras Tarifárias. O sistema foi instituído no Brasil pela Agência Nacional de Energia Elétrica (Aneel) para indicar o custo real da energia gerada, promovendo o uso consciente da energia.

As cores verde, amarela ou vermelha das bandeiras indicam se a energia custará menos ou mais em função das condições de geração de eletricidade. Quando chove menos, os reservatórios das hidrelétricas ficam mais vazios e é necessário acionar as usinas termelétricas. Como é mais caro obter energia nas termelétricas do que nas hidrelétricas, nos períodos de seca a bandeira fica amarela ou vermelha.

Água: soluções individuais e coletivas

A distribuição de água doce no Brasil não é uniforme: há muita água em locais pouco habitados, e vice-versa. Existe ainda o problema das secas e da poluição das fontes de água doce (como os rios e aquíferos), agravando o problema de abastecimento de água.

Ao longo dos estudos de Ciências, você também conheceu diversas medidas para evitar o desperdício desse precioso recurso renovável: manter a torneira fechada enquanto se ensaboa ou escova os dentes; ficar atento a vazamentos; utilizar balde em vez de mangueira na lavagem de carros; varrer calçadas em vez de lavá-las com água; não jogar lixo em rios ou cursos de água; etc.

Cabe ao poder público fiscalizar as condições de nascentes e de matas ciliares, visando preservá-las, e construir estações de esgoto para impedir a poluição e a contaminação de rios, lagos e mares.

É importante também que os governos adotem medidas para incentivar o reúso da água. Podem ser implementadas leis de incentivo a essa prática em condomínios e empresas, por exemplo, e estabelecidas parcerias entre governo e empresas para o aproveitamento dessa água, tendência que já se observa e está em crescimento.

Além disso, a instalação de hidrômetros individuais em vez de um único hidrômetro comum a todos os apartamentos tende a diminuir o desperdício de água, já que cada morador paga exatamente pela água que consome e desse modo se preocupa mais em economizá-la.

De acordo com a Agência Nacional de Águas, a irrigação usada na agricultura consome cerca de 72% da água disponível no Brasil. Portanto, a implantação de técnicas modernas de irrigação – como as técnicas de gotejamento (veja a figura 5.21) e aspersão (em que jatos de água lançados ao ar caem sobre a cultura na forma de chuva) – reduz bastante o consumo de água.

Mundo virtual

Sistema retira sal da água e beneficia moradores do semiárido – Portal Brasil
www.brasil.gov.br/infraestrutura/2016/10/sistema-retira-sal-da-agua-e-beneficia-moradores-do-semiarido
Artigo sobre o sistema que retira sal da água e beneficia moradores do semiárido.
Acesso em: 21 mar. 2019.

O reúso consiste em aproveitar a água que foi ou viria a ser descartada, mas que pode ser usada para outros fins: a água que escorre para o ralo, por exemplo, pode ser reutilizada na descarga dos vasos sanitários.

▷ 5.21 Plantação de uva irrigada por gotejamento, em Lagoa Grande (PE), 2015. Nessa técnica, a água é aplicada de forma pontual na superfície do solo por meio de uma tubulação.

Vários estados do semiárido do Nordeste usam o processo de dessalinização para retirar sal da água salobra extraída de poços, tornando-a potável. Essa prática é adotada em locais atingidos pelas estiagens, em programas mantidos com recursos governamentais.

Outra medida que pode se tornar mais comum é a captação de água da chuva em telhados de casas e prédios. A água é armazenada em cisternas e pode ser usada em vasos sanitários, rega de jardins e limpeza das áreas externas.

A água salobra possui mais sal que a água doce e menos sal que a água do mar.

ATIVIDADES

Aplique seus conhecimentos

1. Por que muitos cientistas consideram que está acontecendo atualmente mais uma extinção em massa?
2. O que são espécies invasoras? De que forma esses organismos constituem ameaças aos ecossistemas?
3. Quem são os povos e comunidades tradicionais? Por que a preservação da cultura dessas comunidades é fundamental?
4. No ano de 2018, a Comissão Internacional da Baleia (CIB) rejeitou a proposta do Japão que pretendia autorizar a caça comercial de baleias. Veja a figura 5.22. Diante da notícia, um estudante afirmou, equivocadamente, que não há nenhum problema em caçar baleias, mesmo que se provoque a extinção desses animais, porque isso não afetaria o bem-estar da humanidade.

5.22 Baleias caçadas por navio japonês em 2006. A caça de baleias para uso comercial é condenada pela comunidade internacional.

 a) Explique por que o estudante está enganado.
 b) Dê outros exemplos de ameaça à biodiversidade, além da caça.
5. De que forma o impacto ambiental causado por diferentes países pode ser comparado?
6. Em muitas cidades do Brasil, a água de reúso produzida em estações de tratamento de esgoto é aproveitada na limpeza de ruas e praças. Veja a figura 5.23.

5.23 Caminhão-pipa com água de reúso para lavagem de ruas no centro de São Paulo (SP), 2018.

Além dessa medida coletiva, que medidas individuais podem contribuir com a economia de água?

7 ▸ O infográfico a seguir mostra dados sobre algumas Unidades de Conservação (UC) no Brasil.

UCs mais visitadas

a) O que são unidades de conservação e qual o principal objetivo dessas áreas? Indique no mapa qual é a UC mais próxima de sua escola.
b) Quais as duas categorias de Unidades de Conservação?
c) As Unidades de Conservação representadas no mapa são de quais tipos?
d) Qual a importância de UCs como a representada pelo número 4?
e) Quais as características de UCs como a representada no mapa pelo número 7?

① Parque Nacional da Tijuca
② Parque Nacional do Iguaçu
③ Parque Nacional de Jericoacoara
④ Reserva Extrativista Marinha Arraial do Cabo
⑤ Parque Nacional Marinho de Fernando de Noronha
⑥ Parque Nacional da Serra da Bocaina
⑦ Monumento Natural do Rio São Francisco
⑧ Área de Proteção Ambiental da Costa dos Corais
⑨ Parque Nacional de Brasília
⑩ Floresta Nacional de Carajás

Fonte: elaborado com base em ICMBio. Visitação nos parques nacionais cresce 20% em 2017. Disponível em: <www.icmbio.gov.br/portal/ultimas-noticias/20-geral/9484-visitacao-nos-parques-cresce-20-em-2017>. Acesso em: 22 mar. 2019.

5.24

De olho na notícia

A notícia abaixo foi publicada em 2018 e comenta o processo de reciclagem na Noruega. Leia a notícia, pesquise em um dicionário o significado das palavras que você não conhece e faça o que se pede.

A criativa solução da Noruega para acabar com o lixo plástico nos oceanos

A Noruega tem o que especialistas consideram o melhor sistema de reciclagem de garrafas plásticas do mundo.

Ali, quase 600 milhões de garrafas foram recicladas em 2016 – uma taxa de reciclagem de 97%.

No Brasil, para efeitos de comparação, a proporção é de 50%.

No país europeu, funciona assim: lojas instalam máquinas que recompensam clientes que devolvem garrafas plásticas.

"Quando você compra uma garrafa de refrigerante, você paga uma coroa norueguesa a mais e, quando a colocamos na máquina, recuperamos o dinheiro", diz uma cliente.

O esquema reduz a necessidade de se produzir mais plástico.

[...]

Mas quem paga por isso?

As fabricantes de bebidas. É voluntário, mas quem adere ao sistema paga menos imposto.

A CRIATIVA solução da Noruega para acabar com o lixo plástico nos oceanos. *BBC Brasil*. Disponível em: <www.bbc.com/portuguese/geral-43063411>. Acesso em: 22 mar. 2019.

a) De acordo com a notícia, qual a porcentagem de plástico reciclado na Noruega? E no Brasil?
b) De que forma a medida tomada na Noruega mudou os hábitos dos consumidores? O que mudou nas atividades dos fabricantes?
c) Você consome bebidas ou outros alimentos que vêm em embalagens plásticas? Que destino você dá a essas embalagens?
d) O que você pode fazer para tornar seus hábitos de consumo mais sustentáveis? Se necessário, pesquise na internet e troque informações com um colega.

De olho na imagem

Observe a imagem abaixo e leia sua legenda. Em seguida, responda ao que se pede.

a) Qual é a fonte de energia que aparece na foto? Ela é renovável ou não renovável?

b) Quais são as vantagens dessa fonte de energia quando comparada a uma usina termelétrica?

c) Há algum risco dessa fonte de energia para os animais que habitam ou passam pelo local em que ela está instalada? Qual é esse risco?

5.25 Aerogeradores do Parque Eólico do Alto Sertão, Igaporã (BA), 2018.

Trabalho em equipe

Cada grupo de estudantes vai escolher uma das atividades a seguir para pesquisar em livros, revistas ou *sites* confiáveis (de universidades, centros de pesquisa, etc.). Vocês podem buscar o apoio de professores de outras disciplinas (Geografia, História, Língua Portuguesa, etc.). Exponham os resultados da pesquisa para a classe e a comunidade escolar (estudantes, professores e funcionários da escola e pais ou responsáveis), com o auxílio de ilustrações, fotos, vídeos, blogues ou mídias eletrônicas em geral. Ao longo do trabalho, cada integrante do grupo deve defender seus pontos de vista com argumentos e respeitando as opiniões dos colegas.

1. Pesquisem sobre a Convenção da Biodiversidade, quando foi assinada e o que ela estabelece.

2. Elaborem uma campanha explicando a importância da preservação da biodiversidade e o papel das Unidades de Conservação. Utilizem principalmente dados da biodiversidade no Brasil.
Sugestões de *sites* para consulta: Sistema de Informação sobre a Biodiversidade Brasileira (disponível em: <www.sibbr.gov.br/areas/index.php?area=biodiversidade>) e a Agência IBGE Notícias (disponível em: <https://agenciadenoticias.ibge.gov.br/agencia-noticias/2012-agencia-de-noticias/noticias/19511-retratos-biodiversidade-brasileira.html>); acessos em: 22 mar. 2019.

3. Pesquisem qual é a Unidade de Conservação mais próxima de sua escola, a que categoria ela pertence e quais suas características e finalidades. Vejam se é possível agendar uma visita ao local e exponham as informações que vocês coletaram e as fotos para a turma e a comunidade escolar.

4. Pesquisem que medidas sustentáveis de uso de energia e da água vêm sendo tomadas em seu município ou estado. O que mais pode ser feito? Entrevistem profissionais especializados no assunto e vejam se é possível agendar palestras sobre o tema.

5. Organizem uma campanha – com *slogans* (frases curtas com mensagem fácil de ser compreendida e assimilada pelo público em geral) que possam ser veiculados em cartazes e folhetos – para divulgar a importância de economizar energia e dos investimentos em energia solar e eólica.

Autoavaliação

1. Como você pode usar os conteúdos que aprendeu neste capítulo para contribuir com a comunidade em que você vive?
2. Que atitudes do seu cotidiano podem ser modificadas para você ter um estilo de vida mais sustentável?
3. Você trabalhou de maneira colaborativa com os colegas na realização das atividades em equipe?

OFICINA DE SOLUÇÕES

Escola sustentável

Uma das formas de abordar a sustentabilidade é buscar uma integração harmoniosa do ambiente com as pessoas. Para alcançar essa harmonia de maneira mais completa, é preciso reavaliar não só a produção e o consumo de alimentos, de energia e de qualquer outra necessidade material ou não material, mas também as relações entre as pessoas e entre elas e o ambiente.

O ambiente da escola em que você estuda é sustentável?

Veja a seguir seis pontos importantes para alcançar um ambiente sustentável e harmonioso.

1. Água
A origem e o destino da água precisam ser conhecidos. A água deve ser tratada para que fique adequada ao consumo. O uso responsável e a reutilização ajudam a preservar esse precioso recurso natural.

captação de chuva

composteira

2. Ecossistema
Os jardins e as áreas verdes podem abrigar e atrair diversos seres vivos, como aves (por exemplo, beija-flores e sabiás) e insetos (por exemplo, joaninhas e abelhas), aumentando a biodiversidade. É importante respeitar todas as formas de vida.

3. Energia e tecnologia
A geração de energia elétrica pode ter enormes impactos ambientais. Saber de onde ela vem e controlar o consumo são atitudes importantes. O acesso a recursos tecnológicos – como computadores e internet – favorece a inserção social, a troca de informações e o aprendizado. A tecnologia também pode contribuir para o uso mais racional dos recursos.

4. Segurança alimentar
A alimentação e a nutrição de todos devem ser tratadas com muita atenção. Todos precisam de alimentos de qualidade e em quantidade suficiente. É possível até produzir alimentos na própria escola, em pequenas hortas.

5. Consumo responsável
É importante saber a origem dos produtos utilizados fora e dentro da escola, tanto dos alimentos quanto dos produtos de papelaria e de limpeza, e até dos móveis. Não deve haver desperdício nem produção desnecessária de lixo.

6. Comunicação
O conhecimento deve ser compartilhado entre pessoas com experiências diversas e de diferentes idades. É importante que o ambiente favoreça a troca de ideias e a cooperação. Todas as pessoas devem ser respeitadas.

Consulte
- **A escola sustentável: eco-alfabetizando pelo ambiente**, de Lucia Legan. São Paulo: Imprensa Oficial do Estado de São Paulo, 2007. Neste livro, a autora apresenta diversas atividades fáceis de realizar, com foco em sustentabilidade.
- **Agir, percepção da gestão ambiental – Educação ambiental para o desenvolvimento sustentável** https://ainfo.cnptia.embrapa.br/digital/bitstream/item/164160/1/Hammes-Agir2002.pdf Vários autores contribuem com ideias e projetos para o desenvolvimento sustentável.
- **Desenvolvimento sustentável – ONU Brasil** https://nacoesunidas.org/secao/desenvolvimento-sustentavel Diversos artigos sobre o tema. Acesso em: 25 mar. 2019.

Propondo uma solução
Dividam-se em grupos e pesquisem os pontos apresentados abaixo.
– Como é a situação da escola em que vocês estudam?
– O que está bom e o que pode melhorar?
Em seguida, desenvolvam um projeto que vise à melhoria do ambiente escolar. Escolham um dos temas a seguir e utilizem as perguntas apresentadas para organizar suas ideias e guiar a implementação da proposta. Por exemplo:
- **Água:** Como coletar água da chuva na escola? Onde é possível reutilizar essa água?
- **Ecossistema:** Como aumentar a biodiversidade nos jardins e nas áreas verdes da escola?
- **Energia e tecnologia:** Como reduzir o consumo de energia? Como reciclar ou reutilizar materiais na própria escola?
- **Segurança alimentar:** É possível fazer uma horta na escola? Como tratar a terra, que espécies plantar e como distribuir a colheita?
- **Consumo responsável:** Como reduzir o consumo e o desperdício? As empresas que trabalham com a escola são social e ambientalmente responsáveis?
- **Comunicação:** Como compartilhar as experiências? Como desenvolver trabalhos de modo cooperativo? Como promover o respeito a todos?

Na prática
1. Quais foram as dificuldades encontradas? Como elas foram superadas?
2. Após a implementação, o resultado foi como esperado?
3. Quais são os pontos fortes e os fracos da solução desenvolvida? De que maneira poderiam melhorá-la?
4. O que pode ser compreendido com essa experiência?

Você já observou as cores que se formam sobre as bolhas de sabão? Nesta unidade vamos entender melhor a luz e a matéria.

UNIDADE 2

Transformações da matéria e radiações

Em um mundo repleto de tecnologia, utilizar os conhecimentos construídos nos ajuda a entender a realidade e a tomar decisões. Nesta unidade vamos estudar de que é constituída a matéria e quais transformações ela pode sofrer; vamos conhecer propriedades e aplicações da luz e de outras radiações eletromagnéticas.

1 ▸ Você usa computadores ou aparelhos de telefone celular para se comunicar? Como você acha que esses aparelhos podem transmitir e receber sons e imagens? De que forma essa tecnologia pode contribuir para a sociedade?

2 ▸ Há pessoas que acreditam que a sociedade deve investir apenas em pesquisas científicas aplicadas, voltadas diretamente para a resolução de problemas, como a cura de doenças. Como você argumentaria para defender a importância da pesquisa científica básica, sem aplicação direta?

CAPÍTULO 6
Átomos e elementos químicos

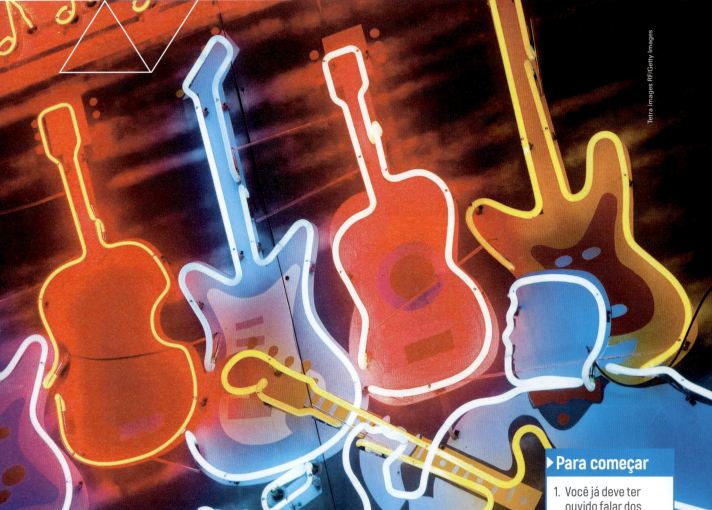

6.1 Letreiros luminosos feitos com lâmpadas de neon. Essas lâmpadas podem conter os chamados gases nobres, como o gás neônio.

Observando a figura 6.1 você pode ver representações de objetos luminosos feitas com lâmpadas de neon, que podem conter um gás chamado neônio. Assim como outros gases, chamados gases nobres ou raros, o gás neônio produz cores quando é atravessado por uma corrente elétrica, devido à interação entre a energia e os átomos.

Para compreender esse e outros comportamentos da matéria, neste capítulo você vai estudar como se deu a evolução dos modelos atômicos construídos por cientistas, a estrutura atômica e os elementos químicos da tabela periódica.

> **Para começar**
>
> 1. Você já deve ter ouvido falar dos átomos. Como imagina que eles sejam?
> 2. Será que os cientistas sempre representaram os átomos da mesma maneira?
> 3. O que faz um material, como o ouro, ser diferente de outro, como o ferro?

1 A história dos modelos atômicos

No 6º ano, quando estudamos o movimento das placas tectônicas, usamos alguns modelos para entender a deriva dos continentes e a causa dos terremotos e vulcões. Embora um modelo não seja uma cópia exata da realidade, ele é uma representação simplificada que nos ajuda a compreender como ocorrem certos fenômenos. Veja o modelo de uma casa na figura 6.2

Os modelos usados para representar os **átomos** são chamados **modelos atômicos**. Esses modelos não são iguais aos átomos que representam, mas nos ajudam a explicar alguns fenômenos que podem ser observados na natureza, como a transformação das substâncias químicas e os fenômenos elétricos.

6.2 Modelo de partes da estrutura de uma casa.

Os modelos são aceitos pelos cientistas como uma possível forma de explicar alguns tipos de fenômenos. No entanto, à medida que novas observações e testes são feitos e novos conceitos e teorias são desenvolvidos, esses modelos devem ser substituídos ou modificados para explicar novas descobertas. Isso ocorreu, por exemplo, com os modelos atômicos que você verá neste capítulo.

A ideia de que toda matéria é formada por átomos já havia sido proposta na Grécia antiga por um grupo de filósofos. O mais conhecido defensor dessa ideia foi o filósofo grego Demócrito, nascido por volta de 460 a.C. Veja a figura 6.3.

Ao responder à pergunta "De que é formada a matéria?", Demócrito afirmou que todos os corpos podiam ser divididos em partículas cada vez menores, até chegar ao átomo, que não poderia mais ser dividido. O átomo seria, portanto, a menor parte da matéria.

Muito tempo depois da proposição de Demócrito, a partir do século XVI, durante o período conhecido como Renascimento, foram realizadas medições e experimentos que levantaram a hipótese de que a matéria era formada por átomos. Essa teoria ganhou força entre cientistas e filósofos, como veremos a seguir.

> As leis científicas descrevem regularidades da natureza, enquanto as teorias científicas propõem mecanismos para explicar os fatos.

▶ **Átomo:** do grego *átomos*, "aquilo que não pode ser cortado ou dividido".

6.3 Representação artística do filósofo grego Demócrito (460-400 a.C).

Átomos e elementos químicos • **CAPÍTULO 6** 113

Conexões: Ciência e tecnologia

Imagens do átomo

O conhecimento sobre o átomo é resultado de observações e experimentos realizados por cientistas ao longo da história. Esse conhecimento está sempre se modificando à medida que novas descobertas são feitas e novas tecnologias são desenvolvidas.

Hoje em dia existem equipamentos, como os microscópios de tunelamento, que fornecem imagens de átomos sobre a superfície de um material. Não são fotografias, tais como as que tiramos de pessoas ou de paisagens, mas imagens produzidas por computador a partir de sinais eletrônicos vindos do microscópio de tunelamento. Na figura 6.4 você pode ver uma dessas imagens.

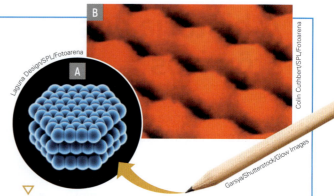

6.4 Em **A**, ilustração de átomos de carbono do grafite. (Os elementos representados nas fotografias não estão na mesma proporção. Cores fantasia.) Em **B**, imagem de átomos de carbono obtida com o auxílio de um microscópio de tunelamento. (A cor dos átomos é artificial e foi gerada em computador. A ampliação é de cerca de 50 milhões de vezes.)

O modelo atômico de Dalton

Ao longo do tempo, foram conduzidos experimentos envolvendo várias transformações químicas. Além disso, a massa das substâncias passou a ser medida com o uso de balanças cada vez mais precisas. Essas medidas indicavam, por exemplo, que a massa das substâncias se conserva em uma transformação química, como veremos no capítulo 8.

Em 1803, o cientista inglês John Dalton (1766-1844) elaborou um modelo atômico para explicar o comportamento dos gases e os resultados das medidas das massas das substâncias durante as transformações químicas.

De acordo com o modelo atômico proposto por Dalton, os átomos seriam como pequenas esferas invisíveis e que não podiam ser divididas. Essas partículas não poderiam ser quebradas em partes menores, nem criadas ou destruídas. Veja a figura 6.5.

Com base no resultado de seus experimentos, Dalton também concluiu que toda matéria é formada pela associação de átomos e que os átomos não são todos iguais. Uma barra de ferro, por exemplo, é formada por um tipo de átomo diferente do átomo que se encontra em uma barra de ouro. Concluiu ainda que, em uma transformação química, os átomos que formam as substâncias se recombinam entre si, dando origem a novas substâncias.

Essas e outras afirmações formam a **teoria atômica de Dalton**. Essa teoria explicava uma série de observações, como a compressibilidade dos gases e as proporções fixas com que as substâncias se combinam numa transformação química, como veremos no capítulo 8.

No entanto, a teoria de Dalton não explicava como os átomos se ligavam uns com os outros. Quando novos estudos sobre os fenômenos elétricos foram realizados e descobriu-se a existência de partículas menores que o átomo, os cientistas passaram a realizar outros experimentos para propor novos modelos atômicos, como veremos a seguir.

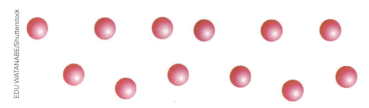

▷ 6.5 Representação de átomos segundo o modelo atômico de Dalton. De acordo com John Dalton, os átomos seriam pequenas esferas indivisíveis (representadas em cor-de-rosa). Átomos são partículas submicroscópicas. (Cores fantasia.)

O modelo atômico de Thomson

Na Grécia antiga já se sabia que pedaços de âmbar (uma resina fóssil, proveniente de uma espécie de pinheiro) atritados em peles de animais podiam atrair objetos leves. Alguns séculos mais tarde, a causa dessa atração foi chamada de "eletricidade". Você estudou esse assunto no 8º ano.

No final do século XIX, uma série de experimentos que investigavam a natureza elétrica da matéria revelou que os átomos apresentam cargas elétricas positivas e negativas. Essa constatação explicava as observações gregas sobre o âmbar.

Em 1897, o físico inglês Joseph John Thomson (1856-1940) comprovou a existência de partículas de carga negativa nos átomos. Essas partículas foram posteriormente chamadas **elétrons**.

Thomson sabia que o átomo era eletricamente neutro, ou seja, apresentava carga total nula. E, como o elétron era negativo, ele supôs que deveria haver uma carga positiva no átomo que anulava a carga negativa. O átomo, segundo Thomson, seria formado por elétrons mergulhados em uma esfera com carga positiva. Ou seja, os átomos não seriam indivisíveis, como supôs Dalton. Veja a figura 6.6.

Mais tarde, outros cientistas descobriram os **prótons**, que são partículas com carga positiva. Naquela época, eles achavam que os prótons e os elétrons estavam espalhados pelo átomo. Mas, novamente, uma série de experimentos levou os cientistas a mudar de ideia e a reformular o modelo de Thomson.

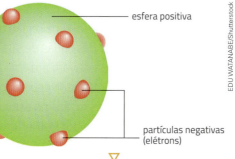

6.6 Representação do modelo atômico de Thomson. (Elementos representados em tamanhos não proporcionais entre si. Cores fantasia.)

Os modelos de Rutherford e Bohr

Novos fenômenos observados na natureza e novos conceitos levaram a uma modificação no modelo de Thomson. No final da década de 1890, cientistas independentes verificaram que alguns átomos emitiam partículas naturalmente: esse fenômeno foi chamado **radioatividade** pela cientista polonesa Marie Curie (1867-1934) e sua compreensão levou à construção de um novo modelo para o átomo.

Um dos experimentos que permitiram a construção do novo modelo foi realizado pelo cientista neozelandês Ernest Rutherford (1871-1937) e colaboradores. O experimento consistia no bombardeamento de partículas com carga elétrica positiva em uma finíssima folha de ouro, com cerca de 0,0001 mm de espessura. As partículas eram emitidas por um elemento radioativo. Rutherford verificou que a maioria das partículas atravessava a folha de ouro sem sofrer desvios, enquanto algumas sofriam grandes desvios, chegando até a ser refletidas. Veja a figura 6.7.

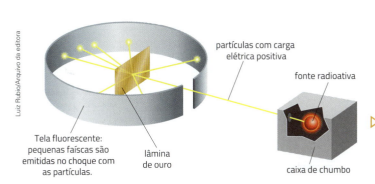

Fonte: elaborado com base em JOESTEN, M.; CASTERLLION, M. E.; HOGG, J. L. *The World of Chemistry*: essentials. 4. ed. Belmont: Thomson Brooks/Cole, 2007. p. 43.

6.7 Representação esquemática do experimento de Rutherford. (Elementos representados em tamanhos não proporcionais entre si. Cores fantasia.)

Átomos e elementos químicos • **CAPÍTULO 6** 115

O que poderia causar os diferentes desvios?

Rutherford concluiu que havia espaços vazios dentro do átomo e mostrou que, ao contrário do que se pensava, as cargas positivas não estavam espalhadas por todo o átomo, mas concentradas em uma região que ele chamou de núcleo, com os elétrons à sua volta. As partículas desviadas de sua trajetória eram aquelas que se chocavam contra o núcleo ou que passavam próximo a ele.

Veja na figura 6.8 o resultado esperado do experimento de Rutherford se a distribuição das cargas elétricas no átomo estivesse de acordo com o modelo de Thomson (**A**), e o resultado observado por Rutherford (**B**).

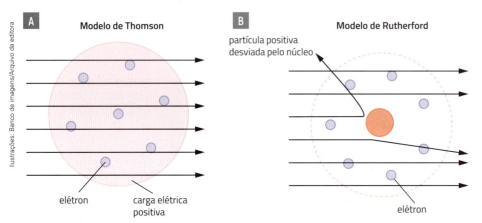

6.8 Representação esquemática da comparação entre o que aconteceria com o desvio das partículas positivas no modelo de Thomson e o que aconteceu segundo o modelo de Rutherford. (Elementos representados em tamanhos não proporcionais entre si. Cores fantasia.)

Fonte: elaborados com base em SIVULKA, G. *Experimental Evidence for the Structure of the Atom.* Stanford University. Disponível em: <http://large.stanford.edu/courses/2017/ph241/sivulka2>. Acesso em: 18 mar. 2019.

Baseado no resultado de seus experimentos, em 1911, Rutherford propôs um modelo atômico com duas regiões: o **núcleo**, região central onde ficam os prótons, com carga positiva, e a **eletrosfera**, região mais externa, com os elétrons, de carga negativa, girando ao redor do núcleo. Nesse modelo, quase toda a massa do átomo fica concentrada no núcleo, que tem um volume muito menor que o volume total do átomo. A partir do experimento, Rutherford deduziu que o diâmetro do átomo é cerca de dez mil vezes maior do que o diâmetro do núcleo e que praticamente toda a massa do átomo está concentrada no núcleo. Veja o modelo proposto por Rutherford na figura 6.9.

> Imagine uma bola de pingue-pongue no meio de um campo de futebol oficial e você terá ideia da relação entre o diâmetro do núcleo e o do átomo.

Os átomos não são exatamente esferas. Mas se imaginarmos os átomos como pequenas esferas, seu diâmetro estaria entre cerca de 50 milhões e 10 milhões de vezes menor que um milímetro.

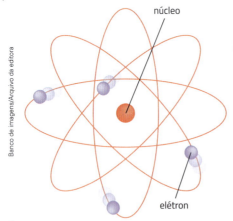

6.9 Representação do modelo atômico segundo Rutherford. Os elétrons (carga negativa, em roxo) aparecem ao redor do núcleo do átomo (carga positiva, em vermelho). Os elétrons giram em torno do núcleo em diferentes órbitas (representadas como linhas laranjas). (Elementos representados em tamanhos não proporcionais entre si. Cores fantasia.)

Em 1913, esse modelo foi aprimorado por outro cientista, o dinamarquês Niels Bohr (1885-1962), ficando conhecido como **modelo de Bohr**.

Bohr propôs que o elétron só pode se mover ao redor do núcleo em trajetórias circulares em determinadas camadas, ou níveis de energia. O elétron pode passar de um nível mais baixo para outro mais alto quando absorve energia externa. Também pode acontecer o contrário: o elétron perde energia, passando de um nível mais alto para outro mais baixo. Quando isso ocorre, o elétron emite energia na forma de radiação eletromagnética (luz visível ou ultravioleta). Veja a figura 6.10.

> Vamos ver mais detalhes dos níveis de energia no item 4 deste capítulo.

> Conheceremos mais sobre as radiações eletromagnéticas e suas aplicações no capítulo 9.

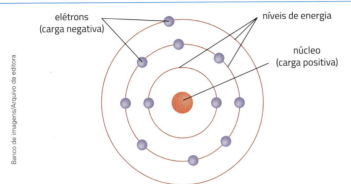

▷ **6.10** Representação do modelo atômico proposto por Bohr. O diâmetro da eletrosfera é milhares de vezes maior que o do núcleo. (Elementos representados em tamanhos não proporcionais entre si. Cores fantasia.)

Em 1932, o cientista inglês James Chadwick (1891-1974) descobriu outra partícula atômica, que foi chamada de **nêutron**. Essa partícula não apresenta carga elétrica e está localizada, juntamente com os prótons, no núcleo atômico. Veja a figura 6.11.

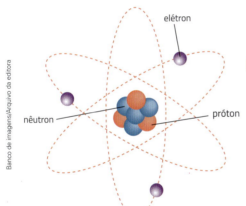

▷ **6.11** Representação do modelo de um átomo considerando os nêutrons. Os elétrons (em roxo) aparecem ao redor do núcleo do átomo (onde estão os prótons, em vermelho, e os nêutrons, em azul). Os elétrons giram em torno do núcleo. (Elementos representados em tamanhos não proporcionais entre si. Cores fantasia.)

Vamos, então, resumir as principais informações sobre os modelos atômicos que vimos até aqui. O núcleo do átomo contém partículas positivas – os prótons – e partículas sem carga elétrica – os nêutrons. A eletrosfera é a região mais externa do átomo, onde estão os elétrons, de carga negativa.

Os prótons e os nêutrons têm massas praticamente iguais (aproximadamente $1,7 \times 10^{-24}$ g). Já a massa de um elétron (cerca de $9,1 \times 10^{-28}$ g) é quase 1868 vezes menor que a de um próton, que é aproximadamente a relação que existe entre a massa de um pequeno pássaro e a de um ser humano adulto. Quase toda a massa do átomo fica concentrada no núcleo.

Veja a figura 6.12, que mostra um resumo da evolução dos modelos atômicos.

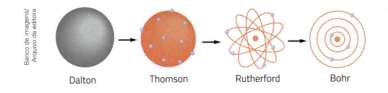

▷ **6.12** Representação esquemática da evolução dos modelos atômicos. (Elementos representados em tamanhos não proporcionais entre si. Cores fantasia).

Átomos e elementos químicos • **CAPÍTULO 6** 〈 **117**

Os modelos de Rutherford e Bohr podem ser usados para explicar várias propriedades químicas da matéria. No entanto, novos experimentos levaram cientistas a modificar o modelo atômico mais uma vez, após o descobrimento de novas partículas.

Hoje se sabe, por exemplo, que prótons e nêutrons são formados por partículas ainda menores, os *quarks*. Entretanto, para compreender o modelo atômico atual, são necessários conhecimentos em Matemática e Física ainda mais aprofundados.

Você viu que, ao longo da história das ciências, um modelo ou uma teoria científica aceitos em determinada época, às vezes, se tornam insuficientes para explicar certos fenômenos e acabam sendo substituídos por novos modelos ou teorias. Mas as teorias e os modelos antigos podem continuar sendo usados, dentro de certos limites, para explicar determinados fenômenos. Por serem mais práticos, fáceis de visualizar e de compreender, os modelos de Rutherford e Bohr continuam sendo utilizados para fins didáticos.

Mundo virtual

A química das coisas
www.aquimicadascoisas.org
Página de um projeto português que analisa temas do cotidiano considerando aspectos físico-químicos.
Acesso em: 18 mar. 2019.

2 Íons: ânions e cátions

Em um átomo neutro, o número de elétrons (cargas negativas) é igual ao de prótons (cargas positivas). Portanto, em um átomo neutro a carga elétrica total é zero.

Em certas condições, o átomo pode ganhar ou perder elétrons, deixando de ser neutro. Nesse caso, passa a ser chamado **íon**.

Quando um átomo neutro ganha um elétron, ele fica com carga total negativa. O íon formado é chamado **ânion**. Quando o átomo neutro perde um elétron, fica com carga total positiva, já que passa a ter um próton a mais que o número total de elétrons. O íon formado é chamado **cátion**.

A figura 6.13 representa a transformação de um átomo de lítio (cujo símbolo é Li) em um cátion pela perda de um elétron, passando a ser representado por Li$^+$. A figura também representa a transformação de um átomo de flúor (cujo símbolo é F) em um ânion pelo ganho de um elétron, passando a ser representado por F$^-$. Os íons devem ser sempre representados pelo símbolo do elemento químico, que estudaremos neste capítulo, acompanhado de sua carga elétrica.

6.13 Representação esquemática da formação de íons. (Elementos representados em tamanhos não proporcionais entre si. Cores fantasia.)

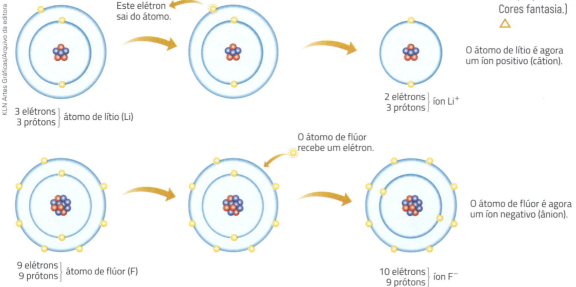

3 Número atômico e número de massa

Os átomos não são todos iguais. Os átomos que formam uma barra de ferro puro, por exemplo, são diferentes daqueles que formam uma chapa de ouro puro, ou de alumínio. O gás hidrogênio é outro exemplo de substância formada por um tipo de átomo diferente daquele que forma o ferro, o ouro e o alumínio. Mas o que os torna diferentes?

Há uma diferença entre esses átomos que explica muitas de suas propriedades físicas e químicas: o **número de prótons**. O átomo de hidrogênio tem 1 próton; o átomo de ferro tem 26 prótons; o de alumínio tem 13 prótons.

O número de prótons é importante na identificação de um átomo. Esse número é chamado de **número atômico** e é representado pela letra **Z**.

Todos os átomos com o mesmo número atômico, isto é, com o mesmo número de prótons, pertencem ao mesmo **elemento químico** e têm propriedades químicas iguais.

Por exemplo, todos os átomos que contêm 1 próton pertencem ao elemento químico hidrogênio. E a mesma regra se aplica aos demais elementos químicos existentes. Em uma barra de ferro puro, por exemplo, todos os átomos que a compõem têm número atômico 26 e apresentam as mesmas propriedades químicas.

A soma do número de prótons com o número de nêutrons de um átomo é chamada de **número de massa**, que é representado pela letra **A**. Como o número atômico é representado pela letra Z e o **número de nêutrons** pela letra **N**, pode-se escrever:

$$A = Z + N$$

Um átomo de ferro (cujo símbolo é Fe), por exemplo, tem 26 prótons e 30 nêutrons.

$$A = 26 + 30 \rightarrow A = 56$$

Logo, o seu número de massa é 56.

> Na presença da água, por exemplo, o ferro reage com o oxigênio e forma óxido de ferro. É o que observamos quando objetos de ferro enferrujam.

4 A organização dos elétrons no átomo

No modelo de Rutherford e Bohr, os elétrons giram em torno do núcleo de um átomo em diferentes órbitas. Essas órbitas têm raios diferentes, isto é, estão a distâncias variadas do núcleo.

Um conjunto de órbitas que estão a uma mesma distância do núcleo é chamado de **camada eletrônica** ou **nível de energia**.

Observe o quadro da figura 6.14: as camadas eletrônicas são identificadas pelas letras K, L, M, N, O, P, Q. A primeira camada, a camada K, é a mais próxima do núcleo do átomo. A camada Q é a mais distante.

Uma camada eletrônica pode ter mais de um elétron, mas existe um número máximo de elétrons que cada uma delas é capaz de suportar.

Camada	K	L	M	N	O	P	Q
Número máximo de elétrons	2	8	18	32	32	18	8

▷ 6.14 Quadro com o número máximo de elétrons em cada uma das camadas eletrônicas de um átomo.

O hélio tem 2 elétrons e, por essa razão, tem apenas a camada K preenchida. Já o lítio, que tem 3 elétrons, tem duas camadas eletrônicas com elétrons: a K e a L. Quanto maior o número de elétrons do átomo, mais camadas eletrônicas preenchidas ele terá.

A distribuição dos elétrons nas diversas camadas obedece a algumas regras. Uma dessas regras é que os elétrons devem ocupar primeiro a camada eletrônica mais próxima do núcleo. Depois que essa camada estiver preenchida, os elétrons excedentes passam a ocupar a camada seguinte, e assim sucessivamente.

Há outra regra que diz que a última camada de um átomo não pode ficar com mais de 8 elétrons e, se for a camada K, não pode ter mais de 2 elétrons.

Veja, por exemplo, a distribuição de elétrons do elemento sódio (Na), de número atômico 11:

K: 2 elétrons; L: 8 elétrons; M: 1 elétron

Observe agora, na figura 6.15, como podemos representar em uma imagem a distribuição de elétrons no átomo de sódio.

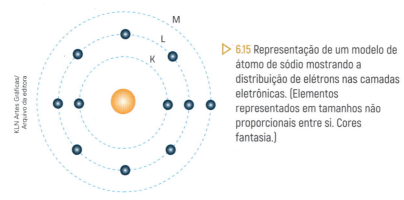

6.15 Representação de um modelo de átomo de sódio mostrando a distribuição de elétrons nas camadas eletrônicas. (Elementos representados em tamanhos não proporcionais entre si. Cores fantasia.)

Agora vamos organizar os elétrons de um átomo com um número maior de elétrons. Usaremos como exemplo o césio (Cs), com número atômico 55. Nas primeiras três camadas, a distribuição é a seguinte:

K: 2 elétrons; L: 8 elétrons; M: 18 elétrons

Vamos ver como os elétrons restantes são distribuídos nas camadas seguintes. O primeiro impulso nos levaria a pôr 27 elétrons na camada N, que comporta até 32. No entanto, como nesse caso ela acabaria sendo a última camada, não poderia ter mais do que 8 elétrons.

Por isso utilizamos mais camadas. A camada N deixa de ser a última e fica com 18, que, entre as quantidades máximas de todas as camadas, é a quantidade mais próxima de 32.

Ficam faltando ainda 9 elétrons para distribuir. Eles não podem ficar todos na camada O, pois ela seria a última, e, segundo a regra, a última camada pode ter no máximo 8 elétrons. Então, a camada O fica com 8 elétrons e 1 elétron fica na camada P.

Veja como fica a distribuição de elétrons do césio:

K: 2 elétrons; L: 8 elétrons; M: 18 elétrons
N: 18 elétrons; O: 8 elétrons; P: 1 elétron

Essas regras de distribuição não valem para todos os tipos de átomos.

5 Os elementos químicos

De acordo com dados da IUPAC (União Internacional de Química Pura e Aplicada) de 2016, são conhecidos 118 elementos químicos, mas somente 92 ocorrem naturalmente na Terra. Alguns foram produzidos em laboratório nos aceleradores de partículas, que provocam violentos choques de partículas eletricamente carregadas contra os átomos já existentes, ou, ainda, pela colisão de átomos existentes. Veja as figuras 6.16 e 6.17. Em geral, os elementos químicos formados dessa maneira são instáveis, duram pouco e logo se transformam em outros elementos.

6.16 Imagem aérea das obras de construção do acelerador de partículas brasileiro conhecido como projeto Sirius, no Centro Nacional de Pesquisa em Energia e Materiais (CNPEM), em Campinas (SP), em 2017.

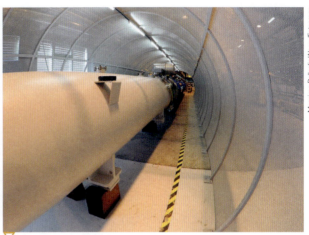

6.17 Túnel subterrâneo de 27 km de extensão do acelerador de partículas da Organização Europeia para a Pesquisa Nuclear (CERN) na Suíça, em 2017.

Cada elemento químico é representado por um símbolo, formado por uma ou duas letras que, em geral, compõem o nome em grego ou em latim do elemento. A letra S, por exemplo, é o símbolo do enxofre (*sulfur*, em latim).

Quando há mais de um elemento químico que começa com a mesma letra, como carbono e cálcio, ou flúor e ferro, um deles é representado com duas letras. Por exemplo: carbono é C e cálcio é Ca; flúor é F e ferro é Fe. Nesses casos, a primeira letra é maiúscula e a segunda é minúscula (ambas de fôrma). Quando há uma única letra, ela é sempre maiúscula.

Nem sempre aparecem as duas letras iniciais do nome: o símbolo Pt identifica a platina; Zn, o zinco; e Pb, o chumbo (do latim, *plumbum*).

Conexões: Ciência e História

De onde vêm os nomes dos elementos?

Alguns nomes indicam uma propriedade do elemento: cloro vem do grego *khlorós*, que significa "amarelo-esverdeado"; fósforo em grego é "o que traz a luz" – algumas formas de fósforo brilham no escuro (são fosforescentes). Há também nomes que se referem a corpos celestes ou figuras mitológicas: hélio (Sol) e promécio (de *Prometeus*, da mitologia grega). Outros homenageiam pessoas, como é o caso do einstênio, em referência ao cientista Albert Einstein.

Existem alguns nomes que foram dados indicando o lugar em que o elemento foi descoberto: háfnio foi descoberto em Copenhague (Dinamarca), que em latim é *Hafnia*. E há ainda nomes que se referem a uma característica do material em que o elemento foi encontrado: lítio vem de *lithos*, que em grego significa "pedra".

6 Os isótopos

Você já sabe que um elemento químico é formado por átomos de mesmo número atômico, e que esse número corresponde à quantidade de prótons de um átomo. Mas, se um cientista analisar uma amostra de um mesmo elemento químico, por exemplo, de oxigênio, pode encontrar átomos com diferentes números de massa: 16, 17 e 18. Se eles são todos átomos de oxigênio, por que têm número de massa diferente?

Nesses casos, embora todos tenham o mesmo número de prótons, possuem números de nêutrons diferentes.

Os átomos de um mesmo elemento químico que têm número de massa diferente são chamados de isótopos. Veja na figura 6.18 uma representação dos três isótopos do hidrogênio.

▶ **Isótopo:** do grego *isos*, que significa "igual"; e *topos*, "lugar".

hidrogênio leve ou prótio
A = 1

hidrogênio pesado ou deutério
A = 2

trítio ou tritério
A = 3

▷ 6.18 Representação esquemática de isótopos de hidrogênio. (Elementos representados em tamanhos não proporcionais entre si. Cores fantasia.)

Embora alguns isótopos tenham sido produzidos artificialmente, todos os elementos químicos naturais possuem isótopos. Por isso, muitas vezes escrevemos o símbolo de um elemento assim: ^{12}C, ou $^{12}_{6}C$, ou carbono-12. Isso significa que estamos falando de um isótopo do carbono com número atômico 6 e número de massa 12. Ele é o isótopo mais comum do carbono. Outros isótopos são o carbono-13 e o carbono-14.

Os isótopos de um mesmo elemento químico possuem as mesmas propriedades químicas, já que essas propriedades dependem do número de prótons do átomo, e não do número de nêutrons. Mas as propriedades físicas são diferentes, pois dependem, em parte, da massa do átomo.

Massa atômica

Qual é a massa de um átomo? Como vimos, os átomos são muito pequenos. Assim, se você tivesse que dar a resposta em gramas, precisaria trabalhar com números decimais extremamente pequenos.

Por essa razão, os cientistas utilizam a **massa atômica relativa**, comparando a massa de um átomo com a de outros átomos.

O átomo que os cientistas escolheram como padrão para a comparação foi o carbono-12, que é um isótopo do carbono com número de massa 12. Esse átomo passou a ter então 12 **unidades de massa atômica**, ou 12 **u**. Em outras palavras, 1 unidade de massa atômica (1 u) vale um doze avos $\left(\frac{1}{12}\right)$ da massa atômica do átomo de carbono-12. Pense em um átomo de carbono como um círculo. Veja a figura 6.19. Se você dividir esse círculo em 12 partes iguais, cada parte corresponderá a uma unidade de massa atômica.

6.19 Representação esquemática para compreensão da massa atômica. Considere que o carbono é um círculo que pode ser dividido em 12 partes iguais. Cada uma dessas partes será 1 u e poderá ser usada para definir a massa atômica de átomos de outros elementos químicos. △

Isótopos radioativos

Alguns elementos químicos, como o urânio, são instáveis: isso significa que os átomos desses elementos emitem radiação e, com isso, podem se transformar em outros átomos. **Radiações** são partículas (prótons, nêutrons, etc.) ou ondas eletromagnéticas (raios X, por exemplo) emitidas pelo núcleo do átomo.

Por causa dessa e de outras características, dizemos que esses elementos são **radioativos**. Veja a figura 6.20.

Dependendo da intensidade, do tempo de exposição e do tipo de radiação a que uma pessoa fica exposta, pode haver danos no material genético, aumentando o risco de algumas doenças, como vários tipos de câncer. O contato direto com substâncias radioativas pode também causar queimaduras e até mesmo a morte. Por isso é extremamente perigoso manipular um material radioativo. Veja na figura 6.21 o símbolo que identifica os locais em que esses materiais são utilizados ou estão armazenados.

Quando há emissão de partículas pelo núcleo de isótopos radioativos, pode ocorrer uma mudança no número de prótons do átomo, que se transforma então em outro elemento químico. Essa transformação de um elemento em outro é chamada **transmutação**.

Por exemplo, a cada intervalo de aproximadamente 8 dias, a metade de uma amostra do isótopo iodo-131 se transmuta em xenônio. Veja a figura 6.22. Esse tempo necessário para que a metade de uma amostra de material radioativo se desintegre é chamado **meia-vida**.

6.20 Representação esquemática de núcleo de um átomo emitindo partícula alfa formada por dois prótons e dois nêutrons. A letra P representa os prótons e a letra N, os nêutrons. (Elementos representados em tamanhos não proporcionais entre si. Cores fantasia.)

6.21 Símbolo usado para identificar locais com material radioativo. A presença desse tipo de material pode ser detectada por meio de um aparelho chamado contador Geiger, desenvolvido pelo físico alemão Hans Geiger (1882-1945).

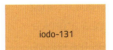

Amostra com 1,00 g de iodo radioativo.

Depois de cerca de 8 dias, há apenas a metade do iodo (0,500 g). A outra metade transformou-se no elemento xenônio.

Depois de cerca de 16 dias, resta apenas 0,250 g de iodo.

Depois de cerca de 24 dias há 0,125 g de iodo.

6.22 Representação esquemática da transmutação do iodo-131.

Cada elemento tem um tempo de meia-vida característico. O urânio-235 tem meia-vida de 704 milhões de anos, ou seja, nesse intervalo de tempo metade dos átomos transforma-se em um tipo de isótopo do chumbo (chumbo-207). Medindo a quantidade de certos isótopos de urânio e de chumbo, por exemplo, temos uma indicação da idade de uma rocha ou de um fóssil.

Os átomos radioativos podem ser usados também como fonte de energia em usinas nucleares. Quando o núcleo de um átomo de urânio-235 é bombardeado por nêutrons, por exemplo, ele pode ser dividido em dois núcleos menores e emitir mais nêutrons, além de liberar uma quantidade enorme de energia. Esse processo de quebra do núcleo em dois núcleos menores, chamado **fissão nuclear**, é uma das formas de obter energia nuclear. Os nêutrons emitidos podem, por sua vez, partir outros núcleos de urânio e liberar mais energia: é a reação nuclear em cadeia. Veja a figura 6.23.

▽
6.23 Representação esquemática da reação nuclear em cadeia: o núcleo de um átomo se parte em dois e os nêutrons emitidos provocam a quebra de outros núcleos. (Elementos representados em tamanhos não proporcionais entre si. Cores fantasia.)

Dependendo da massa de urânio submetida à fissão, a energia liberada é capaz de provocar uma enorme explosão, como a que ocorre com uma bomba atômica. Mas também pode ser aproveitada como fonte de energia nas usinas nucleares, como vimos no 8º ano.

As substâncias radioativas que surgem a partir do urânio precisam ser descartadas, já que dificilmente podem ser reaproveitadas. Além disso, algumas têm meia-vida muito longa e têm de ser armazenadas em instalações especiais.

Como veremos no capítulo 9, algumas radiações podem ser usadas para destruir células de tumores, no tratamento conhecido como radioterapia, ou para eliminar microrganismos, esterilizando, por exemplo, materiais de uso hospitalar.

Alguns elementos radioativos podem ser usados também para diagnosticar doenças. Por exemplo, na suspeita de algum tumor na glândula tireóidea (tireoide) um dos exames que o médico pode indicar envolve a ingestão de pequenas doses de iodo-131, iodo-123 ou tecnécio-99m para localizar o tumor.

7 A tabela periódica

No início do século XIX, alguns cientistas descobriram que certos elementos tinham propriedades semelhantes. Com base nisso, propuseram diferentes modelos para tentar organizar os elementos de uma maneira lógica, de modo a facilitar o estudo da Química.

Em 1869, o russo Dmitri Ivanovitch Mendeleyev (1834-1907; figura 6.24), um professor de Química, estava escrevendo um livro e anotava as propriedades de cada elemento químico em um cartão separado. Em certo momento, ele observou que, se os cartões fossem arrumados na ordem da massa atômica dos elementos, certas propriedades se repetiam periodicamente. Desse modo, alguns elementos formavam grupos com as mesmas propriedades.

Apesar de outras tentativas já terem sido feitas, Mendeleyev foi quem efetivamente conseguiu fazer a organização que englobou o maior número de elementos químicos. Nascia assim a primeira tabela periódica dos elementos. Veja a figura 6.25.

Ao estudar os elementos com valores de massa próximos e aqueles que estão na mesma coluna de elementos até então desconhecidos, Mendeleyev fez uma série de previsões sobre as propriedades desses elementos, esperando que, no futuro, eles fossem descobertos e que suas previsões se confirmassem.

6.24 Dmitri Ivanovitch Mendeleyev, químico e físico russo, criador da primeira versão da tabela periódica.

6.25 Imagem histórica da primeira tabela periódica proposta por Mendeleyev (página em russo).

Já eram conhecidos, por exemplo, os elementos cálcio (massa = 40) e titânio (massa = 48). Na tabela de Mendeleyev havia uma lacuna entre esses dois elementos, o que indicava que deveria existir algum elemento intermediário. Mais tarde, o químico sueco Lars Fredrik Nilson (1840-1899) descobriu esse elemento, o escândio (massa = 45).

Em 1913, o cientista inglês Henry Moseley (1887-1915) descobriu um método para determinar a carga elétrica do núcleo e, com isso, o número atômico. Ele percebeu também que algumas irregularidades da tabela de Mendeleyev podiam ser corrigidas quando os elementos eram agrupados pelo número atômico, e não pela massa atômica. Descobriu assim uma lei científica, a **lei periódica dos elementos**, segundo a qual algumas propriedades físicas e químicas dos elementos variam de forma periódica (regular) com o número atômico.

Observe, na página seguinte, na figura 6.26, a tabela periódica atual.

Tabela periódica dos elementos

Grupo	1	2	3	4	5	6	7	8	9	10	11	12	13	14	15	16	17	18
1	1 H 1,01 hidrogênio																	2 He 4,00 hélio
2	3 Li 6,94 lítio	4 Be 9,01 berílio											5 B 10,81 boro	6 C 12,01 carbono	7 N 14,01 nitrogênio	8 O 16,00 oxigênio	9 F 19,00 flúor	10 Ne 20,18 neônio
3	11 Na 22,99 sódio	12 Mg 24,31 magnésio											13 Aℓ 26,98 alumínio	14 Si 28,09 silício	15 P 30,97 fósforo	16 S 32,06 enxofre	17 Cℓ 35,45 cloro	18 Ar 39,95 argônio
4	19 K 39,10 potássio	20 Ca 40,08 cálcio	21 Sc 44,96 escândio	22 Ti 47,87 titânio	23 V 50,94 vanádio	24 Cr 52,00 crômio	25 Mn 54,94 manganês	26 Fe 55,85 ferro	27 Co 58,93 cobalto	28 Ni 58,69 níquel	29 Cu 63,55 cobre	30 Zn 65,38 zinco	31 Ga 69,72 gálio	32 Ge 72,63 germânio	33 As 74,92 arsênio	34 Se 78,96 selênio	35 Br 79,90 bromo	36 Kr 83,80 criptônio
5	37 Rb 85,47 rubídio	38 Sr 87,62 estrôncio	39 Y 88,91 ítrio	40 Zr 91,22 zircônio	41 Nb 92,91 nióbio	42 Mo 95,96 molibdênio	43 Tc (97) tecnécio	44 Ru 101,07 rutênio	45 Rh 102,91 ródio	46 Pd 106,42 paládio	47 Ag 107,87 prata	48 Cd 112,41 cádmio	49 In 114,82 índio	50 Sn 118,71 estanho	51 Sb 121,76 antimônio	52 Te 127,60 telúrio	53 I 126,90 iodo	54 Xe 131,29 xenônio
6	55 Cs 132,91 césio	56 Ba 137,33 bário	57-71 Série dos Lantanídeos	72 Hf 178,49 háfnio	73 Ta 180,95 tântalo	74 W 183,84 tungstênio	75 Re 186,21 rênio	76 Os 190,23 ósmio	77 Ir 192,22 irídio	78 Pt 195,08 platina	79 Au 196,97 ouro	80 Hg 200,59 mercúrio	81 Tℓ 204,38 tálio	82 Pb 207,20 chumbo	83 Bi 208,98 bismuto	84 Po (209) polônio	85 At (210) astato	86 Rn (222) radônio
7	87 Fr (223) frâncio	88 Ra (226) rádio	89-103 Série dos Actinídeos	104 Rf (267) rutherfórdio	105 Db (268) dúbnio	106 Sg (271) seabórgio	107 Bh (270) bóhrio	108 Hs (277) hássio	109 Mt (276) meitnério	110 Ds (281) darmstádio	111 Rg (282) roentgênio	112 Cn (285) copernício	113 Nh (286) nihônio	114 Fℓ (289) fleróvio	115 Mc (288) moscóvio	116 Lv (292) livermório	117 Ts (294) tennessino	118 Og (294) oganessônio

Série dos Lantanídeos

| 57 La 139,91 lantânio | 58 Ce 140,12 cério | 59 Pr 140,91 praseodímio | 60 Nd 144,24 neodímio | 61 Pm (145) promécio | 62 Sm 150,36 samário | 63 Eu 151,96 európio | 64 Gd 157,25 gadolínio | 65 Tb 158,93 térbio | 66 Dy 162,50 disprósio | 67 Ho 164,93 hólmio | 68 Er 167,26 érbio | 69 Tm 168,93 túlio | 70 Yb 173,05 itérbio | 71 Lu 174,97 lutécio |

Série dos Actinídeos

| 89 Ac (227) actínio | 90 Th 232,04 tório | 91 Pa 231,04 protactínio | 92 U 238,03 urânio | 93 Np (237) netúnio | 94 Pu (244) plutônio | 95 Am (243) amerício | 96 Cm (247) cúrio | 97 Bk (247) berquélio | 98 Cf (251) califórnio | 99 Es (252) einstênio | 100 Fm (257) férmio | 101 Md (258) mendelévio | 102 No (259) nobélio | 103 Lr (262) laurêncio |

Legenda:
- número atômico
- Símbolo
- massa atômica referida ao isótopo 12 do carbono
- ( ) valores ainda não padronizados pela IUPAC
- nome do elemento

Fonte: elaborado com base em UNIÃO INTERNACIONAL DE QUÍMICA PURA E APLICADA. Disponível em: <https://iupac.org/what-we-do/periodic-table-of-elements>. Acesso em: 18 mar. 2019.

6.26 Tabela periódica atual. As massas atômicas estão aproximadas e as cores utilizadas são recursos didáticos para facilitar a visualização de alguns grupos de elementos.

UNIDADE 2 • Transformações da matéria e radiações

Agora você vai aprender a ler e a interpretar a tabela. Observe:

- Os elementos químicos estão representados por seus símbolos. Em cada quadrinho, além do símbolo, há o nome, o número atômico e a massa atômica aproximada do elemento. Consulte o quadro no canto inferior esquerdo da tabela para identificar a posição dessas informações.
- Há sete linhas horizontais, chamadas **períodos** ou **séries**. Nessas linhas, os elementos estão arrumados em ordem crescente de número atômico.
- Há 18 linhas verticais ou colunas: são as **famílias** ou **grupos**, em que ficam os elementos com propriedades semelhantes. No entanto, isso não vale para o hidrogênio, que, apesar de estar na coluna 1, não é classificado em nenhuma família. As colunas são geralmente numeradas de 1 a 18.
- No meio da tabela, do grupo 3 ao 12, estão os chamados **elementos de transição** (também conhecidos como **metais de transição**), e nas partes laterais da tabela, nos grupos 1 e 2 e do grupo 13 ao 18, estão os chamados **elementos representativos**.
- Os átomos de um mesmo período apresentam o mesmo número de camadas eletrônicas (K, L, M...) com elétrons. O período em que um elemento está indica, portanto, o número de camadas eletrônicas com elétrons que ele apresenta quando está no estado neutro. Assim, lítio, berílio, boro, carbono, nitrogênio, oxigênio, flúor e neônio, por exemplo, estão no segundo período e têm duas camadas eletrônicas com elétrons: a camada K e a camada L.
- Os elementos da série dos **lantanídeos** (começa com o lantânio) e os da série dos **actinídeos** (começa com o actínio) fazem parte do grupo 3 (ou 3B, na nomenclatura mais antiga), mas são colocados na parte de baixo da tabela, para que ela não fique muito extensa.
- Vários dos elementos do sétimo período foram produzidos artificialmente em laboratório. Posteriormente alguns deles foram encontrados em concentrações mínimas em depósitos minerais naturais. Os átomos dos elementos de número atômico maior do que 92 (o número atômico do urânio) são chamados **elementos transurânicos**, são radioativos e passam por transmutação.
- Na tabela da página 126, os **metais** aparecem em fundo de cor amarela, os **não metais**, em fundo verde e os gases nobres, em fundo violeta.

É bom lembrar que, embora Mendeleyev seja considerado o "pai da tabela periódica", a construção de todo conhecimento é fruto de um trabalho constante e gradual de muitos pesquisadores.

Em 1829, por exemplo, 40 anos antes da tabela de Mendeleyev, o químico alemão Johann Döbereiner (1782-1849) havia agrupado elementos com propriedades semelhantes em tríades (grupos de três), em que a massa atômica de um dos elementos era a média da massa atômica dos outros dois. Veja a figura 6.27.

Outra tentativa de organização dos elementos foi a do químico inglês John Newlands (1838-1898), que propôs, em 1864, grupos de sete elementos, mostrando que as propriedades se repetiam no oitavo elemento.

> A tabela periódica pode ser encontrada nos livros, nos laboratórios e nas provas de Química. Você não precisa decorá-la, mas deve saber consultá-la.

Mundo virtual

Supermicroscópio virtual
http://www.labvirtq.fe.usp.br/simulacoes/quimica/sim_qui_supermicroscopio.htm
Objeto educacional digital que trata da estrutura e da organização atômica em diferentes materiais gasosos e líquidos.
Acesso em: 22 abr. 2019.

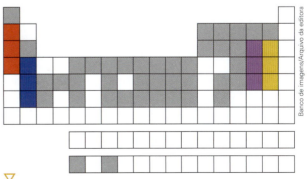
6.27 Döbereiner encontrou tríades (cores em destaque) de elementos químicos com propriedades em comum. Em cinza, os demais elementos conhecidos na época (identificados até 1829).

Conexões: Ciência e História

Como Becquerel não descobriu a radioatividade

Quase todos já ouviram falar sobre a descoberta da radioatividade. A radioatividade é um fenômeno pelo qual os núcleos atômicos sofrem transformações e emitem radiações, podendo, nesse processo, formar novos elementos químicos. Costuma-se dizer que Henri Becquerel foi quem descobriu, em 1896, o fenômeno da radioatividade; e que essa descoberta foi acidental – produzida por ter guardado, em uma gaveta, um composto de urânio juntamente com uma chapa fotográfica, havendo depois revelado a chapa e notado nela os sinais da radiação.

A história não é bem assim. Dificilmente se poderia afirmar que Becquerel descobriu a radioatividade; e aquilo que ele de fato descobriu não foi fruto do acaso.

[...] Depois de ter observado que todos os compostos de urânio (luminescentes ou não) emitiam essas mesmas radiações invisíveis, Becquerel resolve testar o urânio metálico [...] e verifica que ele também emite a radiação. Ora, isso poderia ter mostrado que não se tratava de um fenômeno de fosforescência e sim algo de outra natureza. Mas Becquerel conclui que esse é o primeiro caso de um metal que apresenta uma fosforescência invisível [...].

6.28 Henri Becquerel em seu laboratório.

No início de 1898, dois pesquisadores, independentemente, tiveram a ideia de tentar localizar outros materiais, diferentes do urânio, que emitissem radiações do mesmo tipo. A busca foi feita, na Alemanha, por G. C. Schmidt [1865-1949] e, na França, por Marie Sklodowska Curie [1867-1934]. Em abril de 1898, ambos publicaram a descoberta de que o tório emitia radiações, como o urânio. [...]

A radiação emitida pelo tório era observada em todos os seus compostos examinados, como ocorria com o urânio. Ela produzia efeitos fotográficos e era um pouco mais penetrante do que a do urânio. [...]

A descoberta do tório deu um novo impulso à pesquisa [...]. Agora, percebia-se que esse não era um fenômeno isolado, que ocorria só no urânio. Marie Curie é quem dá a esse fenômeno o nome "radioatividade". [...] Vê-se que Marie Curie estava consciente de que se tratava de um fenômeno muito mais geral. [...]

Na última reunião de 1898 da Academia de Ciências, os Curie e Bémont apresentavam um novo trabalho [...]. Nele, apresentam evidências de um novo elemento radioativo, quimicamente semelhante ao bário [...]. Também nesse caso, não foi possível separar o novo elemento do metal conhecido; mas foi possível obter um material 900 vezes mais ativo do que o urânio. [...] Os autores do artigo dão a esse novo elemento o nome de "rádio", por parecer mais radioativo do que qualquer outro elemento. [...]

MARTINS, R. A. Como Becquerel não descobriu a radioatividade. *Caderno Catarinense de Ensino de Física*. Florianópolis, 7 (Número Especial), p. 27-45, 1990. Disponível em: <https://periodicos.ufsc.br/index.php/fisica/article/viewFile/10061/14903>. Acesso em: 18 mar. 2019.

Os metais

Com exceção do mercúrio (veja figura 6.29), os metais são sólidos à temperatura ambiente e têm um ponto de fusão alto. Eles não quebram com facilidade e, em geral, podem ser dobrados, isto é, são maleáveis – principalmente quando aquecidos. Os metais podem ser transformados em fios finos, ou seja, são dúcteis.

Por possuírem essas propriedades, os metais costumam ser usados para moldar chapas e fabricar objetos como utensílios domésticos. Outra propriedade dos metais é conduzir bem a eletricidade, ao contrário da maioria dos não metais. Por essa razão, os metais são muito usados na produção de fios elétricos. Os metais também conduzem bem o calor e, em geral, possuem um brilho característico, o brilho metálico.

Os metais do grupo 1 (exceto o hidrogênio, que é classificado separadamente dos outros elementos) são chamados **metais alcalinos**. Veja a figura 6.30.

> Costuma-se considerar 25 °C a temperatura ambiente, para fins laboratoriais.

6.29 O único metal líquido em temperatura ambiente é o mercúrio.

lítio — sódio — potássio

▷ 6.30 Alguns metais alcalinos. (Os elementos representados nas fotografias não estão na mesma proporção.)

Veja como os metais desse grupo têm algumas propriedades físicas em comum: são macios (podem ser cortados com uma faca), têm densidade e ponto de fusão baixos em relação a outros metais e reagem energeticamente com a água, produzindo gás hidrogênio e compostos chamados de bases, que estudaremos no capítulo 8.

Os metais do grupo 2 são chamados de **metais alcalinoterrosos** (veja a figura 6.31) e formam bases. Eles são mais duros que os do grupo 1 e reagem de forma mais branda com a água.

berílio

magnésio

bário

cálcio — estrôncio

▷ 6.31 Alguns metais alcalinoterrosos. (Os elementos representados nas fotografias não estão na mesma proporção.)

Átomos e elementos químicos · **CAPÍTULO 6** 129

Conexões: Ciência no dia a dia

Fogos de artifício

Alguns metais, ou compostos contendo metais, emitem luz com cores características quando são aquecidos a determinadas temperaturas. Essa emissão de luz ocorre porque, quando aquecidos, os elétrons da última camada eletrônica dos átomos de metais recebem energia e, por isso, passam para camadas mais externas e, ao retornar à sua camada inicial, liberam energia em forma de luz.

Essa propriedade pode ser usada para identificar um metal em um teste chamado teste da chama, assim como para identificar metais presentes nas estrelas (pela análise da luz que elas emitem).

As luzes coloridas dos fogos de artifício também são resultado dessa propriedade dos metais. Os fogos de artifício contêm pólvora e compostos chamados sais, os quais possuem átomos de metais. A queima da pólvora fornece energia para que os elétrons dos átomos de metais passem para uma camada mais externa e, ao retornar à sua camada inicial, liberem energia em forma de luz. É essa luz que vemos quando assistimos a uma queima de fogos de artifício. Veja a figura 6.32.

6.32 Queima de fogos de artifício na comemoração de *réveillon* na praia de Santos (SP), 2018.

❗ Atenção

Não solte fogos de artifício: eles são perigosos e podem provocar acidentes graves. Além disso, o barulho provocado pelos fogos é muito prejudicial aos animais, que podem se assustar com o ruído e até morrer por parada cardíaca.

Os não metais

No lado direito da tabela periódica ficam os **não metais**. Em temperatura ambiente, cerca da metade se encontra no estado gasoso (oxigênio, nitrogênio, cloro e flúor) e a outra metade se encontra no estado sólido (carbono, iodo, fósforo, enxofre, selênio e astato). A única exceção é o bromo, que em temperatura de 25 °C é um líquido volátil que forma vapores avermelhados. Veja a figura 6.33.

Entre os não metais está o grupo 17 da tabela periódica, conhecido como grupo dos **halogênios**: flúor, cloro, bromo, iodo e astato. Reveja a tabela periódica da figura 6.26.

Os halogênios reagem com metais e formam os chamados compostos iônicos, que estudaremos no próximo capítulo. O cloreto de sódio (sal de cozinha), por exemplo, é formado pela combinação de átomos de cloro (halogênio) e sódio (metal).

Outro grupo de não metais é o grupo 16 da tabela periódica, conhecido como grupo dos **calcogênios**: oxigênio, enxofre, selênio e telúrio.

6.33 Bromo em frasco de vidro fechado. Por ser volátil, em temperatura ambiente ele pode ser encontrado tanto na fase líquida como na fase gasosa. Esse composto é corrosivo e tóxico.

De modo simplificado, pode-se dizer que os não metais têm propriedades opostas às dos metais: não conduzem tão bem a eletricidade ou o calor, os não metais sólidos geralmente quebram se tentarmos dobrá-los, isto é, não são maleáveis, e têm ponto de fusão inferior ao dos metais (com exceção do carbono na forma de grafite ou diamante).

Os elementos do grupo 18, chamados de **gases nobres** ou **raros**, têm 8 elétrons na última camada (com exceção do hélio, que tem 2). Como esse número de elétrons confere estabilidade aos átomos, esses gases dificilmente se combinam com átomos de outros elementos químicos nas condições ambientes.

Esses gases podem ser encontrados, por exemplo, nos letreiros luminosos, como é o caso do neônio (reveja a figura 6.1); o hélio, por ser menos denso que o ar, é usado em balões de gás.

Minha biblioteca

Química em casa, de Breno P. Espósito, Editora Atual, 2016.
Nesse livro o autor apresenta diversas situações cotidianas em que é possível observar a presença da Química. São abordados aspectos de higiene, beleza, alimentação, saúde, etc.
O mágico dos quarks: a Física de partículas ao alcance de todos, de Robert Gilmore, Editora Zahar, 2002.
Nesse livro, os átomos, as partículas subatômicas e as forças básicas que atuam sobre elas são apresentados por meio dos personagens do Mágico de Oz.

Saiba mais

Os elementos químicos mais comuns

O oxigênio é o elemento mais comum na crosta da Terra, seguido do silício. Veja a figura 6.34.

Já o astato é um elemento bastante raro. Os cientistas calculam que em toda a crosta do planeta haja apenas cerca de 0,16 g desse elemento.

Nos seres vivos, os elementos mais comuns são: oxigênio (65%); carbono (18%); hidrogênio (10%); nitrogênio (3%); cálcio (1,5%); fósforo (1%); potássio (0,35%); enxofre (0,25%); sódio (0,15%); magnésio (0,05%); e outros em menor quantidade.

Você vai ver no próximo capítulo que os átomos desses elementos se encontram geralmente combinados entre si, ou com átomos de outros elementos, formando substâncias químicas.

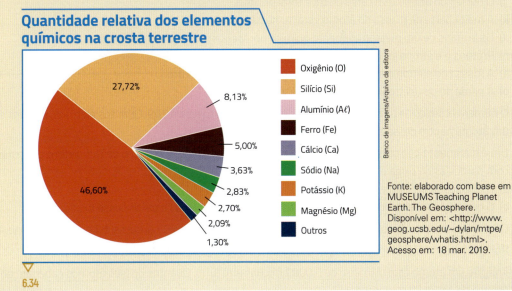

6.34

Fonte: elaborado com base em MUSEUMS Teaching Planet Earth. The Geosphere. Disponível em: <http://www.geog.ucsb.edu/~dylan/mtpe/geosphere/whatis.html>. Acesso em: 18 mar. 2019.

Átomos e elementos químicos • **CAPÍTULO 6** **131**

ATIVIDADES

Aplique seus conhecimentos

1 ▸ Ao longo do tempo, diversos modelos de átomos foram propostos. Alguns deles aparecem na figura abaixo.

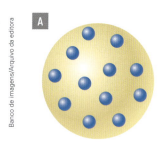

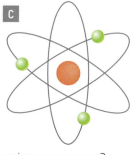

▷ **6.35** Elementos representados em tamanhos não proporcionais entre si. Cores fantasia.

    a) Qual é a sequência histórica em que os três modelos da figura acima apareceram?
    b) Que cientistas contribuíram para elaborar cada modelo?

2 ▸ Sobre o modelo atômico de Dalton, responda:
    a) Em linhas gerais, como era esse modelo?
    b) Que mudanças ocorreram no modelo atômico de Dalton depois de novas descobertas?

3 ▸ Devido a suas características, os diferentes modelos atômicos são comumente comparados a estruturas ou objetos.
    a) Identifique o modelo que pode ser comparado a um pudim de passas, ou a um panetone. Justifique.
    b) Identifique o modelo que pode ser comparado ao Sistema Solar. Justifique.

4 ▸ Indique as afirmativas verdadeiras sobre a estrutura do átomo.
    a) No átomo há duas regiões: o núcleo e a eletrosfera.
    b) Para Dalton, o átomo era uma partícula indivisível.
    c) Os modelos de átomo de Rutherford e Bohr possuem espaços vazios em seu interior.
    d) O átomo é a menor parte da matéria.
    e) Os prótons, nêutrons e elétrons localizam-se no núcleo do átomo.
    f) A massa do próton é igual à do elétron.
    g) O próton tem carga elétrica positiva, enquanto o elétron tem carga elétrica negativa.
    h) O número de prótons de um átomo corresponde ao seu número atômico.
    i) A soma do número de prótons e do número de elétrons é o número de massa do átomo.
    j) O núcleo do átomo tem carga elétrica total positiva.
    k) A maior parte da massa do átomo está no núcleo.
    l) Os átomos de um mesmo elemento químico apresentam o mesmo número de prótons.
    m) Prótons e elétrons estão localizados na eletrosfera.
    n) A massa do elétron é aproximadamente igual à massa do nêutron.
    o) A perda de um elétron altera muito a massa do átomo.

5 ▸ O número atômico de um elemento é 83 e seu número de massa é 209. Quantos elétrons, prótons e nêutrons possui um átomo neutro desse elemento?

6 ▸ Um experimento que colaborou para o desenvolvimento do modelo atômico de Rutherford consistia em bombardear com partículas de carga elétrica positiva uma finíssima camada de ouro.
    a) O que acontecia com essas partículas?
    b) O que foi possível concluir sobre as cargas positivas dos átomos a partir desse experimento?

7 ▸ Qual é o número atômico e o número de massa de um átomo com 53 prótons, 53 elétrons e 74 nêutrons?

8 ▸ Por que o termo "átomo" não está de acordo com o que hoje se sabe dessa partícula?

9 ▸ Imagine um átomo com diâmetro de 0,0002 micrometro (μm). Quantos desses átomos caberiam enfileirados em um espaço de 1 mm de comprimento?

10 Qual é a carga elétrica de um íon com 13 prótons, 10 elétrons e 15 nêutrons?

11 Sabendo que o número atômico do cloro é 17, qual é o número de nêutrons dos isótopos de números de massa 35 e 37?

12 Você já sabe que um átomo neutro pode ficar eletricamente carregado. Então, indique as afirmativas verdadeiras sobre esse processo.
   a) Um átomo pode se tornar eletricamente negativo quando ganha elétrons.
   b) Um cátion é um átomo que ganhou prótons e ficou com carga elétrica positiva.
   c) Um ânion é um íon com carga elétrica negativa.
   d) Quando um átomo se transforma em um íon, seu núcleo não se altera.
   e) Quando um átomo perde um elétron, ele adquire carga elétrica negativa.
   f) Um átomo continua eletricamente neutro depois que perde elétrons.

13 Usando o modelo de Bohr, distribua em camadas os elétrons dos átomos com os seguintes números atômicos: 18, 32, 37.

14 Observe o quadro abaixo e depois responda às questões.

Átomos	Número de prótons	Número de nêutrons	Número de elétrons
I	33	42	32
II	34	44	34
III	34	45	34
IV	35	44	35

6.36

   a) Quais átomos são isótopos?
   b) Quais são os átomos com propriedades químicas semelhantes?
   c) Identifique o íon. É um íon positivo ou negativo? Por quê?

15 Com seus conhecimentos sobre elementos químicos e com o que você aprendeu em Ciências ao longo de seu estudo, identifique o nome dos elementos que correspondem às características abaixo. (Você pode consultar a tabela periódica da página 126.)
   a) Os dois metais mais preciosos utilizados em joias.
   b) O metal líquido à temperatura ambiente.
   c) O não metal que forma o carvão e o diamante.
   d) O não metal presente em maior quantidade no gás atmosférico.
   e) O não metal que forma o gás necessário para nossa respiração.
   f) O metal que conduz bem a eletricidade e é usado em fios de instalações elétricas.
   g) O metal leve e maleável usado em panelas.
   h) O metal presente nos ossos e nos dentes.

16 Localize na tabela periódica da página 126, compare e coloque em ordem crescente de massa atômica os seguintes pares de elementos químicos:
   - argônio (Ar) e potássio (K);
   - cobalto (Co) e níquel (Ni);
   - telúrio (Te) e iodo (I).

O que aconteceria com a ordem de cada par de elementos citado se o critério de organização fosse a ordem crescente da massa atômica, em vez do número atômico?

17 A explosão de uma bomba nuclear libera um isótopo radioativo do estrôncio de número de massa 90, que pode ser incorporado aos ossos e causar doenças no ser humano. Essa incorporação ocorre porque o estrôncio-90 tem propriedades químicas semelhantes às de outro elemento presente naturalmente nos ossos. Qual é esse elemento? Justifique sua resposta.

18▸ Descubra, na tabela periódica da página 126, o elemento cujo nome é uma homenagem ao principal criador dessa tabela.

19▸ Indique apenas as afirmativas corretas. (Você pode consultar a tabela periódica da página 126.)
   a) O ar é uma mistura de gases, entre os quais está o nitrogênio, um gás nobre ou raro.
   b) Metais geralmente são maleáveis e não conduzem corrente elétrica.
   c) A maioria dos elementos químicos é constituída por não metais.
   d) Os elementos do mesmo período possuem o mesmo número de camadas eletrônicas.
   e) Os metais geralmente são sólidos nas condições usuais de temperatura e pressão.
   f) As linhas horizontais da tabela periódica são chamadas de períodos ou séries.
   g) Os elementos estão organizados na tabela periódica em ordem crescente de número de massa.
   h) As colunas da tabela periódica são chamadas de famílias ou grupos.
   i) Os elementos do mesmo período têm propriedades químicas semelhantes.
   j) O hidrogênio pertence ao grupo dos metais alcalinos e tem propriedades químicas semelhantes às dos outros elementos desse grupo.
   k) Os metais situam-se no lado direito da tabela periódica.
   l) Em geral, os não metais conduzem melhor o calor que os metais.
   m) Nas linhas horizontais, os elementos estão arrumados em ordem crescente de número atômico.
   n) A organização da tabela periódica baseia-se no agrupamento dos elementos em famílias, de acordo com as semelhanças em suas propriedades.
   o) Todos os metais são sólidos nas condições usuais de temperatura e pressão.

20▸ Um estudante afirmou que o corpo humano é formado principalmente por CHONPS. Você é capaz de descobrir o que ele quis dizer com isso? (Você pode consultar a tabela periódica da página 126.)

21▸ Consultando a tabela periódica da página 126, identifique os números dos grupos que correspondem a cada item (um grupo pode corresponder a mais de um item, e um item pode servir a mais de um grupo).
   a) Os metais alcalinoterrosos.
   b) Os gases nobres.
   c) Os halogênios.
   d) Os calcogênios.
   e) Os metais alcalinos.
   f) Os elementos de transição.

De olho no texto

O texto a seguir é sobre uma importante cientista que trabalhou com modelos atômicos. Leia-o com atenção e faça o que se pede.

Numa época em que a ciência era dominada pelos homens, Marie Curie fez uma verdadeira revolução no meio científico e na própria história ao ser a primeira mulher do mundo a ganhar um Prêmio Nobel. Sua maior contribuição para a ciência foi a descoberta da radioatividade e de novos elementos químicos.
[...]
Encorajada pelo pai a se interessar pela ciência, Marie terminou os estudos aos 15 anos e passou a trabalhar como professora, antes de se mudar para Paris, onde continuou seus estudos. Em 1883, Marie graduou-se bacharel em Física e Matemática pela Universidade de Sourbonne, tornando-se, mais tarde, a primeira mulher a lecionar nessa importante instituição de ensino europeia.
[...]
Em 1894, Marie conheceu o professor de Física Pierre Curie, com quem casou-se. [...]
As pesquisas realizadas por Marie resultaram na descoberta de dois novos elementos químicos: o polônio, que ganhou este nome em homenagem ao país natal dela, e o rádio. A pesquisa do casal Curie abriu um novo caminho a ser explorado na pesquisa científica e médica, levando muitos cientistas da época a estudar o assunto.
[...]

Essa cientista polonesa foi a fundadora do Instituto do Rádio, em Paris, onde se formaram cientistas de importância reconhecida. Em 1922, Marie Curie tornou-se membro associado da Academia de Medicina. Faleceu em julho de 1934, devido a uma leucemia causada pela longa exposição aos elementos radioativos com os quais trabalhou em suas pesquisas.

[...]

MARIE Curie: vida, obra e descobertas. *Canal ciência.* Disponível em: <http://www.canalciencia.ibict.br/personalidades_ciencia/Marie_Curie.html>. Acesso em: 18 mar. 2019.

a) Consulte em dicionários o significado das palavras que você não conhece e redija uma definição para essas palavras.
b) De acordo com o texto, quais foram as contribuições de Marie Curie para a ciência?
c) Como o estudo da radioatividade contribuiu para a construção de um modelo atômico mais completo?
d) Em sua opinião, por que é importante que tanto mulheres como homens sejam incentivados a estudar temas de diferentes áreas, como Ciência e Matemática?

6.37 Marie Curie, física polonesa que desenvolveu pesquisas na área da Física e da Química. A pesquisadora ganhou o prêmio Nobel duas vezes.

Aprendendo com a prática

Em grupo, providenciem o seguinte material:

Material
- Três objetos do cotidiano (por exemplo, lápis, caneta, bola de pingue-pongue, borracha, tesoura com pontas arredondadas, colher, tampa de garrafa, etc.)
- Uma caixa de papelão (ou de madeira) com tampa

Procedimento
1. Sem que os outros grupos vejam, coloquem os objetos dentro da caixa e fechem-na bem (se for necessário, colem a tampa com fita adesiva).
2. O professor deve orientar os grupos para que sejam formadas caixas com diferentes combinações de objetos.
3. Os vários grupos da classe devem trocar as caixas entre si e cada componente do grupo deverá tentar descobrir – sem abrir, apenas sacudindo a caixa recebida – quais são os objetos que estão dentro dela.
4. Depois que todos tiverem feito uma tentativa de descobrir os objetos, abram as caixas e confiram se acertaram.

Resultados e discussão
Quando todos os grupos tiverem terminado, discutam as seguintes questões:
a) Qual é a semelhança entre a atividade que vocês realizaram e o modo como o cientista trabalha?
b) Em que sentido a pesquisa sobre a estrutura do átomo é semelhante a esta atividade?

Autoavaliação

1. Você compreende a importância de conhecermos os modelos atômicos?
2. Quais foram as maiores dificuldades que você enfrentou durante o estudo dos conceitos deste capítulo?
3. Você considera importante estudar a evolução histórica dos modelos científicos?

CAPÍTULO 7
Ligações químicas e mudanças de estado

7.1 Cosméticos artesanais e alguns ingredientes usados em sua produção.

Você já deve ter visto cosméticos, como os mostrados na figura 7.1, ou alimentos sendo anunciados como produtos "sem química". Você acha que é possível existir um produto sem química?

As substâncias químicas estão por toda parte, não apenas em certos produtos. Todos os materiais com os quais temos contato, como a água, os metais, os alimentos e nosso próprio corpo, são formados por substâncias ou compostos químicos.

Apesar de serem conhecidos 118 elementos químicos – contando os naturais e os artificiais –, há milhares de substâncias químicas diferentes. E a cada ano mais substâncias são produzidas em laboratórios.

Neste capítulo, veremos como os átomos podem se unir e originar essa quantidade de substâncias químicas diferentes. Veremos, ainda, como a mudança de temperatura afeta a organização de átomos e moléculas das substâncias.

▶ Para começar

1. Como os átomos podem se combinar?
2. Como é a organização dos átomos que compõem o sal de cozinha?
3. Quais são as diferenças entre substâncias simples e substâncias compostas?
4. Quais são as diferenças na organização das moléculas ou dos átomos nos estados sólido, líquido e gasoso?
5. O que acontece com essa organização durante as mudanças de temperatura?

1 A estabilidade dos gases nobres

No capítulo 6, vimos que os gases nobres são encontrados livres, ou seja, eles não se combinam naturalmente com outros átomos. Veja a figura 7.2. Dizemos, então, que os gases nobres são constituídos de átomos estáveis. Mas por que isso acontece?

O fato de os gases nobres não estabelecerem ligações químicas naturalmente chamou a atenção dos cientistas. Quando esses átomos foram estudados, percebeu-se que eles apresentam uma semelhança: todos os gases nobres possuem um número máximo de elétrons na última camada eletrônica.

No capítulo anterior vimos que as camadas eletrônicas são identificadas pelas letras K, L, M, N, O, P, Q. A primeira camada, a camada K, é a mais próxima do núcleo do átomo; a camada Q é a mais distante. No caso do hélio, a última camada é a K, cujo número máximo de elétrons é 2; nos demais gases nobres, o número máximo de elétrons na última camada é 8. Veja o modelo na figura 7.3.

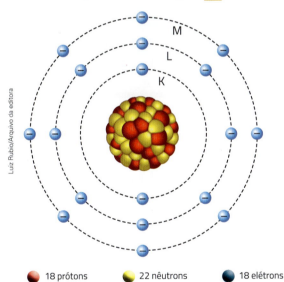

7.2 O gás hélio contido em cada balão é um gás nobre formado por um imenso número de átomos de hélio livres, quer dizer, esses átomos não estão ligados a nenhum outro átomo. (Elementos e distâncias representados em tamanhos não proporcionais entre si. Cores fantasia.)

● 18 prótons   ● 22 nêutrons   ● 18 elétrons

7.3 Representação esquemática da distribuição eletrônica dos elétrons no átomo de argônio, um gás nobre. Note que há 8 elétrons na última camada (M). (Elementos e distâncias representados em tamanhos não proporcionais entre si. Cores fantasia.)

Os átomos dos elementos que não são classificados como gases nobres não têm a última camada preenchida com o número máximo de elétrons e raramente são encontrados livres na natureza. Essa observação levou os cientistas a concluírem que os átomos que não são gases nobres se combinam com outros átomos, adquirindo estabilidade.

Assim, para adquirir estabilidade, um átomo deverá ganhar ou perder elétrons para ficar com 8 ou 2 elétrons na última camada, dependendo do seu número atômico. Isso geralmente acontece quando um átomo se liga a outro.

Nesse capítulo serão apresentados três tipos de ligações que os átomos podem formar, obtendo estabilidade: a iônica, a covalente e a metálica.

> **! Atenção**
> Ao longo deste capítulo, os átomos serão muitas vezes representados simplificadamente como esferas coloridas.

Ligações químicas e mudanças de estado • **CAPÍTULO 7** 137

Conexões: Ciência e História

A descoberta dos gases nobres

Em 1894, o cientista escocês William Ramsay (1852--1916; veja a figura 7.4) descobriu um novo elemento encontrado no ar e constituído por átomos isolados. Por apresentar baixa reatividade, o elemento foi chamado de argônio (do grego *árgon*, inerte). Nos anos seguintes, os outros gases monoatômicos foram descobertos.

A descoberta dos gases nobres teve duas principais consequências. Uma delas, de caráter teórico, foi o melhor entendimento da estrutura atômica. Em 1916, para explicar por que os gases nobres não costumam se combinar com outros elementos, os cientistas estadunidenses Gilbert Lewis (1875-1946) e Irving Langmuir (1881--1957), com o alemão Walther Kossel (1888-1956), formularam a teoria do octeto. Antes deles, o físico Niels Bohr já havia proposto que os átomos possuem diversas camadas eletrônicas nas quais os elétrons circundam o núcleo, e que os gases nobres, com exceção do hélio, possuem oito elétrons na última camada. Partindo dessa proposição, os autores da teoria do octeto propuseram que os átomos com oito elétrons na última camada costumam ser estáveis. Eles afirmaram também que os demais átomos tendem a se combinar com outros, perdendo ou ganhando elétrons em sua camada externa. Essa regra pode ser usada em alguns casos para encontrar a fórmula de certos compostos, mas não se aplica a todos os elementos da tabela periódica.

7.4 William Ramsay, cientista que descobriu o argônio, em seu laboratório.

Outra consequência da descoberta dos gases nobres, de caráter prático, diz respeito ao seu uso comercial. No final do século XIX, o argônio passou a preencher o interior das primeiras lâmpadas elétricas, a fim de impedir que seu filamento reagisse com o oxigênio e entrasse em combustão. Um uso mais recente do argônio é na extinção de incêndios em ambientes com materiais delicados, como eletrônicos e acervos de museus, por não reagir com eles. Outro exemplo são os balões dirigíveis, como o da figura 7.5, que antecederam o avião. Inicialmente, eles continham em seu interior o gás hidrogênio, que é altamente inflamável. Após 1937, quando um incêndio num dirigível alemão causou a morte de todos os seus ocupantes, eles passaram a conter gás hélio, que não é inflamável.

7.5 Os balões dirigíveis atuais contêm gás hélio em seu interior.

2 Ligações químicas

As características das substâncias dependem da forma como os átomos que as compõem estão combinados, ou seja, como estabelecem ligações químicas. Por exemplo, o sódio metálico é branco-prateado e, em contato com a água, produz uma reação rápida e violenta, liberando hidrogênio (veja a figura 7.6). O gás cloro é verde e, em determinada concentração, é venenoso.

Entretanto, o cloreto de sódio (principal componente do sal de cozinha), que é formado pela ligação entre átomos de sódio e átomos de cloro, não reage violentamente com a água, como o sódio metálico, e não é venenoso, como o gás cloro.

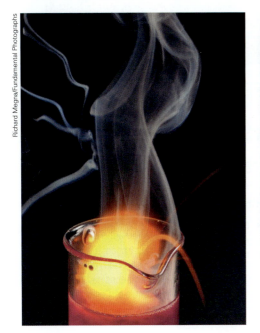

> **Atenção**
> Esse experimento deve ser realizado apenas por profissionais.

▷ 7.6 Momentos da reação do sódio metálico com a água, em presença de um indicador chamado fenolftaleína, que assume a coloração rosa. Essa reação é extremamente violenta, liberando energia térmica e luminosa.

A ligação iônica

O átomo de sódio tem 1 elétron na última camada e o átomo de cloro possui 7 elétrons na última camada. Considerando esse fato, se em uma situação hipotética esses dois átomos entrassem em contato, 1 elétron do átomo de sódio passaria para o átomo de cloro. Veja na figura 7.7 um esquema que representa esse processo.

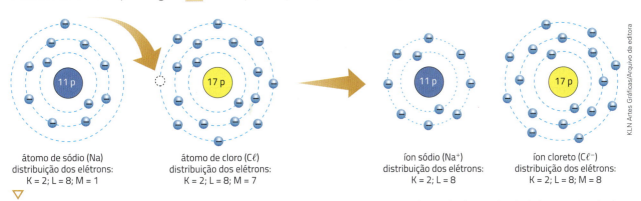

átomo de sódio (Na)
distribuição dos elétrons:
K = 2; L = 8; M = 1

átomo de cloro (Cℓ)
distribuição dos elétrons:
K = 2; L = 8; M = 7

íon sódio (Na⁺)
distribuição dos elétrons:
K = 2; L = 8

íon cloreto (Cℓ⁻)
distribuição dos elétrons:
K = 2; L = 8; M = 8

▽ 7.7 Representação esquemática da transferência de elétrons entre um átomo de sódio e um átomo de cloro, ambos isolados e no estado gasoso. (Elementos e distâncias representados em tamanhos não proporcionais entre si. Cores fantasia.)

Ligações químicas e mudanças de estado • **CAPÍTULO 7** ⟨ **139**

Assim, ambos ficariam com 8 elétrons na última camada:

- O átomo de sódio ficou com 8 elétrons na última camada e com carga elétrica positiva, já que perdeu 1 elétron. Transformou-se assim em um íon positivo, ou cátion: Na⁺.

- O átomo de sódio ficou com 8 elétrons na última camada e com carga elétrica negativa, já que ganhou 1 elétron. Transformou-se assim em um íon negativo, ou ânion, chamado íon cloreto (ou ânion cloreto): $C\ell^-$.

Tanto o átomo de cloro como o átomo de sódio, agora íons, passam a ter uma configuração eletrônica semelhante à dos gases nobres: com 8 elétrons na última camada.

Por terem cargas de mesmo valor, mas de sinais opostos, os dois íons se atraem e formam uma ligação química chamada **ligação iônica**. Essa atração entre os íons de sódio e os íons de cloro forma o cloreto de sódio, uma **substância iônica** também chamada **composto iônico**.

A organização dos íons cloreto e dos íons de sódio forma um aglomerado, ou **agregado iônico**. Veja a figura 7.8.

7.8 Representação do agregado iônico do cloreto de sódio. Os íons que compõem o cloreto de sódio não são esferas nem têm o tamanho e as cores da ilustração. (Elementos e distâncias representados em tamanhos não proporcionais entre si. Cores fantasia.)

Com o exemplo do cloreto de sódio, vimos que é preciso que dois átomos formem íons de cargas opostas para que a ligação iônica ocorra e, então, eles alcancem uma configuração estável. Ou seja, é preciso que um dos átomos tenha a tendência de perder elétrons e o outro a de ganhar elétrons.

Como os metais têm, em geral, 1, 2 ou 3 elétrons na última camada, e os não metais têm 5, 6 ou 7, a ligação iônica geralmente acontece entre um metal (que tende a perder elétrons) e um não metal (que tende a ganhar elétrons). Ela também pode ocorrer entre um metal e o hidrogênio.

A ligação iônica pode ser representada pela carga elétrica do íon e pelos elétrons da sua última camada, que são indicados por bolinhas, asteriscos, cruzes ou outros símbolos.

Veja como ficam essas representações para o cloreto de sódio (na última delas, apenas os elétrons da última camada do cloro estão indicadas):

$$[Na^+] [C\ell^-] \text{ ou } Na^+C\ell^- \text{ ou } [Na]^+ \left[:\!\overset{..}{\underset{..}{C\ell}}\!: \right]^-$$

Esse tipo de representação dos compostos químicos é chamado **fórmula química**. A fórmula química indica a quantidade e o tipo de átomo que forma o composto.

A determinação da fórmula química de um composto iônico é feita da seguinte maneira: o número da carga do cátion fica sendo o índice do ânion e vice-versa. Veja:

$$[Na]^{1+} \quad [C\ell]^{1-} \longrightarrow Na_1C\ell_1$$

Quando o número for 1, ele não precisa ser indicado. Assim, o cloreto de sódio é representado pela fórmula $NaC\ell$. Essa fórmula, chamada **fórmula unitária**, indica que, em qualquer amostra do sal, para cada íon de sódio há um íon de cloro.

Por convenção, o símbolo do cátion é escrito antes do símbolo do ânion.

Agora vamos imaginar outra situação: o cálcio tem 2 elétrons em sua última camada, enquanto o oxigênio tem 6. Você consegue imaginar o que pode acontecer na combinação entre esses dois átomos?

O cálcio tende a perder 2 elétrons e o oxigênio tende a receber 2 elétrons, assim ambos ficam com 8 elétrons na última camada. Como são formados dois íons com cargas de mesmo valor, mas de sinais opostos, por atração elétrica, estabelece-se uma ligação iônica. Veja a figura 7.9.

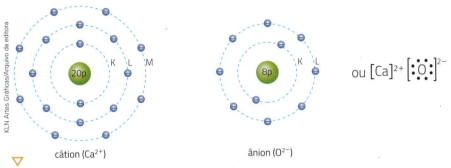

▽ 7.9 Representação dos íons de cálcio e de oxigênio. (Elementos representados em tamanhos não proporcionais entre si. Cores fantasia.)

A fórmula unitária desse composto pode ser então determinada:

$$[Ca]^{2+} \quad [O]^{2-} \longrightarrow Ca_2O_2$$

Como os dois números são iguais, eles não precisam ser indicados na fórmula. Dessa maneira, o composto formado é representado pela fórmula unitária **CaO** e é chamado de óxido de cálcio.

Vamos analisar esta terceira situação: o cálcio tem 2 elétrons na última camada e o flúor tem 7. Como seria a ligação química entre esses elementos?

Nesse caso o cálcio forma um íon com carga +2 e o flúor, um íon com carga −1. Como são formados íons com cargas opostas e valores diferentes, cada átomo de cálcio irá atrair e estabelecer ligação iônica com dois átomos de flúor.

$$[Ca]^{2+} \quad [F]^{1-} \longrightarrow Ca_1F_2$$

A fórmula do composto iônico formado é **CaF₂** (fluoreto de cálcio; veja a figura 7.10).

O número 2, colocado na parte inferior, indica que para cada íon de cálcio há 2 íons de flúor.

Note também que a soma das cargas elétricas nas fórmulas é nula, isto é, a soma total de cargas positivas é igual à soma de cargas negativas.

O número de elétrons que um átomo pode ganhar ou perder (ou então compartilhar, como você vai ver adiante) é chamado **valência do átomo**.

Por isso, as ligações iônicas são chamadas também de **ligações eletrovalentes**.

Considerando os exemplos anteriores, podemos dizer que o sódio tem valência +1 e o cloro, −1. Já o cálcio e o oxigênio têm valência +2 e −2, respectivamente.

Na tela

Tudo se Transforma, Ligações Químicas – CCEAD Puc Rio
https://www.youtube.com/watch?v=0DkyFwgs95M
Vídeo sobre as ligações químicas.
Acesso em: 20 mar. 2019

▽ 7.10 Fluorita, minério composto principalmente de fluoreto de cálcio.

A ligação covalente

Já vimos que, na natureza, um gás nobre como o gás hélio é formado por átomos isolados de hélio. O mesmo não acontece, por exemplo, com o gás hidrogênio, cujos átomos estão ligados dois a dois, formando o que conhecemos como **moléculas**.

As moléculas podem ser compostas de dois ou mais átomos, que podem ser iguais ou diferentes entre si.

As moléculas podem ser representadas por uma **fórmula molecular**. Por exemplo, a fórmula do gás hidrogênio é **H$_2$** e a do gás oxigênio é **O$_2$**. O número 2 que acompanha a fórmula é chamado índice, e indica a quantidade de átomos que forma a molécula.

> A fórmula molecular indica os átomos que formam a molécula. Os índices das fórmulas mostram a quantidade de cada átomo.

Como o átomo de hidrogênio tem tendência a ganhar elétrons, quando átomos de hidrogênio se combinam, eles compartilham elétrons. Assim, cada átomo passa a ter dois elétrons em vez de um, adquirindo a estabilidade como um átomo do gás hélio, um gás nobre, com 2 elétrons na última camada. Veja na figura 7.11 um esquema do que acontece na combinação de dois átomos de hidrogênio.

Cada par de elétrons compartilhado é formado por um elétron de cada átomo. Com o compartilhamento, cada par pertence simultaneamente aos dois átomos.

Os elétrons que formam o par são atraídos pelos núcleos de ambos os átomos, uma vez que cargas elétricas de sinais opostos se atraem. Essa atração mantém os átomos unidos – é a chamada **ligação covalente**. Esse tipo de ligação é responsável pela formação das moléculas, como a do gás hidrogênio, do gás oxigênio e da água. Por isso é chamada também de **ligação molecular**. As substâncias formadas por moléculas são chamadas **substâncias moleculares**.

Para representar uma molécula, podemos usar a fórmula molecular, a **fórmula eletrônica**, que indica os pares de elétrons da última camada, ou a **fórmula estrutural**, que representa com um traço o par de elétrons compartilhado pelos átomos.

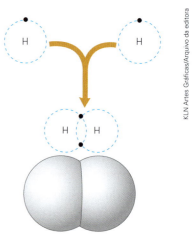

▽
7.11 Representação da molécula de hidrogênio. (Elementos representados em tamanhos não proporcionais entre si. Cores fantasia.)

Veja como são essas fórmulas:

H$_2$	H••H	H — H
fórmula molecular	fórmula eletrônica	fórmula estrutural

O gás oxigênio, por exemplo, é formado por dois átomos de oxigênio. Cada átomo de oxigênio tem tendência a ganhar 2 elétrons, portanto compartilham dois elétrons e formam 2 pares. Desse modo, cada átomo fica com 8 elétrons. Considere sempre que os elétrons que formam a ligação fazem parte dos dois átomos simultaneamente. Veja a figura 7.12.

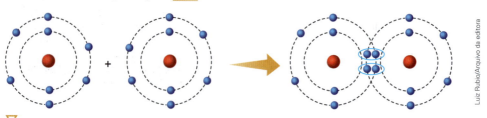

▽
7.12 Representação esquemática do estabelecimento de uma ligação covalente entre dois átomos de oxigênio. (Elementos e distâncias representados em tamanhos não proporcionais entre si. Cores fantasia.)

Veja as fórmulas abaixo:

A água é uma substância molecular cuja fórmula química é **H₂O**, o que indica que há 2 átomos de hidrogênio e 1 de oxigênio para cada molécula de água.

Se apenas um átomo de hidrogênio compartilhasse seu elétron com o oxigênio, o átomo de hidrogênio ficaria estável, com 2 elétrons na última camada eletrônica. Mas o oxigênio, que tem 6 elétrons em sua última camada, ficaria com 7. Porém, quando dois átomos de hidrogênio compartilham elétrons com o oxigênio, este fica com 8 elétrons na última camada e se torna estável. Observe a figura 7.13.

> **Mundo virtual**
>
> **Ponto ciência**
> http://pontociencia.org.br/galeria/?content%2Fpictures3%2Fligacao_quimica%2F
> Galeria de imagens com modelos de algumas substâncias químicas consideradas importantes.
> Acesso em: 20 mar. 2019

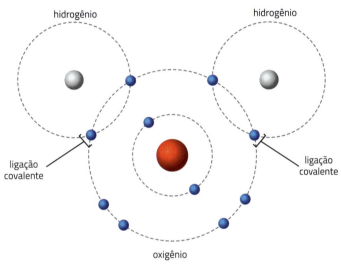

▽
7.13 Representação da distribuição dos elétrons na molécula de água. Os elétrons aparecem em azul; o núcleo do átomo de oxigênio em vermelho e os núcleos dos átomos de hidrogênio, em branco. (Elementos e distâncias representados em tamanhos não proporcionais entre si. Cores fantasia.)

Abaixo estão apresentadas outras fórmulas que podem ser usadas para representar uma molécula de água.

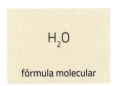

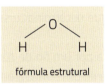

Além das fórmulas, podemos utilizar uma adaptação do modelo de Dalton para representar a molécula de água, como apresentado na figura 7.14.

A ligação covalente, em geral, ocorre entre dois não metais, isto é, entre átomos que possuem 4, 5, 6 ou 7 elétrons na última camada, ou entre um não metal e o hidrogênio.

Como vimos, o número de elétrons que um átomo pode ceder ou ganhar (nas ligações iônicas) ou então compartilhar (nas ligações covalentes) corresponde à sua valência. Utilizando a água como exemplo: cada átomo de hidrogênio compartilha um elétron, tendo valência 1; já o átomo de oxigênio tem valência 2, porque compartilha dois elétrons.

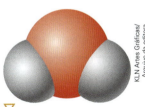

▽
7.14 Representação da molécula de água. Átomo de oxigênio em vermelho e átomos de hidrogênio em branco. (Elementos representados em tamanhos não proporcionais entre si. Cores fantasia.)

A ligação metálica

No 8º ano você aprendeu que a corrente elétrica é formada pelo movimento ordenado de cargas elétricas. Essas cargas são os elétrons. Vimos também que os metais (principalmente o cobre, utilizado nos fios elétricos) são bons condutores de eletricidade. Agora que você conhece a estrutura dos átomos, conseguiria explicar essa propriedade dos metais de conduzir eletricidade?

Para explicar por que os metais são bons condutores de eletricidade, cientistas propuseram um modelo de **ligação metálica**, que representa como os átomos metálicos se comportam quando estão próximos uns dos outros.

Na maioria dos metais, os átomos não se ligam da mesma forma que os átomos de um composto iônico ou de uma molécula. Nas ligações metálicas, os elétrons da última camada podem mover-se livremente, sendo compartilhados entre diversos átomos ligados. Veja a figura 7.15.

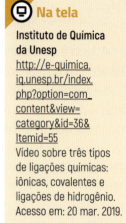

Na tela

Instituto de Química da Unesp
http://e-quimica.iq.unesp.br/index.php?option=com_content&view=category&id=36&Itemid=55
Vídeo sobre três tipos de ligações químicas: iônicas, covalentes e ligações de hidrogênio. Acesso em: 20 mar. 2019.

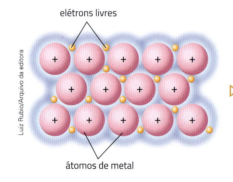

▷ 7.15 Representação da ligação metálica. (Elementos representados em tamanhos não proporcionais entre si. Cores fantasia.)

Quando os elétrons saem de um átomo, ele fica temporariamente com excesso de carga positiva. Costuma-se dizer, então, que os metais são formados por íons positivos imersos em uma espécie de "nuvem de elétrons" ou em um "mar de elétrons" livres, que se movimentam de maneira desordenada.

A facilidade com que os elétrons se deslocam entre os átomos explica por que os metais em geral conduzem bem a eletricidade. Geralmente, os elétrons dos metais movem-se de forma desorganizada em todas as direções.

Porém, quando ligamos um fio metálico a uma pilha, o movimento fica mais organizado: o fluxo de elétrons segue determinado sentido, de maneira ordenada, gerando corrente elétrica.

A corrente elétrica que passa por um fio de cobre, por exemplo, é formada pelo movimento ordenado de elétrons de um ponto a outro do fio. Veja a figura 7.16.

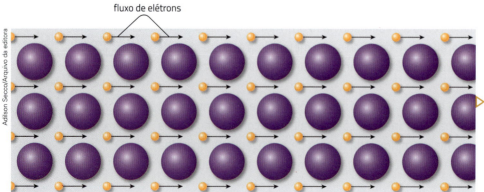

▷ 7.16 Representação esquemática do fluxo de elétrons em um fio metálico ligado a uma pilha. (Elementos representados em tamanhos não proporcionais entre si. Cores fantasia.)

144 UNIDADE 2 • Transformações da matéria e radiações

3 Substância simples e substância composta

Minha biblioteca

Os botões de Napoleão: as 17 moléculas que mudaram a história, de P. Le Couteur e J. Burreson, Editora Zahar, 2006. Este livro apresenta histórias e curiosidades envolvendo 17 grupos de moléculas que influenciaram a história mundial. Um exemplo é o estanho dos botões do uniforme napoleônico, que se desintegraram no inverno russo.

Como já vimos, a molécula de gás oxigênio, que existe na atmosfera, é formado pela ligação entre dois átomos iguais: o oxigênio. Já a molécula de gás carbônico, cuja fórmula molecular é **CO_2**, é formada por dois tipos de átomo: o carbono e o oxigênio.

O gás oxigênio é, portanto, uma **substância simples**, pois é formado pela ligação entre átomos do mesmo elemento químico. Já a molécula de gás carbônico é considerada uma **substância composta**, pois é formada pela ligação entre átomos de diferentes elementos químicos. Veja a figura 7.17.

As substâncias iônicas formam substâncias compostas, pois são formadas por íons diferentes, como é o caso do cloreto de sódio, que tem íons de sódio e de cloro. Reveja a figura 7.8.

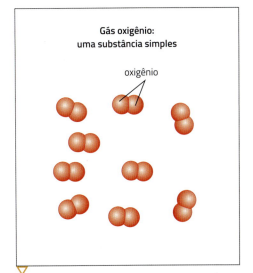
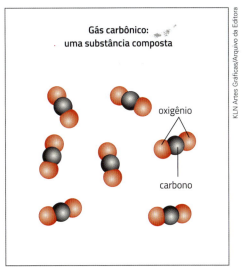

7.17 Representação de modelos de moléculas de gás oxigênio e de gás carbônico. (Elementos e distâncias representados em tamanhos não proporcionais entre si. Cores fantasia.)

Saiba mais

A grafite e o diamante

A grafite e o diamante são substâncias simples feitas do mesmo material: átomos do elemento químico carbono. Suas propriedades, entretanto, são muito diferentes: a grafite é macia e solta camadas facilmente quando a esfregamos contra alguma superfície; já o diamante é o mineral mais duro que conhecemos.

O diamante é formado por uma rede tridimensional de átomos de carbono, todos fortemente ligados aos átomos próximos. Por essa razão, é difícil riscar o diamante: ele também tem grande capacidade de riscar outros materiais.

Já a grafite é formada por várias camadas de átomos de carbono bem unidos. Porém, a união entre as camadas é muito fraca, tanto que o lápis solta camadas muito finas de grafite quando a esfregamos no papel.

A grafite pode ser transformada em diamante se for submetida a altas pressões e temperaturas. No entanto, o diamante sintético assim formado não tem uma estrutura tão perfeita quanto a do diamante natural.

4 Os estados físicos da matéria

Você já sabe que a matéria pode se apresentar em três estados físicos: sólido, líquido e gasoso. Veja a figura 7.18.

> Outros tipos de estados da matéria, como o plasma, são estudados em níveis mais avançados da Física.

▷ 7.18 Na imagem da vila de Gokyo, no Nepal (2018), evidenciam-se dois estados de agregação da matéria: o líquido, no lago e nas nuvens ao fundo, e o sólido, na neve e no gelo. O vapor de água está presente no ar, mas não é visível.

Agora, você saberia explicar que diferenças existem na organização das moléculas ou dos átomos em cada um dos três estados físicos?

Vamos partir de aspectos macroscópicos, que podem ser vistos a olho nu. A observação de situações cotidianas nos mostra que existem diferenças entre as características dos materiais sólidos, líquidos e gasosos.

Um sólido, como um pedaço de mármore ou uma barra de ferro, tem forma e volume definidos. Não teremos facilidade, por exemplo, em modificar o formato do mármore se o pressionarmos.

Já um líquido, como a água, também tem volume definido, mas sua forma varia de acordo com o formato do recipiente que ocupa. O mesmo volume de água (por exemplo, um litro) terá formatos diferentes se estiver dentro de uma garrafa ou em um balde. Por sua vez, os gases, como o ar atmosférico, não têm forma nem volume definidos. Um gás ocupa todo o volume do recipiente em que está contido.

Agora vamos procurar relacionar as características que enxergamos às características de átomos e moléculas dos sólidos, líquidos e gasosos. Como explicar os fatos acima utilizando os modelos submicroscópicos de átomos e moléculas?

> Lembre-se de que átomos são pequenos demais para serem vistos até com microscópio eletrônico, ou seja, são submicroscópicos: em um milímetro, por exemplo, cabem alinhados cerca de 10 milhões de átomos enfileirados.

No estado sólido, as partículas, em geral, estão próximas umas das outras porque existe uma grande força de atração entre elas. As partículas que formam um material em estado sólido não podem se movimentar; elas apenas vibram em uma posição fixa. Isso explica por que os sólidos não mudam de forma com facilidade, como acontece com líquidos e gases. Veja a figura 7.19.

> O termo "partícula" está sendo usado como termo geral e se refere tanto a átomos neutros como a íons ou moléculas.

▷ 7.19 Representação da organização das partículas que formam um sólido, o cobre. (As partículas não são visíveis a olho nu. Elementos representados em tamanhos não proporcionais entre si. Cores fantasia.)

No estado líquido, as partículas se movimentam mais livremente, quando comparadas ao estado sólido, podendo deslizar umas sobre as outras. Veja a figura 7.20. Essa fluidez permite aos líquidos assumir formatos variados.

▷ 7.20 Representação da organização das partículas (neste caso são moléculas) em um líquido, a água. (As moléculas não são visíveis a olho nu. Elementos representados em tamanhos não proporcionais entre si. Cores fantasia.)

No estado gasoso, as partículas movimentam-se ainda mais livremente, ficando mais distantes umas das outras do que as partículas de um sólido ou de um líquido. Por isso, um gás não tem forma e volumes definidos e pode ser comprimido e expandido, isto é, seu volume pode variar com o aumento ou a diminuição da pressão sobre ele.

O espaço entre as partículas nos sólidos e nos líquidos é bem menor que nos gases, por isso é muito mais fácil comprimir um gás do que um sólido ou um líquido. Veja a figura 7.21.

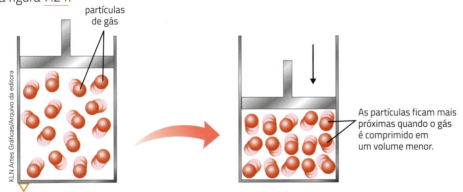

7.21 Representação esquemática do comportamento de partículas de determinado gás (dependendo do gás, podem ser átomos ou moléculas) durante compressão. (Os átomos e as moléculas não são visíveis a olho nu. Elementos representados em tamanhos não proporcionais entre si. Cores fantasia.)

O calor e as mudanças de estado

Quando se fornece energia na forma de calor a um corpo, suas partículas começam a se movimentar mais rapidamente, pois passam a ter mais energia. É essa agitação das partículas que determina a temperatura de um corpo, como vimos no 7º ano.

Você também viu que o fornecimento de energia na forma de calor pode provocar mudança no estado físico da matéria. Sabe também que a mudança de estado sólido para líquido é chamada fusão e que o fenômeno inverso é a solidificação. A passagem do estado líquido para o estado gasoso é chamada vaporização (pode acontecer por ebulição, por evaporação ou por calefação) e o fenômeno inverso é a condensação ou liquefação.

> A temperatura é uma grandeza física que está relacionada ao grau de agitação médio das partículas de uma substância.

▶ **Calefação:** passagem do estado líquido para o gasoso quando o material entra em contato com uma superfície que está a uma temperatura acima da sua temperatura de ebulição.

Ligações químicas e mudanças de estado • **CAPÍTULO 7** 〈 **147**

Vamos ver o que acontece com as partículas de uma substância durante as mudanças de estado físico. Veja na figura 7.22 a diferença entre a organização das partículas no estado sólido, no estado líquido e no estado gasoso.

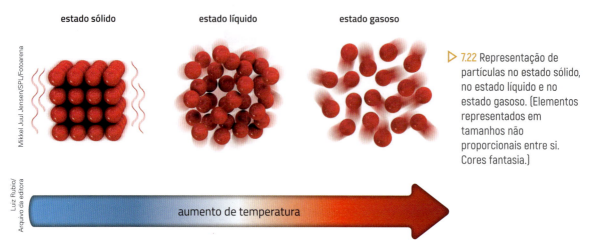

▷ 7.22 Representação de partículas no estado sólido, no estado líquido e no estado gasoso. (Elementos representados em tamanhos não proporcionais entre si. Cores fantasia.)

Agora vamos ver o que ocorre com a água durante as mudanças de estado físico. Ao contrário do que ocorre com a maioria dos materiais, a água aumenta de volume na mudança do estado líquido para o sólido, como será explicado a seguir.

Observe na figura 7.23 que no gelo as moléculas de água estão organizadas e fortemente atraídas umas às outras. Isso acontece por causa de interações intermoleculares entre as moléculas de água.

Então, o que acontece quando colocamos gelo a zero grau Celsius em temperatura ambiente, de cerca de 25 °C? Você já sabe que 0 °C é a temperatura na qual começa a ocorrer a fusão do gelo. Acompanhe a seguir as mudanças moleculares que acontecem durante o derretimento do gelo.

A energia na forma de calor, transferida do ambiente para o gelo, aumenta o grau de agitação (energia cinética) das moléculas e faz a água passar, aos poucos, para o estado líquido (processo de fusão).

Toda a energia na forma de calor é absorvida pelas partículas e somente quando todo o gelo tiver derretido é que a temperatura do sistema vai começar a subir. Ou seja, a energia na forma de calor transferida do ambiente para a água vai aumentar a agitação das moléculas, fazendo com que a temperatura da água aumente. Nessa situação, ainda há interações entre as moléculas de água, mas elas já não ocupam posições fixas, como no gelo. Reveja a figura 7.23.

> Interações intermoleculares são aquelas que ocorrem entre as moléculas. No caso da molécula da água essa interação é de natureza elétrica entre o átomo de hidrogênio de uma molécula e o átomo de oxigênio de outra molécula. Esse tipo de interação é chamada de ligação de hidrogênio.

> Quando falamos que a fusão ou a solidificação da água ocorrem a 0 °C estamos considerando que a pressão exercida sobre a água é de 1 atmosfera.

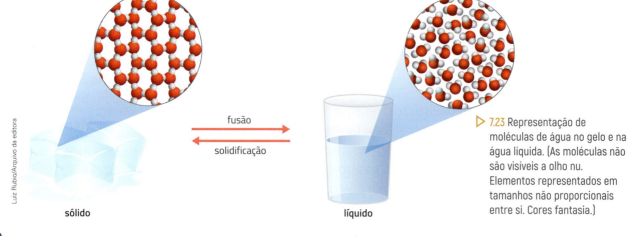

▷ 7.23 Representação de moléculas de água no gelo e na água líquida. (As moléculas não são visíveis a olho nu. Elementos representados em tamanhos não proporcionais entre si. Cores fantasia.)

148 UNIDADE 2 • Transformações da matéria e radiações

Na solidificação, ocorre um processo inverso ao da fusão. Quando colocamos, por exemplo, um pouco de água no congelador, ela permanecerá no estado líquido até atingir 0 °C, quando então passa para o estado sólido.

A estrutura molecular da água permite compreender por que o gelo flutua na água líquida. Como estudamos no 7º ano, a densidade do gelo é menor do que a da água no estado líquido. No estado sólido, as moléculas de água estão mais afastadas do que no estado líquido. Isso acontece porque, no gelo, há interações intermoleculares que mantêm as moléculas mais afastadas do que no estado líquido.

Quando aquecemos o gelo a 0 °C, ele vai derretendo e as moléculas de água se aproximam umas das outras. Quando a temperatura chega a cerca de 4 °C, a organização das moléculas é a mais compacta possível.

> Nesse ponto, a densidade da água é máxima, ou seja, determinada quantidade ocupa o menor volume possível.

E o que acontece quando a água ferve, isto é, quando entra em ebulição? Veja a figura 7.24.

No 6º ano, você aprendeu que a camada de ar que envolve a Terra exerce uma pressão sobre a superfície do planeta: a pressão atmosférica. Ao nível do mar, ela equivale a 1 atmosfera (atm), que é uma unidade de pressão. Quanto maior for a altitude, menor será a pressão atmosférica. As moléculas do ar exercem uma pressão sobre a superfície da água líquida, chocando-se contra suas moléculas.

▷ 7.24 Representação de moléculas de água líquida e gasosa durante a ebulição. (As moléculas não são visíveis a olho nu. Elementos representados em tamanhos não proporcionais entre si. Cores fantasia.)

Então, imagine um pouco de água no estado líquido começando a ferver em uma panela aberta. A ebulição acontece quando muitas moléculas de água se movimentam com energia cinética suficiente para superar a pressão atmosférica e escapar pela superfície do líquido, passando para o estado de vapor de forma violenta, com a formação de bolhas no interior e na superfície do líquido.

> Ao contrário da ebulição, a evaporação ocorre na superfície do líquido, de forma lenta e na temperatura ambiente, sem formar bolhas no interior do líquido.

A atração entre as moléculas de água diminui e elas passam a se mover de forma independente umas das outras. Reveja a figura 7.24.

Ao nível do mar, a água ferve a aproximadamente 100 °C. Essa temperatura corresponde à energia cinética média das moléculas de água que é suficiente para elas escaparem pela superfície do líquido (ou seja, a água vaporizar) quando a pressão sobre ele é de 1 atmosfera (pressão atmosférica ao nível do mar). Se a água for posta para ferver a uma altitude acima disso, a pressão atmosférica será menor, assim como a temperatura de ebulição.

A manutenção da temperatura de um sistema durante mudança de estado físico se aplica nos casos de fusão, solidificação, ebulição e condensação. Somente depois que a mudança de estado se completa é que a temperatura começa a aumentar ou diminuir, de acordo com o que estiver ocorrendo com o sistema: se está recebendo ou perdendo energia na forma de calor.

ATIVIDADES

Aplique seus conhecimentos

1 ▸ Indique as afirmativas verdadeiras.
   a) O átomo de cloro, com sete elétrons na última camada, é um átomo estável.
   b) A existência de uma imensa variedade de substâncias naturais deve-se à capacidade de os átomos se combinarem entre si.
   c) A água é uma substância simples.
   d) Nas ligações químicas os átomos tendem a adquirir uma configuração eletrônica semelhante à dos gases nobres.
   e) O gás hidrogênio é uma substância composta.
   f) Metais têm tendência a formar cátions ao se combinarem com não metais.
   g) Não metais têm tendência a formar ânions ao se combinarem com metais.
   h) Em um balão com o gás hélio, há moléculas de hélio.
   i) Um átomo com um único elétron na última camada tem tendência a receber elétrons de outros átomos.

2 ▸ Por que o íon cloreto ($C\ell^-$) é mais estável que o átomo de cloro?

3 ▸ Ao contrário do hidrogênio, o gás hélio usado em balões meteorológicos não pega fogo. Explique essa propriedade do hélio em termos químicos.

4 ▸ Um elemento químico de número atômico igual a 17 e outro de número atômico igual a 11 se combinam. Faça a distribuição de elétrons desses átomos e responda:
   a) Qual é o elemento que cede elétrons? Qual o que recebe? Quantos elétrons são cedidos e recebidos por átomo?
   b) Que ligação é formada entre esses elementos?

5 ▸ Explique o que acontece com os elétrons dos átomos que estão em uma ligação covalente.

6 ▸ A amônia é uma substância molecular formada por átomos de hidrogênio (número atômico 1) unidos a um átomo de nitrogênio (número atômico 7). Com essa informação, responda:
   a) Qual é a fórmula molecular da amônia?
   b) Quantas ligações covalentes existem na molécula de amônia?

7 ▸ Quantos elétrons um átomo de número atômico 16 deve receber para adquirir a estrutura estável de um gás nobre?

8 ▸ Entre as fórmulas H_2, H_2O, CO_2, O_2, $CaC\ell_2$, NH_3 e $NaC\ell$, quais indicam:
   a) substâncias simples?
   b) substâncias compostas?
   c) compostos iônicos?
   d) compostos moleculares?

9 ▸ A figura abaixo mostra, em modelos, o que existe dentro de um vidro com gás cloro.

7.25 Frasco com gás cloro. No detalhe, representação das moléculas que compõem esse gás. (Elementos representados em tamanhos não proporcionais entre si. Cores fantasia.)

   a) Quantos átomos de cloro aparecem no esquema? E quantas moléculas?
   b) Que tipo de ligação há entre os átomos de cloro?
   c) Represente a fórmula molecular e a fórmula estrutural do gás cloro, sabendo que cada átomo de cloro tem 7 elétrons na última camada.

10 ▸ Sabendo que o flúor tem 7 elétrons na última camada e o cálcio tem 2, responda:
   a) Como é a fórmula do composto formado entre esses dois elementos?
   b) Quantos elétrons existem na última camada dos 2 íons depois que formam o composto?
   c) Qual é a valência de cada átomo?
   d) Qual é a carga elétrica de cada íon?

11 ▸ A fórmula química da sacarose, o açúcar comum, é $C_{12}H_{22}O_{11}$. Quantos átomos há nessa molécula? Há quantos elementos químicos diferentes? É uma substância simples ou composta?

12 ▸ Você já aprendeu que, quando um organismo morre, as substâncias que formam seu corpo são transformadas em outras substâncias, como o gás carbônico, a água e os sais minerais.
   a) Como se chama essa transformação?
   b) Explique por que podemos dizer que cada um de nós possui, no corpo, átomos que estiveram presentes no organismo de muitos seres vivos do passado.

13 ▸ Que tipo de ligação química acontece entre dois átomos, cada um com número atômico 17? Justifique sua resposta. (Para descobrir, faça a distribuição eletrônica do átomo.)

14 ▸ O carbono possui quatro elétrons na última camada, e o hidrogênio, um elétron. Sabendo que o metano é um composto molecular formado por átomos de hidrogênio (número atômico 1) unidos por ligação covalente a um átomo de carbono (número atômico 6), responda:
   a) Qual é a fórmula molecular do metano?
   b) Quantas ligações covalentes há na molécula de metano?

15 ▸ A figura abaixo mostra a distribuição de elétrons dos átomos de lítio e sódio. Como essa distribuição explica o fato de esses elementos terem propriedades químicas semelhantes?

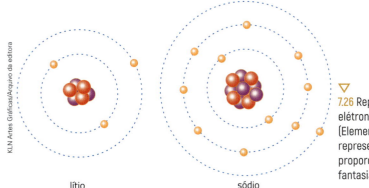

7.26 Representação da distribuição de elétrons nos átomos de lítio e sódio. (Elementos e distâncias representados em tamanhos não proporcionais entre si. Cores fantasia.)

16 ▸ O gráfico abaixo mostra a mudança de temperatura e as mudanças de estado físico de um material em função da quantidade de energia recebida na forma de calor. As pequenas esferas representam as moléculas desse material.

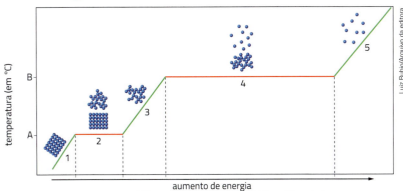

Mudanças de temperatura de acordo com a energia recebida

Responda:
a) O que as letras A e B indicam?
b) No trecho 2 e no trecho 4 a temperatura varia?
c) Qual é o estado físico do material nas regiões 1, 3 e 5 do gráfico?
d) Que mudança de estado está ocorrendo no trecho 2? E no trecho 4? Por que, nesses trechos, estão representados dois tipos de organização das moléculas?

Fonte: elaborado com base em PHASE change materials. Seventh Wave. Disponível em: <https://www.seventhwave.org/new-technologies/phase-change-materials>. Acesso em: 20 mar. 2019.

7.27

17 ▸ Indique as afirmativas verdadeiras.

  a) Os gases nobres estabelecem facilmente ligações químicas com outros elementos.

  b) Na ligação entre dois átomos de oxigênio, um dos átomos cede elétrons ao outro.

  c) A ligação formada entre dois átomos de hidrogênio é uma ligação iônica.

  d) Em um pedaço de ferro, encontramos átomos unidos por ligações metálicas.

  e) Na água, os átomos de hidrogênio formam ligações covalentes com o átomo de oxigênio.

  f) O cloreto de sódio (sal de cozinha) é um composto iônico.

  g) A ligação iônica ocorre geralmente entre dois não metais.

  h) Na ligação iônica, o átomo que cede elétrons transforma-se em um cátion.

  i) Na ligação covalente ocorre compartilhamento de elétrons.

  j) Metais conduzem bem a eletricidade porque possuem muitos elétrons livres.

Aprendendo com a prática

Veja o que é necessário para realizar esta atividade e siga as orientações dadas.

Material
- Gelo picado
- Copo de plástico transparente
- Termômetro de laboratório que indique temperaturas de −10 °C a 110 °C ou mais

Procedimento

1. O professor deverá providenciar gelo picado e colocá-lo dentro do copo a uma altura apenas suficiente para cobrir o bulbo do termômetro, que deverá ficar totalmente coberto por gelo.

2. O copo deverá ficar em um local com temperatura ambiente quente.

3. Após um ou dois minutos, enquanto o gelo derrete, observem e anotem a temperatura inicial indicada no termômetro.

4. Após a maior parte do gelo derreter, mas enquanto ainda houver um pouquinho de gelo, anotem novamente a temperatura.

5. Alguns minutos após todo o gelo derreter, façam a última leitura de temperatura.

Resultados e discussão

Respondam às perguntas.

a) Enquanto o gelo derrete, qual é a temperatura do sistema formado pelo gelo derretendo e a água em estado líquido?

b) Qual a temperatura da água alguns minutos após todo o gelo ter derretido?

c) Qual a explicação molecular para a variação de temperatura observada ao longo do experimento?

Autoavaliação

1. Você ficou satisfeito com seu entendimento sobre os diferentes tipos de ligação entre os átomos?

2. Você compreendeu as diferentes fórmulas apresentadas no capítulo?

3. Depois do que você estudou neste capítulo, sua percepção dos estados físicos da água mudou? Por quê?

CAPÍTULO 8
Transformações químicas

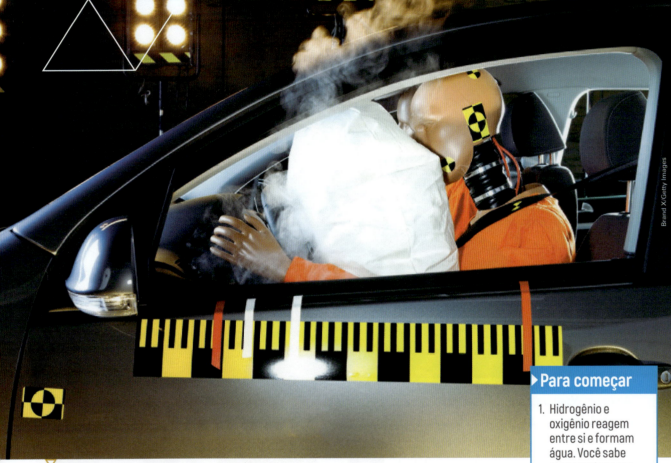

8.1 Teste de segurança de *airbag* feito com bonecos.

O *airbag* é um equipamento de segurança utilizado em automóveis. Ele consiste em uma bolsa que se infla rapidamente em caso de um impacto ou de uma freada extremamente brusca, protegendo os passageiros contra choques mecânicos. O gás utilizado para inflar o *airbag* é o nitrogênio, liberado por uma reação química.

Para que o sistema funcione corretamente, é preciso que o volume de gás liberado seja exato, nem maior nem menor que o volume adequado para proteger o passageiro e evitar o rompimento do *airbag*. Veja a figura 8.1.

Neste capítulo você vai ampliar seus conhecimentos sobre as reações químicas e verificar cuidados importantes que devemos ter para evitar acidentes com produtos químicos. Vamos conhecer também as transformações que ocorrem entre as funções químicas, grupos de substâncias com propriedades diferentes.

▶ **Para começar**

1. Hidrogênio e oxigênio reagem entre si e formam água. Você sabe representar essa reação química?

2. Você já ouviu a afirmação de que na natureza nada se cria, nada se perde; tudo se transforma? Como essa expressão se aplica às reações químicas?

3. Como podemos saber se uma solução é ácida ou básica?

4. O que é pH?

1 Representação de reações químicas

No 6º ano você viu que podemos misturar determinados materiais e obter produtos diferentes dos materiais iniciais. Esse tipo de transformação é chamado **reação química**. Você se lembra de algumas evidências que podemos procurar para identificar uma transformação química?

Mudança de cor, aumento da temperatura, formação de gases, liberação de luz e formação de sólido (precipitado) quando dois líquidos são misturados são algumas das evidências de que estamos diante de uma reação química. Veja a figura 8.2.

> **Mundo virtual**
>
> **Centro de Informação Toxicológica do Rio Grande do Sul**
> http://www.cit.rs.gov.br/index.php?option=com_content&view=category&layout=blog&id=11&Itemid=29
> Usos, riscos, acidentes tóxicos mais comuns e o que fazer em caso de intoxicação por produtos de limpeza.
>
> **Como funciona o *airbag***
> http://chc.org.br/coluna/a-quimica-por-dentro-do-airbag
> O *site* mostra, de forma simplificada, o funcionamento do *airbag*. Acesso em: 20 mar. 2019.

8.2 A queima da lenha é um exemplo de reação química com muitas evidências: a madeira muda de cor, a temperatura aumenta, formam-se gases, como o gás carbônico, e há liberação de energia luminosa e térmica.

A seguir, observe mais um exemplo de reação química.

Se misturarmos, por exemplo, limalha de ferro com enxofre em pó, que tem cor amarela, obteremos uma mistura em que o ferro pode ser facilmente separado do enxofre com um ímã. Veja a figura 8.3.

Mas, se aquecermos a mistura em laboratório por certo tempo, vamos obter uma substância chamada sulfeto de ferro II. Reveja a figura 8.3. Essa substância não é amarela nem pode ser atraída por ímã. Houve, portanto, uma reação química, com a formação de uma nova substância. Essa e as demais reações químicas podem ser representadas por equações.

Equação química é um conjunto de símbolos utilizados para representar uma reação química.

8.3 Amostras de ferro em pó e de enxofre, de mistura de ferro e enxofre sem aquecimento, e de sulfeto de ferro II (FeS).

Veja a equação química que representa a reação entre o ferro e o enxofre, com o aumento da temperatura, originando sulfeto de ferro II.

$$Fe\ (s) + S\ (s) \xrightarrow{\Delta} FeS\ (s)$$

Observe que há dois lados, ou membros, na equação, separados por uma seta. Esse símbolo representa a transformação química, com a produção de novas substâncias.

No primeiro membro estão o ferro e o enxofre, que são chamados de **reagentes** – as substâncias que reagem. No segundo membro ficam os **produtos** da reação – as substâncias resultantes dela.

Essa equação indica que o elemento químico ferro combina-se com o elemento químico enxofre para originar o sulfeto de ferro II. A letra grega delta (Δ) sobre a seta indica que a reação só ocorre sob aquecimento.

Na equação, o estado físico de cada substância é indicado por **s** (sólido), **ℓ** (líquido), **g** (gasoso), **aq** (aquoso – quando a substância está em solução com água) e **v** (vapor).

> **! Atenção**
> Não tente realizar reações químicas sozinho: elas devem ser feitas pelo professor ou por um profissional habilitado, em um laboratório e com os equipamentos adequados. Muitas substâncias são tóxicas ou corrosivas e só devem ser manipuladas por profissionais.

Conexões: Ciência no dia a dia

A ferrugem

A ferrugem é o produto de uma reação química entre o ferro, a água e o oxigênio do ar. Veja a figura 8.4.

Um experimento simples pode demonstrar que o gás oxigênio e a água participam da reação de formação da ferrugem. Observe a figura 8.5.

No primeiro tubo, os pregos que contêm o ferro estão em contato com a água e com o gás oxigênio (presente no ar e dissolvido na água). O resultado é que os pregos enferrujam.

No segundo tubo, fechado, há uma substância higroscópica, isto é, uma substância que absorve a umidade do ar (por exemplo, sílica gel). Nesse tubo, o ferro está em contato com o oxigênio, mas toda a água foi absorvida pela substância higroscópica e, por isso, não há formação de ferrugem.

No terceiro tubo, os pregos foram mergulhados em água destilada, isto é, em água pura, sem oxigênio dissolvido nela. Acima da água foi colocada uma camada de óleo e o tubo foi fechado com uma rolha. Nesse tubo, não houve contato do ferro com o oxigênio do ar. Portanto, também não houve formação de ferrugem.

Finalmente, no último tubo, os pregos foram mergulhados em água salgada. Nesse último tubo, a ferrugem aparece mais rapidamente, porque, além de estar em contato com água e oxigênio do ar, a presença de íons, como os íons sódio e cloro, acelera a formação de ferrugem.

Para evitar a ferrugem, pode-se proteger a superfície do objeto com uma camada de tinta ou com metais que impedem o contato do ferro com o oxigênio, como o zinco (galvanização), o cromo (objetos cromados) e o estanho (usado na parte interna das latas).

8.4 Parafuso e porca enferrujados.

8.5 Experimento para verificar a formação de ferrugem em diversas condições. Atenção: não tente realizar esse experimento sozinho; ele deve ser feito por um profissional habilitado em um laboratório.

Balanceamento de equações químicas

Vamos ver mais um exemplo de reação química. Se o gás hidrogênio for misturado com o gás oxigênio em laboratório, por profissionais especializados, e uma faísca elétrica for disparada na mistura, ocorrerá uma pequena explosão e uma nova substância será formada: a água.

Podemos representar o que aconteceu usando esferas como modelos de átomo. Veja a figura 8.6.

2 moléculas de hidrogênio   1 molécula de oxigênio   2 moléculas de água

▽
8.6 A reação química entre hidrogênio e oxigênio produz água. (Elementos representados em tamanhos não proporcionais entre si. Cores fantasia.)

Observe que as 2 moléculas de hidrogênio se combinaram com 1 molécula de oxigênio, formando 2 moléculas de água. Portanto, o hidrogênio e o oxigênio são os reagentes, enquanto a água é o produto da reação.

Veja como podemos representar essa reação por meio de uma equação química:

$$2\ H_2(g) + O_2(g) \rightarrow 2\ H_2O\ (\ell)$$

Na equação, novamente o estado físico de cada substância é indicado, agora por g (gasoso) e ℓ (líquido).

Perceba que, em uma reação química, os elementos e o número de átomos de cada elemento têm de ser os mesmos antes e depois da reação. As reações químicas não destroem átomos nem criam átomos novos. O que muda é a forma como eles estão organizados.

Como o número de átomos de cada elemento tem de ser o mesmo antes e depois da reação, uma equação química deve estar **balanceada** (ou **ajustada**), isto é, o número de átomos de cada elemento tem de ser o mesmo em ambos os lados da equação.

Para balancear uma equação química é preciso encontrar a proporção correta entre os reagentes. Essa proporção é representada por números inteiros ou fracionários que, colocados antes da fórmula de cada substância, tornam igual o número de cada átomo nos dois membros da equação. Esses números que indicam a proporção de átomos que participam da reação são chamados de **coeficientes estequiométricos** ou, de forma simplificada, **coeficientes**.

▶ **Estequiométrico:** do grego, *stoikheion*, "elemento", e *metron*, "medida".

Estequiometria é o cálculo da quantidade de substâncias envolvidas em uma reação química. Esse cálculo é feito com base nas leis das reações químicas, que serão vistas adiante. A estequiometria nos permite calcular quanto de um produto será formado ou quanto de reagentes devemos usar para obter certa quantidade de produto. Esse cálculo é importante na produção de diversos produtos na indústria, nos laboratórios e em várias áreas da Medicina.

Retomando o ajuste de reações, note que não alteramos os índices das fórmulas. Os índices indicam a quantidade de átomos de cada elemento químico.

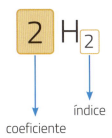

coeficiente   índice

> **Na tela**
> Coordenação Central de Educação a Distância – PUC-Rio
> https://www.youtube.com/watch?v=7QKtdzq7m4Q
> Vídeo sobre evidências de reações químicas, com exemplos do cotidiano.

Para determinar o número total de átomos de cada componente da equação química você deve multiplicar o coeficiente do átomo pelo seu respectivo índice. Por exemplo, no caso de 2 H_2, multiplicamos o coeficiente 2 pelo índice do átomo, que nesse caso é 2, totalizando, assim, 4 átomos de hidrogênio.

Observe, na equação química da reação do hidrogênio com o oxigênio, que há 4 átomos de hidrogênio tanto no primeiro quanto no segundo membro da equação. O mesmo se observa para o oxigênio, com dois átomos no primeiro membro e a mesma quantidade de átomos no segundo membro. Nesse caso, a equação está balanceada.

Vamos ver agora como fazer para balancear uma equação. Como exemplo, usaremos a reação química do sódio (Na) com o gás cloro (Cl_2), que tem como produto o cloreto de sódio (NaCl).

$$Na + Cl_2 \rightarrow NaCl$$
(equação não balanceada)

O sódio é um metal que reage de forma violenta com a água, como mostrado na figura 8.7. É por motivos como esse que somente um profissional habilitado pode manusear esses materiais, em laboratório.

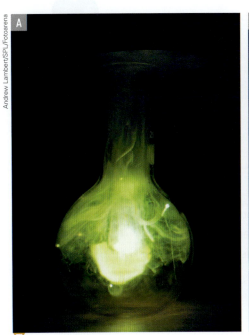

8.7 Em **A**, reação entre o sódio e o cloro formando cloreto de sódio; em **B**, reação entre a solução de silicato de sódio e diversos sais, como o nitrato de magnésio, o cloreto de cobalto, o nitrato de cobre e outros. Ambas as reações são realizadas apenas em laboratório e com equipamentos especiais.

Observe que na equação química há 2 átomos de cloro no primeiro membro, mas apenas 1 no segundo. Logo, podemos colocar o coeficiente 2 antes do NaCℓ para que tenhamos 2 átomos de cloro no segundo membro. Porém, ao colocarmos o coeficiente 2 na frente do NaCℓ, ele vai valer tanto para o Na quanto para o Cℓ:

$$Na + Cℓ_2 \rightarrow \mathbf{2}\ NaCℓ$$
(equação não balanceada)

Observe, porém, que agora temos 2 átomos de sódio no segundo membro e apenas 1 no primeiro. Mas há uma maneira de resolver isso: também coloca-se o coeficiente 2 na frente do Na. Veja:

$$\mathbf{2}\ Na\ (s) + Cℓ_2\ (g) \rightarrow \mathbf{2}\ NaCℓ\ (s)$$

Dessa forma a equação está balanceada. Nesse estágio, aproveitamos também para identificar os estados físicos de cada um dos componentes.

Vamos agora balancear uma equação que mostra a reação entre o gás nitrogênio (N_2) e o gás hidrogênio (H_2) na formação de amônia (NH_3). Veja a equação antes do balanceamento:

$$N_2 + H_2 \rightarrow NH_3$$
(equação não balanceada)

Reagentes	Produtos
2 N	1 N
2 H	3 H

A amônia obtida do gás nitrogênio e do gás hidrogênio é usada na produção de fertilizantes químicos, entre outras aplicações.

Como há 2 átomos de nitrogênio no primeiro membro e apenas 1 no segundo, podemos colocar o coeficiente 2 antes da fórmula NH_3:

$$N_2 + H_2 \rightarrow \mathbf{2}\ NH_3$$
(equação não balanceada)

Reagentes	Produtos
2 N	2 N
2 H	6 H

Observe que agora há 2 átomos de hidrogênio no primeiro membro e 6 no segundo. Veja abaixo como fica a equação balanceada (indicando os estados físicos das substâncias). A figura 8.8 mostra uma representação com modelos de átomos.

$$N_2\ (g) + \mathbf{3}\ H_2\ (g) \rightarrow \mathbf{2}\ NH_3\ (g)$$

Reagentes	Produtos
2 N	2 N
6 H	6 H

1 molécula de gás nitrogênio

3 moléculas de gás hidrogênio

2 moléculas de gás amônia

8.8 Representação da reação entre gás nitrogênio e gás hidrogênio, formando amônia. (Elementos representados em tamanhos não proporcionais entre si. Cores fantasia.)

158 UNIDADE 2 • Transformações da matéria e radiações

Em reações nas quais o balanceamento é mais desafiador, devemos começar o processo com o(s) elemento(s) que aparece(m) uma só vez em cada membro da equação. Vamos ver como exemplo a queima completa do gás metano (CH_4), que produz gás carbônico e água.

O metano (CH_4) é um dos gases que contribuem para o efeito estufa e é o principal componente do gás natural, derivado do petróleo. Esse gás também é produzido em pântanos, no tubo digestório do gado e na decomposição do material orgânico presente no esgoto e no lixo.

> O metano produzido no lixo dos aterros sanitários é armazenado e pode ser usado como combustível.

A equação que mostra a queima completa do metano (sem balanceamento) é:

$$CH_4 + O_2 \rightarrow CO_2 + H_2O$$
(equação não balanceada)

Reagentes	Produtos
1 C	1 C
4 H	2 H
2 O	2 O + 1 O = 3 O

O oxigênio aparece duas vezes no segundo membro (na substância CO_2 e na substância H_2O). Já o carbono e o hidrogênio aparecem uma vez em cada membro, e por isso vamos começar o balanceamento por eles.

O número de átomos de carbono em ambos os membros já está igualado, mas há 4 átomos de hidrogênio no primeiro membro e 2 no segundo. Então, colocamos o coeficiente 2 antes da fórmula da água:

$$CH_4 + O_2 \rightarrow CO_2 + \mathbf{2}\,H_2O$$
(equação não balanceada)

Reagentes	Produtos
1 C	1 C
4 H	4 H
2 O	2 O + 2 O = 4 O

Agora contamos com 4 átomos de oxigênio no segundo membro e 2 no primeiro. Assim, se colocarmos o coeficiente 2 antes da fórmula do gás oxigênio, obteremos a equação balanceada abaixo. Veja uma representação com modelos de átomos na figura 8.9.

$$CH_4(g) + \mathbf{2}\,O_2(g) \rightarrow CO_2(g) + \mathbf{2}\,H_2O(g)$$

Reagentes	Produtos
1 C	1 C
4 H	4 H
4 O	2 O + 2 O = 4 O

1 molécula de gás metano

+

2 moléculas de gás oxigênio

1 molécula de gás carbônico

+

2 moléculas de água

8.9 Representação da reação de combustão entre gás metano e gás oxigênio, formando gás carbônico e água. (Elementos representados em tamanhos não proporcionais entre si. Cores fantasia.)

Transformações químicas • **CAPÍTULO 8** **159**

2 As leis das reações químicas

As leis científicas descrevem fenômenos comprovados que ocorrem com regularidade, que se repetem na natureza. Veremos aqui duas delas, relacionadas às quantidades de matéria envolvidas nas reações químicas: a lei da conservação da massa e a lei das proporções constantes.

A lei da conservação da massa

Você já viu que, às vezes, aviões em voo deixam rastros no céu como se fossem finas nuvens? Veja a figura 8.10. Vamos entender o porquê desse fenômeno.

O querosene (combustível utilizado em turbinas de aviões) foi queimado, isto é, suas moléculas reagiram com o oxigênio do ar, liberando grande quantidade de calor em curto espaço de tempo: é o processo conhecido como **combustão**.

O querosene é uma mistura de várias substâncias. Veja como é a combustão completa de um dos componentes do querosene, o n-dodecano, com fórmula $C_{12}H_{26}$:

8.10 O rastro branco que vemos saindo das turbinas de um avião em voo é formado principalmente por partículas de água que congelam ao entrar em contato com o ar frio da atmosfera. Nele também existem outros compostos resultantes da queima incompleta do combustível, como gases que não são visíveis.

$$2\ C_{12}H_{26}(\ell) + 37\ O_2(g) \rightarrow 24\ CO_2(g) + 26\ H_2O(v)$$

Você pode dizer agora o que aconteceu com as moléculas do n-dodecano?

A combustão completa transformou as moléculas que compõem o querosene em gás carbônico e vapor de água, que são eliminados pelo escapamento da turbina. O rastro deixado pelo avião é justamente o vapor de água que, ao entrar em contato com o ar gelado da alta altitude (cerca de −55 °C), congela-se, formando conjuntos de cristais de água. Do solo, essas estruturas parecem "rastros de nuvem". Reveja a figura 8.10.

As moléculas de querosene foram transformadas pela combustão. Mas, analise o que aconteceu na combustão do n-dodecano: o número total de cada átomo no primeiro membro da equação é igual ao número total de cada átomo no segundo membro. Isso significa que a soma das massas dos reagentes é igual à soma das massas dos produtos. Esse mesmo processo ocorre com a gasolina, combustível usado em muitos automóveis. Nesse caso, há saída de gás carbônico e vapor de água pelo escapamento, mas, em outros, vemos fumaça, o que pode ser sinal de que há algum componente desregulado no carro.

Portanto, durante uma reação química não há aumento nem diminuição da massa total. A aparente perda de massa da gasolina é explicada pelo fato de os gases e o vapor de água produzidos na combustão serem lançados na atmosfera, com outros produtos, pelo escapamento do carro.

> Na prática, a combustão completa não ocorre e são produzidos outros gases e compostos, que são eliminados pelo escapamento e que não aparecem na equação.

> **⚠ Atenção**
> É essencial que os motoristas sempre mantenham os veículos e seus motores bem regulados, diminuindo o gasto de combustível e a poluição gerada.

Em uma reação química, com produção de gás ou de vapor, realizada em um sistema fechado, como um recipiente tampado, a massa do sistema antes e após a reação será a mesma.

Na primeira imagem da figura 8.11, vemos dois recipientes de vidro usados em laboratório: um contém uma solução de nitrato de prata ($AgNO_3$) e o outro, uma solução de cloreto de sódio ($NaC\ell$). Na segunda foto, os líquidos foram misturados e se formou um precipitado branco de cloreto de prata ($AgC\ell$) em uma solução de nitrato de sódio ($NaNO_3$).

Observe a leitura da balança e veja que a massa total não se alterou.

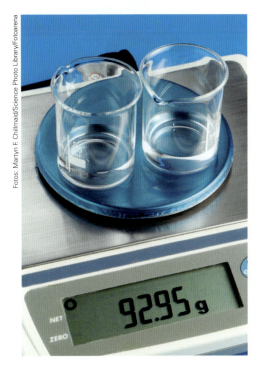

▷ 8.11 Experimento realizado para demonstrar a lei da conservação da massa. Neste caso, não foi necessário vedar os vidros porque não houve produção de gases ao misturar as soluções de nitrato de prata e cloreto de sódio.

Veja a reação química que ocorreu entre os dois sais:

$$NaC\ell \ (aq) + AgNO_3 \ (aq) \rightarrow NaNO_3 \ (aq) + AgC\ell \ (s)$$

O cloreto de prata ($AgC\ell$) não é solúvel em água. Se o recipiente em que ele está ficar em repouso, ele vai acabar se depositando no fundo do vidro.

Esse experimento evidencia que, nas reações químicas em sistemas fechados ou em sistemas abertos em que não haja interferência do meio e desprendimento de gás, a soma das massas dos reagentes é igual à soma das massas dos produtos.

Em outras palavras, podemos dizer que, em uma reação química, a massa total das substâncias permanece constante, quaisquer que sejam as reações. Essa é uma lei da química conhecida como **lei da conservação da massa** ou **lei de Lavoisier**. Foi formulada pelo químico francês Antoine Laurent de Lavoisier (1743-1794), considerado o fundador da Química moderna. Veja a figura 8.12.

A lei é também conhecida com uma formulação mais simples, porém menos rigorosa: "Na natureza nada se cria, nada se perde; tudo se transforma".

▽ 8.12 Gravura de Fontaine representando Antoine Lavoisier.

Lei das proporções constantes

Cada substância é formada por elementos químicos em proporções constantes. Por exemplo, uma molécula de água é sempre formada por um átomo de oxigênio e dois átomos de hidrogênio.

Em uma reação química também há uma proporção constante entre as massas das substâncias participantes da reação. Vamos ver alguns exemplos.

Em um processo conhecido como eletrólise, a água pode ser decomposta em hidrogênio e oxigênio. Veja a figura 8.13.

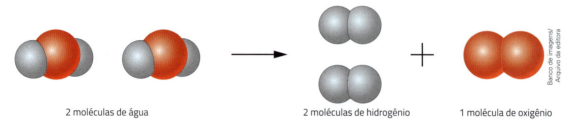

2 moléculas de água   2 moléculas de hidrogênio   1 molécula de oxigênio

▽
8.13 Representação da reação de eletrólise da água, produzindo gás hidrogênio e gás oxigênio. (Elementos representados em tamanhos não proporcionais entre si. Cores fantasia.)

Se analisarmos o que acontece com a quantidade de cada uma dessas substâncias durante essa reação química, observaremos que, a partir de 180 gramas de água pura, são obtidos 20 gramas de gás hidrogênio e 160 gramas de gás oxigênio.

E, se utilizarmos outra quantidade da substância pura água, verificaremos que a proporção se manterá: por exemplo, a partir de 360 gramas de água pura são obtidos 40 gramas de gás hidrogênio e 320 gramas de gás oxigênio.

Veja isso nas reações abaixo:

$$2\ H_2O\ (\ell) \rightarrow 2\ H_2\ (g) + O_2\ (g)$$
$$180\ g \quad\quad\quad \underbrace{20\ g \quad 160\ g}_{180\ g}$$

ou

$$2\ H_2O\ (\ell) \rightarrow 2\ H_2\ (g) + O_2\ (g)$$
$$360\ g \quad\quad\quad \underbrace{40\ g \quad 320\ g}_{360\ g}$$

Veja que a proporção entre as massas de hidrogênio e de oxigênio é a mesma nos dois casos: 20 gramas de hidrogênio para 160 gramas de oxigênio e 40 gramas de hidrogênio para 320 gramas de oxigênio equivalem a uma proporção de **1** para **8**, ou seja, a massa de oxigênio é oito vezes maior que a massa de hidrogênio.

 Minha biblioteca

Lavoisier no ano um, de Madison S. Bell. São Paulo: Editora Companhia das Letras, 2007.
Neste livro, o autor conta a história do cientista Lavoisier e suas descobertas. Ao longo da obra, são apresentadas as contribuições dele para a ciência e para a sociedade no contexto da Revolução Francesa.

Em outras palavras, a proporção entre as massas dos elementos que compõem a substância pura água permanece constante: é sempre de 1 parte de hidrogênio para 8 partes de oxigênio.

Essa é outra lei da química, a **lei das proporções constantes** — também chamada de **lei das proporções fixas ou definidas** ou, ainda, **lei de Proust**:

"Determinada substância pura contém sempre os mesmos elementos combinados na mesma proporção de massa".

No caso da água, a proporção entre a massa de hidrogênio e a de oxigênio é sempre constante (fixa, invariável) de 1 para 8, qualquer que seja o modo pelo qual ela seja produzida.

Se usarmos, por exemplo, 4 gramas de hidrogênio para 16 gramas de oxigênio, formam-se 18 gramas de água, mas, nesse caso, sobram 2 gramas de hidrogênio que não reagem. Compreenda isso observando o modelo de moléculas na figura 8.14, que mostra uma reação com excesso de hidrogênio.

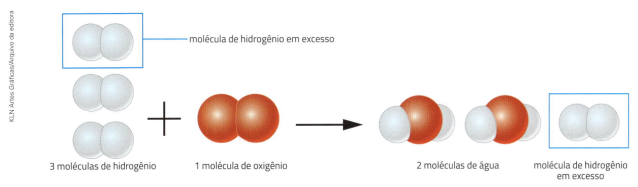

8.14 Representação da reação entre hidrogênio e oxigênio com excesso de hidrogênio. (Elementos representados em tamanhos não proporcionais entre si. Cores fantasia.)

> **Empírico:** vem do grego *empeirikos*, "experimentado", referente àquilo que provém da experiência prática, vivenciada.

Portanto, a proporção da massa de hidrogênio e oxigênio consumida na formação de água será sempre de 1 : 8. Se a proporção for diferente, a quantidade do reagente que estiver em excesso não vai reagir. Uma comparação simples que pode ser feita é a seguinte: você precisa de quatro parafusos e quatro porcas para prender uma peça de madeira. Se você tiver quatro porcas, mas apenas três parafusos, vai sobrar uma porca.

Joseph Louis Proust (1754-1826) contribuiu muito para a Química, especialmente com a lei das proporções constantes e as provas empíricas que obteve, importantes para a sua aceitação. Veja a figura 8.15. Essa lei nos permite, por exemplo, calcular a proporção de reagentes necessária para obter certa quantidade de produto.

8.15 *Joseph Louis Proust, French chemist* (em tradução livre, Joseph Louis Proust, químico francês), de Ambroise Tardieu, 1795.

3 Tipos de reações químicas

As reações químicas podem ser classificadas em quatro tipos. Vamos conhecer essas classificações por meio de alguns exemplos.

É possível realizar, em laboratório, a reação química de decomposição da água. Essa reação é chamada **eletrólise** e é feita com a passagem de corrente elétrica através da água. Veja a figura 8.16.

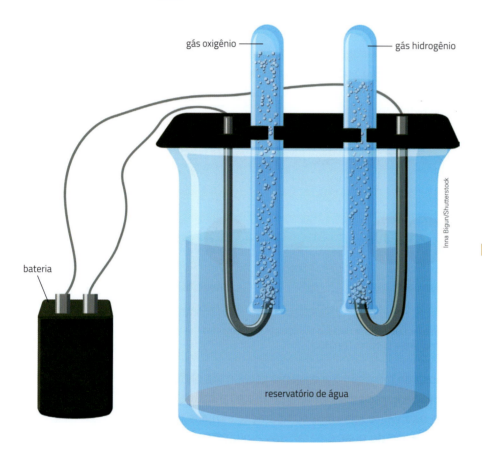

▷ 8.16 Representação de montagem experimental para efetuar a eletrólise da água: uma bateria gera uma corrente elétrica que é transmitida através da água e provoca a decomposição das moléculas de água em moléculas de gás hidrogênio e de gás oxigênio. (Elementos representados em tamanhos não proporcionais entre si. Cores fantasia.)

Para que a eletrólise ocorra, é necessário adicionar um pouco de ácido à água. Veja a equação simplificada que representa esse processo:

$$2\ H_2O\ (\ell) \rightarrow 2\ H_2\ (g) + O_2\ (g)$$

Agora, vamos comparar a reação química da eletrólise da água com a reação que você viu no início do capítulo: a reação entre o gás hidrogênio e o gás oxigênio formando água.

$$2\ H_2\ (g) + O_2\ (g) \rightarrow 2\ H_2O\ (\ell)$$

Qual é a principal diferença entre essas duas reações?

Na eletrólise, a partir de uma única substância reagente (a água), obtém-se mais de um produto. Esse tipo de reação é chamado **reação de decomposição** ou **de análise**. Nesse caso, o reagente se decompõe em dois ou mais produtos.

> **⚠ Atenção**
>
> Não faça este experimento sozinho. Ele somente pode ser realizado pelo professor ou por um profissional preparado.

Na reação de formação da água ocorreu o inverso: duas substâncias reagiram e formaram uma única substância. Esse tipo de reação, no qual duas ou mais substâncias reagem, dando origem a um único produto, é chamado **reação de adição** ou **de síntese**.

Veja agora na figura 8.17 o que acontece, no laboratório, quando uma placa de cobre é mergulhada em uma solução de nitrato de prata.

▷ 8.17 Placa de cobre sendo colocada em solução de nitrato de prata (A) e aspecto da placa e da solução após decorrido certo tempo (B).

O cobre (Cu) presente na placa substitui a prata na solução de nitrato de prata ($AgNO_3$), formando uma solução de nitrato de cobre ($CuNO_3$) e prata sólida (Ag). Como resultado, após certo tempo, é possível notar que a solução se torna azulada (por causa do nitrato de cobre) e que a prata sólida se deposita sobre a placa de cobre.

Esse tipo de reação, em que uma substância simples substitui um elemento de uma substância composta, é chamado **reação de simples troca** ou **reação de deslocamento**. Veja a equação química que representa essa reação:

$$Cu\ (s) + AgNO_3\ (aq) \rightarrow CuNO_3\ (aq) + Ag\ (s)$$

Na figura 8.18 está retratada a reação entre dois sais dissolvidos em água: o cromato de potássio (K_2CrO_4) e o nitrato de prata ($AgNO_3$), formando nitrato de potássio (KNO_3) e cromato de prata (Ag_2CrO_4). Essa reação pode ser representada por:

$$K_2CrO_4\ (aq) + 2\ AgNO_3\ (aq) \rightarrow 2\ KNO_3\ (aq) + Ag_2CrO_4\ (s)$$

Note que nessa reação duas substâncias compostas trocaram elementos entre si. Esse tipo de reação é chamado **reação de dupla troca** ou **permutação**.

8.18 Reação de dupla troca entre cromato de potássio e nitrato de prata em solução aquosa, formando cromato de prata (um precipitado marrom-avermelhado) e uma solução de nitrato de potássio.

Transformações químicas • **CAPÍTULO 8** ⟨ **165**

4 Ácidos, bases, sais e óxidos

Você sabe o que é um ácido? Geralmente, quando pensamos em uma substância ácida, imaginamos algo perigoso ou muito corrosivo. O ácido sulfúrico, por exemplo, é usado na indústria para sintetizar vários produtos químicos, como os fertilizantes e as tintas, no refino do petróleo e em estações de tratamento de água. Esse ácido pode queimar a pele e derreter plásticos. Por essa razão, nos laboratórios e na indústria, deve ser armazenado em frascos de vidro, com o qual não reage.

Mas nem toda substância ácida é tão corrosiva ou perigosa quanto o ácido sulfúrico. O gosto azedo do limão, por exemplo, também se deve à presença de substâncias ácidas.

Já os produtos de limpeza, como os da figura 8.19, são geralmente feitos com substâncias classificadas como básicas, ou alcalinas, e muitos deles também são perigosos e devem ser manipulados com cuidado, para evitar que caiam na pele, nos olhos ou que sejam aspirados ou ingeridos.

As bases também têm algumas propriedades químicas em comum. Um grupo de substâncias com propriedades químicas semelhantes é chamado **função química**.

Uma das formas de saber se uma substância é um ácido ou uma base é usando **indicadores ácido-base**. Eles podem ser líquidos ou impregnados em papel e mudam de cor ao entrar em contato com as substâncias, sinalizando se elas são ácidas ou básicas.

O tornassol, por exemplo, é um indicador ácido-base muito utilizado em laboratórios. Em contato com bases, a tira de papel impregnada com tornassol fica azul e, em contato com uma solução ácida, fica vermelha. Outra substância que funciona como indicador é a fenolftaleína, que fica incolor em soluções ácidas e cor-de-rosa ou vermelha em soluções básicas. Veja a figura 8.20.

8.19 Muitos produtos de limpeza e de higiene são feitos com substâncias básicas, ou alcalinas, e têm de ser manipulados com cuidado.

Atenção

Nunca misture produtos de limpeza. A mistura de certos produtos pode produzir gases tóxicos.

8.20 Em **A**, o papel de tornassol azul fica avermelhado em contato com uma solução de ácido acético (ácido presente no vinagre). Em **B**, a solução de fenolftaleína fica cor-de-rosa ou vermelha quando se acrescenta uma solução básica.

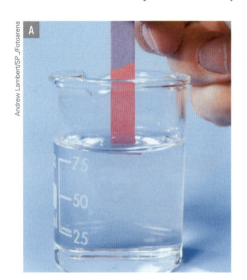
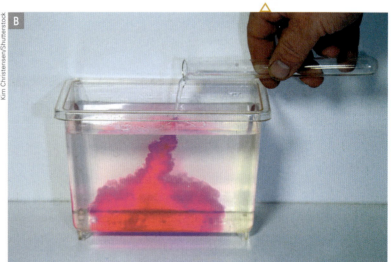

Propriedades dos ácidos

Até o século XIV, a maior parte das fórmulas químicas conhecidas para as substâncias ácidas tinha em sua estrutura um átomo de hidrogênio. Por exemplo, o HCℓ, ácido clorídrico, presente no suco gástrico.

Baseado nesse fato e em outras observações, o químico sueco Svante August Arrhenius (1859-1927) propôs que, quando estão dissolvidos em água, os ácidos liberam o íon H⁺, chamado íon hidrogênio:

$$HCℓ\ (g) \xrightarrow{\text{água}} H^+\ (aq) + Cℓ^-\ (aq)$$

Essa equação química mostra que as moléculas de HCℓ no estado gasoso (g), ao se dissolverem em água, liberam o íon positivo (cátion) H⁺ e o íon negativo (ânion) Cℓ⁻ (cloreto) em solução aquosa (aq).

O íon negativo varia de um ácido para outro, mas todos os ácidos liberam o íon H⁺ em água. Isso faz com que os ácidos tenham propriedades semelhantes. Assim, Arrhenius propôs a seguinte definição:

"Ácido é toda substância que, em solução aquosa, libera como íons positivos apenas cátions hidrogênio (o ânion liberado varia conforme o ácido)."

Quanto mais forte um ácido, mais íons H⁺ são liberados em solução aquosa, mais ácida fica a solução e mais intensa se torna a cor vermelha de um papel de tornassol.

A acidez ou a basicidade de uma solução pode ser medida pela **escala de pH**. Essa medida indica a concentração de íons H⁺ presente em uma solução. As soluções ácidas têm pH menor do que 7. As soluções básicas (que você verá adiante) têm pH maior do que 7. Já as soluções com pH = 7 são ditas neutras (não são ácidas nem básicas).

A medida do pH é importante para avaliar, por exemplo, as condições da água de um rio ou para saber se um solo é adequado ou não para determinado plantio. Ela é usada também para monitorar as condições da água de piscinas, cujo pH deve ser mantido entre 7,2 e 7,6, para que o cloro tenha efeito germicida, garantindo a saúde dos usuários.

Na figura 8.21 estão apresentados o pH aproximado de algumas soluções.

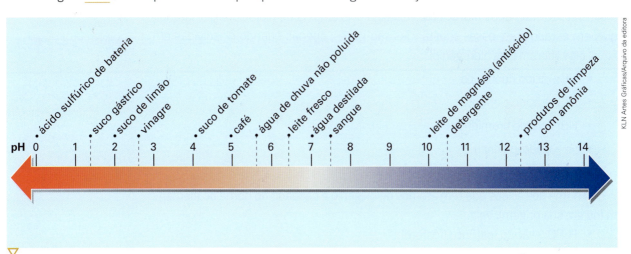

▽
8.21 Escala de cores de pH e valores aproximados do pH de algumas soluções de acordo com o papel de tornassol. A água pura, sem sais minerais nem gases dissolvidos, é neutra, isto é, tem pH 7.

Outra propriedade importante é que, quando são dissolvidos em água, os ácidos são capazes de conduzir corrente elétrica. Isso acontece porque os íons liberados em solução permitem o movimento das cargas elétricas.

Observe a figura 8.22. A lâmpada acesa indica que o ácido acético, encontrado no vinagre, conduz corrente elétrica em solução aquosa. Já na solução de açúcar comum em água a lâmpada fica apagada porque o açúcar não libera íons em solução, suas moléculas apenas se separam e se espalham por entre as moléculas de água.

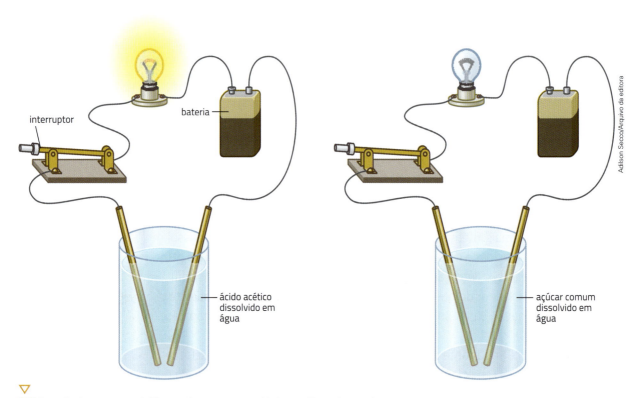

8.22 Em solução aquosa, os ácidos conduzem corrente elétrica e a lâmpada acende.

Os ácidos que possuem átomos de oxigênio em sua molécula, além de outros elementos químicos, são chamados **oxiácidos**. Os ácidos que não têm oxigênio na molécula são chamados **hidrácidos**. Veja alguns exemplos de hidrácidos (lembrando que, em estado puro, essas substâncias são gases; apenas quando dissolvidas em água, elas liberam íons hidrogênio).

- HF – ácido fluorídrico
- HCℓ – ácido clorídrico
- HBr – ácido bromídrico
- HI – ácido iodídrico
- H_2S – ácido sulfídrico

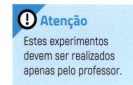

Atenção

Estes experimentos devem ser realizados apenas pelo professor.

O nome dos ácidos que têm átomos de oxigênio é baseado no nome do elemento (ou em sua origem). Veja:

- H_3PO_4 – ácido fosfórico (fósforo)
- HNO_3 – ácido nítrico (nitrogênio)
- H_2SO_4 – ácido sulfúrico (enxofre = *sulfurium*)

Propriedades das bases

Uma característica das bases é seu sabor adstringente, característico do caju e do caqui ainda verdes, que "prende" a língua. Mas não devemos usar esse meio para identificar bases — já que muitas são tóxicas e corrosivas mesmo em soluções diluídas. Além disso, nem todo sabor adstringente deve-se a bases: no caso da banana verde, por exemplo, esse sabor é dado por uma substância chamada tanino, que não é uma base. Vamos descobrir então o que as bases têm em comum.

Veja a fórmula química de algumas bases:

- NaOH – hidróxido de sódio
- $Ca(OH)_2$ – hidróxido de cálcio
- $Mg(OH)_2$ – hidróxido de magnésio

> **Na tela**
>
> **Ponto Ciência – Sabão artesanal de cinza**
> https://www.youtube.com/watch?v=ZsfPpryIGJY
> Vídeo que mostra a produção artesanal de sabão no interior de Minas Gerais.

Assim como os ácidos têm em comum o fato de liberarem o íon H^+ em solução aquosa, as bases têm em comum o fato de liberarem um íon negativo (ânion), o OH^-, chamado íon hidroxila. Por esse motivo essas bases são chamadas também hidróxidos.

Podemos definir uma base como uma substância que em solução aquosa sempre origina como íon negativo o íon hidroxila.

As bases são chamadas também de álcalis (do árabe *alkali*, que significa "cinzas").

A solução básica obtida a partir das cinzas da queima de madeira pode ser misturada à gordura animal na fabricação de sabão. Veja a figura 8.23.

Quando uma base é dissolvida em água, o íon negativo, a hidroxila, se separa do íon positivo. Podemos representar esse processo pela equação química abaixo:

$$NaOH\ (s) \xrightarrow{\text{água}} Na^+\ (aq) + OH^-\ (aq)$$

Quanto maior a concentração de íons hidroxilas em uma solução, maior o pH da solução. As soluções básicas têm pH maior do que 7.

A amônia (NH_3), também chamada de amoníaco, é uma base diferente das bases vistas até agora. Repare que não há um íon hidroxila na fórmula da amônia. No estado puro, a amônia é um gás, com cheiro forte, mas em solução aquosa ela sofre uma reação, produzindo o íon hidroxila. Veja:

$$NH_3\ (g) + H_2O\ (\ell) \rightarrow NH_4^+\ (aq) + OH^-\ (aq)$$

O íon NH_4^+ chama-se íon amônio e, dissolvido na água, forma o hidróxido de amônio (NH_4OH) usado em produtos de limpeza.

8.23 Mulheres da etnia Guarani-Kaiowá mostrando o sabão artesanal feito a partir de uma solução básica obtida de cinzas. Aldeia de Amambai, em Mato Grosso.

Propriedades dos sais

Quando se fala em sal, pensamos logo no sal de cozinha. Em Química, porém, a denominação sal indica um grupo de compostos que pertencem à função química sal. Muitos deles têm sabor salgado, mas nunca se deve tentar identificar o sal levando-o à boca, pois muitos sais são tóxicos.

Os sais podem ser encontrados na natureza, como é o caso do cloreto de sódio, que é retirado da água do mar. Mas também podem ser produzidos pela reação química entre um ácido e uma base.

Veja, por exemplo, a formação do cloreto de sódio:

$$HC\ell \,(aq) + NaOH \,(aq) \rightarrow NaC\ell \,(aq) + H_2O \,(\ell)$$

A reação entre o ácido clorídrico ($HC\ell$) e o hidróxido de sódio ($NaOH$) produziu o sal cloreto de sódio ($NaC\ell$) e água (H_2O). O sódio e o cloro estão em solução aquosa (aq) e, nesse estado, se apresentam na forma de íons Na^+ e $C\ell^-$. Essa é uma importante característica dos sais: quando estão dissolvidos em água, liberam cátions e ânions.

No caso do $NaC\ell$, são liberados o cátion Na^+ e o ânion $C\ell^-$. Perceba que a produção de água se deu pela união do cátion H^+ (do ácido) e do ânion OH^- (da base).

Sendo assim, ao contrário dos ácidos e das bases, os sais não liberam íons H^+ nem OH^- em solução aquosa.

Você aprendeu que as substâncias que conduzem corrente elétrica possuem partículas carregadas que podem se mover livremente. Nos sais em estado sólido, os íons não conseguem se movimentar o bastante para conduzir eletricidade.

As partículas carregadas eletricamente apenas vibram em torno de uma posição fixa. Porém, quando um sal é dissolvido na água ou quando sofre fusão, os íons podem se mover mais livremente. Por isso, nessas condições os sais conduzem corrente elétrica. Observe a figura 8.24.

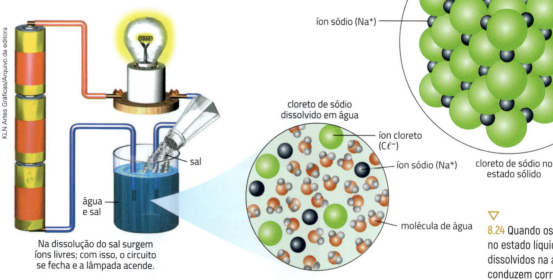

Na dissolução do sal surgem íons livres; com isso, o circuito se fecha e a lâmpada acende.

8.24 Quando os sais estão no estado líquido ou são dissolvidos na água, eles conduzem corrente elétrica. No destaque (acima), representação do cloreto de sódio no estado sólido. (Elementos representados em tamanhos não proporcionais entre si. Cores fantasia.)

Observando o nome (cloreto de sódio) e sua fórmula ($NaC\ell$), você pode perceber que o nome do sal é formado a partir do nome do ânion seguido do nome do cátion. Por exemplo: iodeto de sódio (NaI) e iodeto de potássio (KI). Esses dois sais vêm misturados ao sal de cozinha para prevenir uma doença chamada bócio endêmico, provocada por falta de iodo.

O nome do ânion vem do nome do ácido que o originou, com mudança na terminação. Veja um exemplo:
- HCℓ – ácido clorídrico (origina o ânion cloreto)
- NaCℓ – cloreto de sódio

Nesse caso, a terminação "ídrico" do ácido se transformou em "eto".

Veja outro exemplo:
- HI – ácido iodídrico (origina o ânion iodeto)
- NaI – iodeto de sódio

> O nome de um sal é formado pelo:
> nome do ânion + de + nome do cátion

Caso o nome do ácido termine em "ico" (por exemplo, o ácido carbônico), o nome do ânion terminará em "ato" (por exemplo, o ânion carbonato).

Caso o nome do ácido termine em "oso" (por exemplo, o ácido nitroso), o nome do ânion terminará em "ito" (por exemplo, o ânion nitrito).

Quando um elemento químico, por exemplo, o Fe (ferro), origina mais de um tipo de cátion (Fe^{2+} e Fe^{3+}), indica-se por algarismos romanos a carga elétrica do cátion em sua nomenclatura. Por exemplo: $FeCℓ_2$ é o cloreto de ferro II, e $FeCℓ_3$ é o cloreto de ferro III.

Propriedades dos óxidos

Ao expirar ar dos pulmões, você elimina um óxido de seu corpo: o gás carbônico (CO_2), também conhecido como dióxido de carbono.

Observe que os óxidos são formados pela combinação entre o elemento oxigênio e um único outro elemento.

Os prefixos que aparecem no nome de alguns óxidos indicam o número de átomos de oxigênio presentes na fórmula. Por exemplo, o prefixo "di" indica que há 2 átomos de oxigênio na molécula desse óxido.

Alguns óxidos reagem com a água formando ácidos. São, por isso, chamados de **óxidos ácidos**. O gás carbônico (CO_2), por exemplo, reage com a água formando ácido carbônico (H_2CO_3).

Outros reagem formando bases — são os **óxidos básicos**. A cal utilizada na construção civil, por exemplo, é constituída por óxido de cálcio (CaO), chamado cal viva ou cal virgem. Quando adicionamos água ao óxido de cálcio, a mistura passa a ter um caráter básico, formando-se o hidróxido de cálcio, cuja fórmula é $Ca(OH)_2$. Veja a reação:

> **Atenção**
> A cal viva é corrosiva e deve ser manipulada com luvas e equipamentos protetores.

$$CaO + H_2O \rightarrow Ca(OH)_2$$

O composto é conhecido como cal hidratada, cal extinta ou cal apagada. É usado em pinturas de parede (caiação) e na argamassa, uma mistura de cal e areia usada em construções.

Quando se aplica o hidróxido de cálcio em uma parede, este reage com o gás carbônico do ar, produzindo o carbonato de cálcio ($CaCO_3$), que dá a cor branca à parede. Veja a reação:

$$Ca(OH)_2 + CO_2 \rightarrow CaCO_3 + H_2O$$

Há também **óxidos neutros**, como o monóxido de carbono (CO), que não reagem com a água.

ATIVIDADES

Aplique seus conhecimentos

1. Faça o balanceamento das duas equações químicas abaixo e depois indique qual o tipo de reação que cada uma representa (síntese, análise, simples troca ou dupla troca):
   a) $HgO\ (s) \rightarrow Hg\ (\ell) + O_2\ (g)$
   b) $Fe\ (s) + HC\ell\ (aq) \rightarrow FeC\ell_2\ (aq) + H_2\ (g)$

2. Vamos tentar balancear a equação química da reação que ocorre no motor de um carro movido a álcool. Nesse caso, o álcool comum, também chamado álcool etílico, reage com o oxigênio em um tipo de reação chamada combustão, que libera muita energia em curto espaço de tempo. Os produtos da combustão são gás carbônico e vapor de água, que saem pelo escapamento do carro. A energia liberada na combustão faz o carro andar. Veja abaixo a equação antes do balanceamento:

$$C_2H_6O\ (\ell) + O_2\ (g) \rightarrow CO_2\ (g) + H_2O\ (v)$$

Agora, determine os coeficientes que balanceiam corretamente essa equação.

3. Na estratosfera, o gás oxigênio (O_2) é transformado em ozônio (O_3) pela ação dos raios ultravioleta.
Escreva a equação química balanceada que representa essa reação.

4. A figura abaixo é uma representação da combustão do gás propano, que está presente no chamado gás liquefeito de petróleo (GLP), usado em bujões de gás para aquecimento e como combustível em alguns automóveis. Observando a figura, escreva a equação química balanceada que representa essa queima. (O átomo de carbono aparece em cor cinza escura; o oxigênio, em vermelho; o hidrogênio, em branco.)

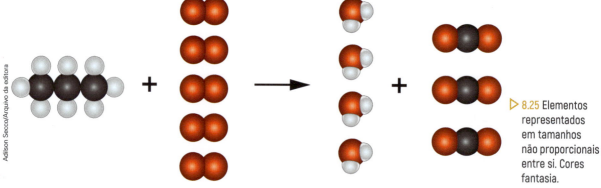

▷ 8.25 Elementos representados em tamanhos não proporcionais entre si. Cores fantasia.

5. Se colocarmos um pouco de água oxigenada (H_2O_2) a dez volumes sobre uma rodela de batata crua, vamos observar uma efervescência, por causa da transformação da água oxigenada (H_2O_2) em água (H_2O), com liberação de oxigênio (O_2). Escreva a equação balanceada que representa essa reação. Essa reação é de síntese ou de análise?

6. Após uma reação química em um recipiente fechado, a quantidade de matéria aumenta, diminui ou permanece constante? Enuncie a lei que permite responder a essa questão.

7. Um professor colocou uma vela em cada um dos dois pratos de uma balança. As velas tinham massas iguais, e a balança ficou equilibrada. Em seguida, ele acendeu uma das velas. Para que lado você acha que a balança pendeu após algum tempo? Como você explica esse fato?

8. Enuncie a lei que permite afirmar que 80 g de hidrogênio se combinam com 640 g de oxigênio produzindo 720 g de água. Dê também a proporção entre a massa de hidrogênio e a de oxigênio nessa reação.

9. Sabendo-se que 80 g de hidrogênio se combinam com 640 g de oxigênio produzindo 720 g de água, explique o que aconteceria se colocássemos 160 g de hidrogênio e mantivéssemos a quantidade de oxigênio.

10 ▸ Assinale apenas as afirmativas verdadeiras.
   a) Durante uma reação química, novas substâncias são produzidas.
   b) No primeiro membro de uma reação estão os reagentes, e no segundo membro, os produtos.
   c) A soma das massas dos reagentes é igual à soma das massas dos produtos em um sistema fechado.
   d) A eletrólise da água, produzindo hidrogênio e oxigênio, é uma reação de adição ou síntese.
   e) A lei de Lavoisier é também conhecida como lei das proporções constantes.
   f) Em um sistema fechado, o número total de átomos no primeiro membro da reação é sempre igual ao número total de átomos no segundo membro.
   g) À medida que uma vela queima, sua massa diminui, o que contraria a lei de Lavoisier.
   h) Uma substância pura tem sempre os mesmos elementos combinados na mesma proporção de massa.
   i) Não se deve provar uma substância desconhecida para saber se ela é ácida ou básica.
   j) Quando dissolvidas na água, as bases liberam o íon hidrogênio.
   k) Quanto maior o pH de uma solução, maior sua acidez.

11 ▸ Os ônibus espaciais são veículos que podem levar tripulantes para fora do planeta e retornar, pousando de novo na Terra. Esses ônibus carregam tanques contendo hidrogênio e oxigênio líquidos. Qual é a função dessas substâncias?

12 ▸ Explique por que as pessoas que trabalham com ácidos e bases em laboratório devem manusear com cuidado esses produtos e usar luvas, óculos de segurança e trabalhar em local com a ventilação adequada.

13 ▸ No laboratório, o professor preparou água de cal, um líquido transparente, que é uma solução de hidróxido de cálcio diluído em água. Colocou essa solução num copo e, com um canudo, soprou várias vezes dentro dele. A água de cal começou a ficar leitosa, por causa da formação de um composto chamado carbonato de cálcio, como se pode ver na figura 8.26.

Responda:
a) Observando a fórmula dos dois compostos mencionados na questão, o que deve ter causado a formação do carbonato de cálcio? A que função química pertence esse último composto?
b) Se deixarmos um copo com água de cal destampado, após alguns dias começa a se formar uma camada de carbonato de cálcio. Por que isso acontece?

▽ **8.26** Em **A**, água de cal. Em **B**, após determinado tempo, a água de cal começa a ficar com aparência leitosa.

> **❗ Atenção**
> O preparo da água de cal deve ser feito apenas pelo professor ou por um técnico de laboratório usando equipamento adequado (luvas, óculos protetores, espátulas para adicionar pitadas de cal à água, etc.), para que o óxido de cálcio usado nesse preparo não entre em contato com a pele, os olhos ou as mucosas, já que é corrosivo. Além disso, ao se dissolver na água, é liberada energia, e gotas de solução corrosiva podem espirrar para fora do recipiente. Finalmente, a água de cal, os seus resíduos e as embalagens devem ser descartados de acordo com a legislação ambiental.

Aprendendo com a prática

Nestas atividades, com a orientação do professor, você poderá observar algumas reações químicas.

Atividade 1

Para realizar esta atividade, providencie o que se pede a seguir e depois siga as orientações.

Material
- Um copo pequeno
- Água
- Um comprimido antiácido efervescente

Procedimento
1. Dissolva o comprimido em meio copo de água e observe.
   Considere que o comprimido efervescente contém bicarbonato de sódio e um ácido fraco (ácido cítrico ou ácido tartárico). Em contato com a água, o ácido libera íons hidrogênio, que reagem com o bicarbonato. Agora, responda.
   a) Qual é a evidência de que ocorreu uma reação química durante o experimento?
   b) Mesmo sem fazer a pesagem, você acha que a massa do conteúdo do copo depois da reação é igual à massa do comprimido somada à massa da água? Justifique sua resposta.
   c) Para que uma reação química aconteça, é preciso que os reagentes entrem em contato. Faça então o seguinte experimento: pegue dois comprimidos iguais de um antiácido efervescente e parta um deles em pedaços pequenos. Ao mesmo tempo, coloque o comprimido inteiro em um copo e o comprimido triturado em outro copo, ambos contendo a mesma quantidade de água. Anote o tempo que cada comprimido demora para se dissolver completamente, até a efervescência parar. Qual dos dois se dissolveu mais rapidamente? Como você explica isso?

Atividade 2

Para realizar esta atividade prática, providencie o que se pede a seguir e depois siga as orientações.

Material
- Dois pedaços de palha de aço
- Dois pires
- Um pouco de água da torneira

Procedimento
1. No primeiro pires, coloque um pedaço da palha de aço depois de umedecido em água. No segundo, deposite o outro pedaço, bem seco. Veja a figura 8.27.

2. Após dois ou três dias, observe se houve alguma mudança. Analise os resultados e tire suas conclusões. Responda também se há evidências de que houve uma reação química no experimento.

palha de aço umedecida com água

palha de aço seca

▽
8.27 Palha de aço molhada e seca.

Atividade 3

Nesta atividade, você vai analisar o pH dos produtos abaixo, sob a orientação do professor.

Material
- Água destilada
- Leite
- Água da torneira
- Leite de magnésia
- Suco de limão
- Água mineral com gás
- Vinagre
- Refrigerantes
- Detergente líquido
- Sabão de coco líquido
- Duas colheres (uma de sopa e uma de café)
- Um ou mais copos pequenos de vidro ou plástico transparentes

Procedimento

1. Peça ao professor ou a outro adulto que prepare um indicador com caldo de repolho roxo. É preciso pôr cerca de 5 folhas picadas desse repolho em 0,5 litro de água e ferver por cerca de 15 minutos. O professor pode optar também por bater folhas picadas com água no liquidificador e coar.
2. Depois de esfriar, a mistura é passada em um coador de chá ou em um filtro de café, e o caldo pode ser guardado na geladeira (por alguns dias) ou no congelador (por mais tempo). O caldo tem coloração roxa ou roxo-azulada. As folhas do repolho roxo possuem pigmentos, chamados antocianinas, que mudam de cor na presença de ácidos e bases. Por isso, o caldo fica vermelho ou rosa em contato com produtos ácidos, e verde ou amarelo em contato com produtos básicos. Em solução neutra, permanece roxo. Veja a figura 8.28.
3. Adicione uma colher de sopa desse caldo em um copo de vidro ou plástico transparente. Então, adicione uma colher de café, ou um pouco mais, de um dos produtos indicados anteriormente. Mexa a mistura e vá acrescentando aos poucos o produto, até que você observe uma mudança de cor na solução de repolho.
4. Anote a cor obtida. Classifique o produto como ácido, básico ou neutro. Repita o procedimento usando o caldo de repolho nos demais produtos. Ao final de cada teste, lave as colheres e o copo em água corrente, tomando cuidado para não quebrar o copo, caso seja de vidro.
5. Agora, tente neutralizar uma das soluções ácidas ou básicas acrescentando outro produto da lista. Elabore uma hipótese para explicar por que isso pode acontecer.

Se puder, repita esses testes usando papel de tornassol como indicador. Indique a cor resultante e compare-a com a cor obtida no teste com o caldo de repolho roxo.

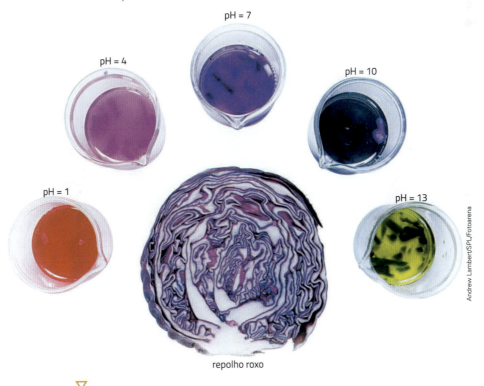

8.28 O caldo de repolho roxo muda de cor de acordo com o pH das soluções.

Autoavaliação

1. Em qual tema deste capítulo você teve mais dificuldade? Como você buscou superá-la?
2. Você analisou e compreendeu os esquemas de processos e reações químicas apresentados no capítulo?
3. Como você avalia sua compreensão sobre função química? Cite quais são elas e, com suas palavras, elabore textos explicativos curtos para cada função química.

CAPÍTULO 9

Radiações e suas aplicações

9.1 Médica examinando uma radiografia de joelho.

Você já observou uma imagem semelhante à da figura 9.1? Usando um equipamento de raios X, conseguimos produzir imagens que revelam, por exemplo, os ossos sob a pele. Mas, diferentemente do que ocorre com a luz visível, não podemos ver os raios X nem as ondas de rádio e de televisão, os raios infravermelhos, a radiação ultravioleta, as micro-ondas e os raios gama. Todos esses exemplos, assim como a luz visível, são radiações eletromagnéticas ou ondas eletromagnéticas.

As aplicações tecnológicas de diferentes tipos de radiação vêm revolucionando a forma como nos comunicamos e difundimos informações. O telefone celular e as transmissões de rádio e de televisão são alguns exemplos dessas aplicações.

Além das comunicações, as diversas áreas da saúde também se desenvolveram muito com a aplicação de radiações e das ondas sonoras. Como veremos neste capítulo, essas tecnologias possibilitaram diagnosticar e tratar diversas doenças.

> **Para começar**
>
> 1. Como o som de um instrumento musical chega até nós?
> 2. Você usa o forno de micro-ondas para aquecer alimentos? Usa telefone celular ou controle remoto de TV? Já assistiu a uma transmissão de TV via satélite? Você já fez exames médicos que usam raios X ou ultrassom? O que há em comum na tecnologia usada nesses aparelhos?
> 3. Em que outras tecnologias e contextos as radiações são aplicadas?

1 As características de uma onda

Em algumas academias de ginástica, as pessoas fazem um tipo de exercício em que se usa uma corda grossa e pesada para fortalecer os braços. A corda é presa a um ponto fixo e sacudida para cima e para baixo a um ritmo constante. Veja na figura 9.2 uma situação semelhante, com uma corda mais fina. O que acontece com a corda nessa situação?

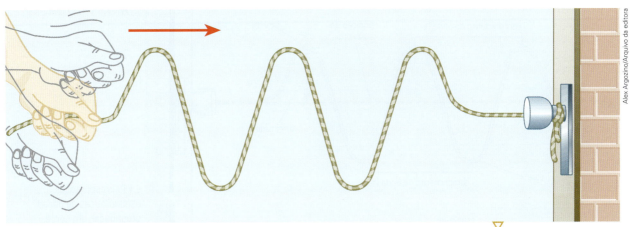

9.2 Representação esquemática de uma onda propagando-se por uma corda presa a um ponto fixo. (Elementos representados em tamanhos não proporcionais entre si. Cores fantasia.)

Quando a pessoa começa a sacudir uma corda presa a um ponto fixo para cima e para baixo periodicamente, procurando manter um ritmo constante, forma-se uma sequência ritmada de pulsos que se propagam pela corda, isto é, forma-se uma **onda** que se propaga pela corda. Dizemos que uma onda é uma perturbação que se propaga no espaço.

Observe que, embora cada trecho da corda suba e desça, ou seja, oscile verticalmente, a corda não se desloca horizontalmente: uma das pontas dela permanece presa à mão da pessoa e a outra ponta continua fixa à maçaneta. O que faz cada trecho da corda oscilar é a energia que está sendo transmitida ao longo da corda. Portanto, uma propriedade da onda é que ela transporta energia sem transportar matéria.

As ondas que se propagam na corda, assim como as ondas na superfície de um lago quando gotas de chuva caem na água, são **ondas mecânicas**: elas se propagam através de um meio material. Esse meio pode ser sólido, como a corda; líquido, como a água de um lago; ou gasoso, como o ar. Veja a figura 9.3. Adiante conheceremos também as ondas eletromagnéticas, que não precisam de meio material para se propagar e são utilizadas, entre outras aplicações, na transmissão e recepção de imagens e som nos meios de comunicação.

9.3 Ondas na superfície de um lago provocadas pela queda de gotas de chuva. A onda não transporta matéria, por isso, caso uma folha caia sobre a onda na água, ela vai oscilar para cima e para baixo, mas não se deslocará horizontalmente.

Radiações e suas aplicações • CAPÍTULO 9

A figura 9.4 mostra uma corda pela qual passa uma onda em determinado instante. Observe que neste instante há regiões mais altas, chamadas **cristas**, e regiões mais baixas, chamadas **vales**. A distância entre uma crista ou um vale em relação a uma posição de equilíbrio é chamada **amplitude** da onda. Ela corresponde ao deslocamento máximo de um ponto em relação à sua posição de equilíbrio.

A distância percorrida por uma onda até que ela comece a se repetir (até que ela complete uma oscilação) pode ser obtida a partir da distância entre duas cristas ou entre dois vales. Essa distância é chamada **comprimento de onda** e é representada pela letra grega lambda minúscula (λ).

> **Mundo virtual**
>
> Ondas em cordas – Universidade de Colorado
> https://phet.colorado.edu/pt_BR/simulation/wave-on-a-string
> Simulador que permite construir e analisar ondas em uma corda com diferentes amplitudes e frequências.
> Acesso em: 21 mar. 2019.

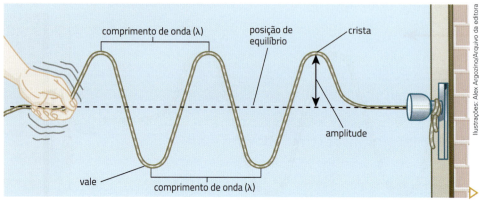

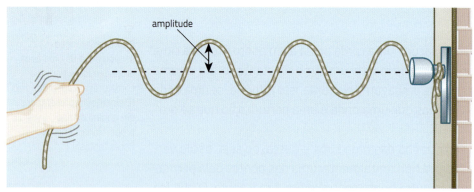

▷ **9.4** Representações esquemáticas de ondas propagadas em corda. A primeira corda está sendo sacudida com mais energia, por isso as ondas geradas têm amplitude maior que as da segunda corda. (Elementos representados em tamanhos não proporcionais entre si. Cores fantasia.)

O tempo gasto para realizar uma oscilação completa, ou seja, para um ponto da corda subir até uma crista, descer até um vale, e então voltar a sua posição de equilíbrio, é chamado **período (T)**.

A **frequência (f)** de uma onda é o número de oscilações completas que cada ponto realiza por unidade de tempo. A unidade de frequência no Sistema Internacional de Unidades (SI) é o **hertz (Hz)**, que significa **ciclos por segundo**. É comum usar os múltiplos do hertz: um quilo-hertz (kHz) vale mil hertz, um mega-hertz (MHz) vale 1 milhão de hertz e um giga-hertz (GHz) vale 1 bilhão de hertz.

O nome é uma homenagem ao físico alemão Heinrich Hertz (1857-1894), que mostrou ser possível produzir ondas eletromagnéticas a partir da eletricidade.

Note que há uma relação simples entre o período e a frequência. Vamos supor que a pessoa que está segurando a corda sacuda o braço de modo a produzir 4 pulsos, ou oscilações completas, por segundo. A frequência da onda é então de 4 Hz. Mas, se 4 pulsos foram produzidos por segundo, então o período de um pulso é de $\frac{1}{4}$ de segundo, ou 0,25 segundo. Portanto, o período (T) é o inverso da frequência (f); a frequência é o inverso do período:

$$f = \frac{1}{T} \text{ ou } T = \frac{1}{f}$$

UNIDADE 2 • Transformações da matéria e radiações

Cada tipo de onda tem uma velocidade de propagação diferente. As ondas sonoras, por exemplo, que nos permitem ouvir, se propagam no ar (a 15 °C) com velocidade de cerca de 340 metros por segundo. Já a luz visível (que nos permite ver os objetos) e as outras radiações eletromagnéticas que vamos estudar neste capítulo têm velocidade bem maior: cerca de 300 mil quilômetros por segundo no vácuo.

Como a velocidade (**v**) é a relação entre o espaço percorrido e o tempo gasto em percorrê-lo, e como uma onda gasta um tempo igual ao seu período (T) para percorrer uma distância igual ao seu comprimento de onda (λ), podemos estabelecer a seguinte relação:

$$v = \frac{\lambda}{T} \text{ ou } v = \lambda \cdot f$$

Ondas transversais e longitudinais

A mola da figura 9.5 é de um tipo bem maleável e pode ser colocada para produzir ondas de duas maneiras. Ela pode ser sacudida verticalmente, como foi feito com a corda; ou sua extremidade solta pode ser puxada e comprimida várias vezes.

No primeiro caso, cada ponto da corda oscila numa direção que é perpendicular à direção de propagação dos pulsos. Esse tipo de onda é, por isso, chamado de **onda transversal**. As ondas que você viu anteriormente, na corda, são desse tipo.

No segundo caso, cada ponto da mola também oscila, só que para a frente e para trás na mesma direção da propagação de energia. Formam-se regiões em que a mola está mais comprimida e regiões em que ela está mais distendida. Cada parte da mola oscila na mesma direção de propagação dos pulsos. Esse tipo de onda é chamado **onda longitudinal**. As ondas sonoras, como veremos a seguir, são desse tipo.

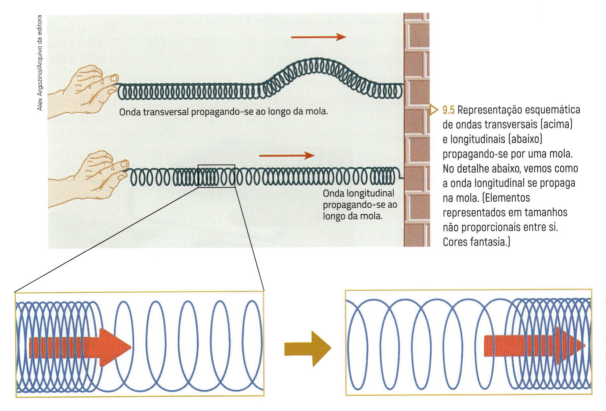

▶ 9.5 Representação esquemática de ondas transversais (acima) e longitudinais (abaixo) propagando-se por uma mola. No detalhe abaixo, vemos como a onda longitudinal se propaga na mola. (Elementos representados em tamanhos não proporcionais entre si. Cores fantasia.)

Radiações e suas aplicações • **CAPÍTULO 9**

2 Ondas sonoras

Podemos perceber o som devido à propagação de um tipo de onda: a **onda sonora**. As ondas sonoras são ondas longitudinais originadas a partir de vibrações de corpos materiais (lâminas, membranas, cordas, etc.). Veja a figura 9.6.

9.6 Instrumentos de percussão em festa popular de Minas Novas (MG), 2016. A vibração das membranas dos instrumentos origina ondas sonoras.

Essas ondas se propagam pela vibração de átomos e moléculas do ar ou de outro meio material. No vácuo, portanto, essas ondas não podem se propagar, uma vez que é preciso existir um número suficiente de partículas para haver uma onda.

Você pode fazer a seguinte experiência: apoie a extremidade de uma régua de metal ou plástico duro na borda de uma mesa, colocando um livro sobre ela e segurando-o firmemente, como mostra a figura 9.7. Com cuidado, force a régua para baixo e em seguida solte-a: a régua vai vibrar várias vezes e um som poderá ser ouvido. Experimente diminuir e aumentar o comprimento da parte da régua apoiada sobre a mesa. Você irá observar que os sons podem ficar mais ou menos intensos, pois, quanto maior a amplitude da oscilação, maior a intensidade do som. O som pode, ainda, tornar-se mais agudo ou mais grave, pois quanto maior a frequência, mais agudo é o som e quanto menor, mais grave.

9.7 Uma régua de plástico ou metal oscilando pode produzir ondas sonoras. (Elementos representados em tamanhos não proporcionais entre si. Cores fantasia.)

Quando dedilhamos uma corda de violão ou um elástico bem esticado ou, ainda, fazemos vibrar uma membrana de um instrumento de percussão (reveja a figura 9.6), a vibração da corda, do elástico ou da membrana faz oscilar os gases do ar que estão próximos. Esses gases interagem com os vizinhos, fazendo-os oscilar também, e assim por diante.

UNIDADE 2 • Transformações da matéria e radiações

Surgem assim regiões em que o ar está mais comprimido, isto é, em que os gases do ar ficam mais próximos uns dos outros, e regiões em que os gases do ar ficam mais afastados uns dos outros. São as regiões de **compressão** (onde a pressão do ar é maior) e de **rarefação** (onde a pressão é menor), respectivamente. A sequência de compressões e rarefações propagando-se pelo ar forma uma onda longitudinal. Veja a figura 9.8.

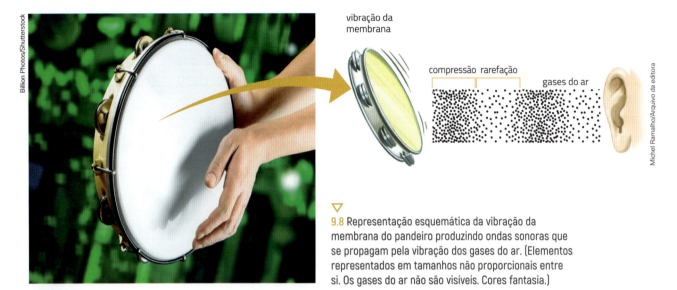

▽ 9.8 Representação esquemática da vibração da membrana do pandeiro produzindo ondas sonoras que se propagam pela vibração dos gases do ar. (Elementos representados em tamanhos não proporcionais entre si. Os gases do ar não são visíveis. Cores fantasia.)

A distância que separa duas compressões (ou duas rarefações) corresponde ao comprimento de onda. As vibrações se propagam em todas as direções, isto é, elas tendem a ocupar todo o espaço por onde se propagam. Veja na figura 9.9 as ondas sonoras emitidas quando uma corrente elétrica faz vibrar a membrana (diafragma) de um alto-falante.

A velocidade do som depende do meio em que a onda se desloca. Quanto mais elástico e mais denso for um meio, maior a velocidade do som. Por isso a velocidade é geralmente maior nos sólidos que nos líquidos e maior nestes que nos gases (incluindo o ar). No ferro, por exemplo, o som se propaga a 5 130 metros por segundo; na água, a 1 450 metros por segundo; no ar, a cerca de 340 metros por segundo. Esses valores são aproximados e variam com a temperatura do meio pelo qual o som se propaga.

▷ 9.9 Representação esquemática de ondas sonoras provocadas pela vibração da membrana de um alto-falante. (Elementos representados em tamanhos não proporcionais entre si. As partículas de ar não são visíveis. Cores fantasia.)

Radiações e suas aplicações • **CAPÍTULO 9** 181

O eco

Quando uma onda sonora atinge uma superfície, uma parte da onda é absorvida e outra é refletida. Imagine que você dê um grito e as ondas sonoras se choquem contra um obstáculo que reflita bem, como mostra a figura 9.10, fazendo com que as ondas voltem para você. Nesse caso, pode acontecer um fenômeno interessante, conhecido como **eco**: você vai ouvir seu grito de novo. Mas não é sempre que acontece o eco. Veja por quê.

Os seres humanos só distinguem um som de outro se houver entre ambos um intervalo de tempo de pelo menos um décimo de segundo (0,1 segundo). Menos que isso, vamos ouvir os dois sons como um único som, ou o segundo som aparece como uma continuação do primeiro. Agora, sabendo que a velocidade do som no ar à temperatura ambiente é em torno de 340 metros por segundo (m/s), você poderia calcular a distância mínima que deve existir entre você e o obstáculo que reflete o som para ser possível ouvir o eco?

Veja como o cálculo pode ser feito: para haver eco, o som tem de levar pelo menos 0,1 segundo para ir e para voltar. Então a distância total percorrida nesse intervalo pode ser calculada por uma fórmula simples: **d = v · t**, em que **d** é a distância percorrida; **v**, a velocidade do som; e **t**, o tempo decorrido. Logo, a distância total será d = 340 · 0,1 = = 34 metros. Mas essa é a distância total que o som percorre, isto é, a distância para ir e voltar. Logo, a superfície que vai refletir o som precisa estar a pelo menos 17 metros de distância, para que o som percorra 17 metros na ida e 17 metros na volta.

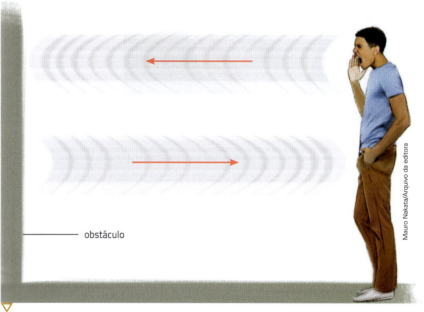

9.10 Representação esquemática da reflexão do som, explicando o fenômeno do eco. (Os gases do ar não são visíveis. Elementos e distâncias representados em tamanhos não proporcionais entre si. Cores fantasia.)

Infrassom e ultrassom

As ondas sonoras, quando captadas pelas orelhas, produzem a sensação de som nos seres vivos. A orelha humana, por exemplo, é capaz de captar somente as ondas que estão na faixa de cerca de 20 Hz a 20 kHz (1 kHz = 10^3 Hz = 1000 Hz). Percebemos como sons, isto é, ouvimos, apenas ondas nessa faixa de frequência; ou seja, ondas com frequência abaixo de 20 Hz (**infrassom**) e acima de 20 000 Hz (**ultrassom**) não são audíveis pelo ser humano.

Mesmo não sendo capaz de sentir e ouvir ondas nessas frequências, o ser humano utiliza a tecnologia para emitir e captar ultrassons. O aparelho conhecido como **sonar**, usado em navios, emite ultrassons para localizar obstáculos, como cardumes, recifes, submarinos e outros objetos que refletem o som sob a superfície do mar. O aparelho mede o intervalo de tempo entre a emissão e a recepção da onda sonora, calculando a distância até o obstáculo.

> A terminologia anatômica determina que se use o termo "orelha" no lugar de "ouvido". Mesmo assim, o termo "ouvido" ainda é comum, enquanto o termo "orelha" é usado também para se referir ao pavilhão auricular.

Na faixa de 1 MHz a 10 MHz, o ultrassom é usado também para fazer **ultrassonografia**, um exame com aparelhos que permitem obter imagens de órgãos do corpo para diagnosticar algumas doenças ou para examinar o desenvolvimento do feto durante a gravidez, por exemplo. Veja a figura 9.11. Por esse exame, é possível examinar órgãos que não são bem visualizados por raios X. O ultrassom é usado também em fisioterapia, para acelerar a cura de lesões nos sistemas muscular e esquelético. Inicialmente, o ultrassom foi usado nos aparelhos de controle remoto, sendo depois substituído por radiação infravermelha.

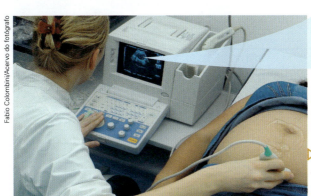

▷ **9.11** Médica realizando exame de ultrassom em gestante. No detalhe, é possível observar a imagem do feto produzida pelo aparelho.

Saiba mais

Na crista da onda... sonora

[...] A onda sonora tem um comprimento. O número de ondas que passam por um ponto qualquer durante o intervalo de um segundo é chamado de frequência. Guarde este nome! A frequência é essencial para entendermos por que alguns animais conseguem ouvir sons que outros nem imaginam que existem.

A frequência determina se o som é mais grave ou mais agudo. Se a onda tem um comprimento mais longo e, portanto, uma frequência menor, seu som é mais grave. Quanto menor o comprimento da onda, maior a frequência e mais agudo o som. [...]

Imagine elefantes, baleias, macacos, morcegos, pássaros, golfinhos, cães, gatos e seres humanos, todos reunidos em um extenso coral. A ideia parece linda, mas, na prática, haveria um pequeno problema: quem seria o maestro? Nenhum ser vivo é capaz de escutar com perfeição todos os sons que esse coral imaginário produziria. Isso acontece porque cada animal está preparado para ouvir e emitir sons em uma determinada faixa de frequência.

O homem, por exemplo, quando ainda jovem, é capaz de distinguir sons entre 20 Hz e 20 000 Hz. Abaixo ou acima desses limites, o ouvido humano simplesmente não escuta. Já os cães, os gatos e os cavalos ouvem sons com até 45 000 Hz. Adestradores de cães costumam usar apitos que emitem sons em frequências altas que nós não escutamos, mas que os cachorros percebem com clareza.

Um dos animais com o ouvido mais aguçado é o morcego. Ele consegue escutar sons de até 75 000 Hz, em média. Há uma explicação natural: o morcego, por conta de sua vida noturna, precisa utilizar sua audição, mais do que sua visão, para se guiar e capturar as presas.

Durante um voo, o morcego emite sons de alta frequência, portanto, agudos. Essas ondas sonoras ecoam pelo ambiente, batem em diversos obstáculos e voltam. Chegando de volta ao ouvido do morcego, os sons são interpretados pelo cérebro do animal, que consegue descobrir os obstáculos que estão ao seu redor. Assim, ele é capaz, por exemplo, de perceber a movimentação de uma presa e calcular o momento certo de atacar, mesmo sem estar enxergando bem.

Enquanto o morcego e alguns de seus parentes roedores estão entre os animais que ouvem sons mais agudos, as baleias e os elefantes estão entre os que ouvem – e emitem – os sons mais graves. Eles trabalham com uma faixa de frequência de até 20 Hz. Por isso, se você vir um elefante abrindo a boca no zoológico e não ouvir nada, não pense que ele está bocejando ou se fingindo de mudo. Ele pode estar emitindo sons infrassônicos (como são chamados aqueles abaixo de 20 Hz), que nós não escutamos!

NA CRISTA da onda... sonora. *Ciência Hoje das Crianças*. Disponível em: <http://chc.org.br/acervo/na-crista-da-onda-sonora/>. Acesso em: 21 mar. 2019.

3 Radiações eletromagnéticas

As radiações eletromagnéticas são formadas por **ondas eletromagnéticas**. Diferentemente das ondas mecânicas, as ondas eletromagnéticas não precisam de meio material para se propagar, podendo se propagar no vácuo. É o caso da luz ou das ondas de rádio e de televisão, utilizadas na transmissão e recepção de sons e imagens nos meios de comunicação, entre outros exemplos. Veja a figura 9.12.

As ondas eletromagnéticas se deslocam no vácuo com a velocidade da luz, que é de 300 mil quilômetros por segundo, aproximadamente. Enquanto nas ondas mecânicas há um meio material que oscila, nas ondas eletromagnéticas o que está oscilando são campos elétricos e magnéticos. Tanto as cargas elétricas como os ímãs (ambos estudados no 8º ano) exercem seus efeitos a distância. Fala-se que cargas elétricas e ímãs criam um campo de força ao seu redor. Assim, dizemos que há um campo elétrico ao redor de uma carga elétrica e um campo magnético ao redor de um ímã.

9.12 Agente de saúde da etnia Kalapalo usando rádio para se comunicar em posto médico em Querência (MT), 2018.

A frequência das ondas eletromagnéticas é obtida a partir dos valores dos campos elétricos e magnéticos que oscilam por unidade de tempo. Desse modo, a frequência de uma onda eletromagnética corresponde ao número de oscilações que seus campos elétrico e magnético realizam a cada segundo.

As estações de rádio AM (amplitude modulada), por exemplo, transmitem sua programação na faixa dos quilo-hertz, de 500 kHz a 1 600 kHz. As estações de rádio FM (frequência modulada) transmitem na faixa dos mega-hertz, de 88 MHz a 108 MHz. Radares e fornos de micro-ondas operam na faixa dos giga-hertz. Quanto maior a frequência, maior a energia da radiação e menor seu comprimento de onda.

Na figura 9.13 há um conjunto de diferentes tipos de radiações eletromagnéticas que estão organizadas de acordo com as suas frequências: da esquerda para a direita, a frequência e a energia da radiação aumentam e o comprimento de onda diminui. Essa organização é chamada de espectro eletromagnético. Vamos conhecer um pouco sobre essas radiações eletromagnéticas.

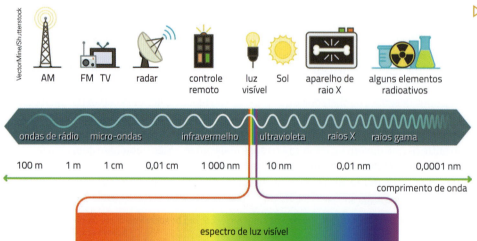

9.13 Representação esquemática do espectro eletromagnético, com as frequências de onda mais baixas (de maior comprimento de onda) à esquerda e as frequências mais altas (de menor comprimento de onda) à direita. O nanômetro (nm) é a bilionésima parte do metro. (Elementos representados em tamanhos não proporcionais entre si. Cores fantasia.)

As ondas de rádio e as micro-ondas

Nos estúdios de rádio e televisão, os sons e as imagens de um programa são captados por microfones e câmeras. Elas então passam por um circuito elétrico, em que são transformadas em **ondas de rádio**, na faixa de 88 MHz a 216 MHz, e transmitidas por antenas.

Ao mexer no botão do rádio para sintonizar uma estação, por exemplo, o aparelho receptor é regulado para captar determinada frequência de onda emitida pela estação ou pelo canal escolhido.

Quando a transmissão é feita via satélite, as ondas enviadas pela antena estão na faixa das **micro-ondas** (entre 300 MHz e 300 GHz) e, após percorrerem a atmosfera na velocidade da luz, são captadas por um satélite.

As micro-ondas são usadas nas transmissões de comunicação, porque elas conseguem atravessar facilmente a atmosfera terrestre, com menos interferência do que ondas de frequência mais baixa e comprimento de onda mais longo (como as ondas de rádio ou TV, por exemplo). O satélite amplia o alcance da primeira antena de uma estação transmissora, reemitindo essas ondas eletromagnéticas para uma antena receptora em outra região do planeta, também na faixa das micro-ondas.

O sistema que integra satélites e antenas também utiliza micro-ondas para a comunicação pelo telefone celular e para o acesso à internet móvel nesse e em outros tipos de aparelho. Veja a figura 9.14.

Na tela

História das telecomunicações – Museu das telecomunicações
https://www.youtube.com/watch?v=0MhaWHjsZtI
Vídeo sobre a história da transmissão das informações telefônicas por cabos e fibra óptica. Acesso em: 21 mar. 2019.

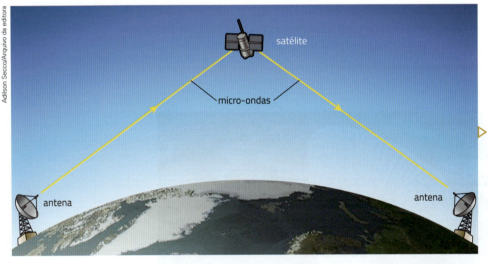

▷ 9.14 Representação esquemática simplificada do mecanismo de transmissão de micro-ondas para os sistemas de rádio, televisão e telefonia por satélites. (Elementos e distâncias representados em tamanhos não proporcionais entre si. Cores fantasia.)

Esses sistemas de telecomunicações usam os chamados satélites geoestacionários, que levam 24 horas para completar uma volta em torno da Terra. Esse nome é dado porque, para um observador na Terra, esses satélites parecem ficar parados sobre um mesmo ponto do planeta. O que acontece é que esses satélites, que estão a cerca de 40 mil quilômetros da superfície do planeta, exatamente sobre o equador, movimentam-se acompanhando a rotação da Terra.

Outra aplicação desse tipo de onda é o **GPS**, sigla para a expressão, em inglês, *Global Positioning System* (sistema de posicionamento global). É um sistema que permite a um usuário (terrestre, marítimo ou aeronáutico) determinar sua posição na superfície do planeta (latitude, longitude e altitude) com base em ondas eletromagnéticas com uma frequência aproximada de 1,2 GHz vindas de 31 satélites artificiais que giram ao redor da Terra.

Radiações e suas aplicações • **CAPÍTULO 9** ⟨ **185**

Para ser utilizado, o GPS necessita apenas de um receptor que capte o sinal emitido pelos satélites (atualmente, muitos aparelhos de telefone celular possuem receptor de GPS). Além de ser aplicado na aviação e na navegação marítima, esse sistema tem sido cada vez mais usado na navegação terrestre para localizar endereços e ajudar no deslocamento das pessoas. Veja a figura 9.15.

9.15 Em A, celular com receptor de GPS sendo usado para navegação em carro e, em B, representação artística do sistema de satélites ao redor da Terra que enviam sinais para os dispositivos. (As órbitas dos satélites estão em escala em relação ao diâmetro da Terra. Elementos representados em tamanhos não proporcionais entre si. Cores fantasia.)

Algumas estruturas astronômicas, como galáxias distantes e estrelas, emitem uma grande quantidade de ondas de rádio. Essas ondas não são visíveis aos nossos olhos e não podem ser captadas pelos telescópios ópticos (que apenas captam a luz visível). Para percebê-las, portanto, são utilizados os **radiotelescópios**, que captam, por meio de uma superfície parabólica, ondas emitidas por aqueles corpos celestes e as refletem a um receptor muito sensível, permitindo reconstruir as informações. Veja a figura 9.16.

9.16 Radiotelescópios para observações astronômicas. Na imagem, complexo de três radiotelescópios (dois estão visíveis na foto; o maior deles, em primeiro plano, tem 10 m de diâmetro), em Campinas (SP), 2018.

As ondas de rádio são usadas também em uma técnica que permite observar imagens do interior do corpo humano sem os riscos à saúde dos raios X: é a **ressonância nuclear magnética**. A técnica permite diagnosticar vários problemas de saúde nos órgãos internos, inclusive em partes moles do corpo, como cartilagens, músculos, coração e outros órgãos, que são pouco visíveis em exames de raios X.

Conheceremos mais sobre os raios X neste capítulo.

UNIDADE 2 • Transformações da matéria e radiações

Nessa técnica, a pessoa fica no interior de um campo magnético. O aparelho emite ondas de rádio que se chocam com os átomos do corpo e são refletidas, mudando sua trajetória. Nessa mudança de trajeto das ondas, são emitidas pequenas correntes elétricas. A intensidade do sinal elétrico varia de acordo com o tipo de tecido. O equipamento capta esses sinais e uma imagem é produzida por um computador. Veja a figura 9.17.

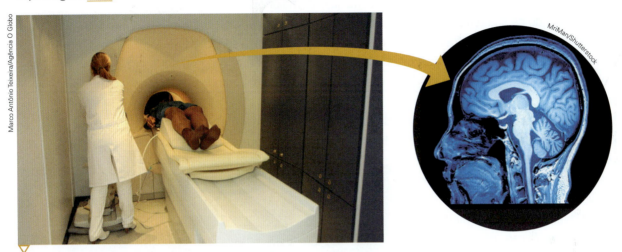

9.17 Paciente em exame de ressonância magnética e, no detalhe, imagem produzida por computador a partir das informações obtidas por esse tipo de exame (a cabeça aparece em corte e em visão lateral; cores fantasia).

O campo magnético produzido nesse exame é muito forte, como um campo gerado por um ímã muito poderoso. Por isso, pessoas com implante de metal no corpo, marca-passo ou outras peças metálicas, além de outras contraindicações, não podem realizá-lo.

> As tatuagens também devem ser avaliadas antes do exame porque algumas tintas contêm metais em sua composição.

Por fim, as micro-ondas são também emitidas pelo **forno de micro-ondas**. A frequência da onda escolhida, neste caso, é justamente a frequência natural de vibração das moléculas de água, de 2,45 GHz. Dessa forma, ao serem atingidas pelas micro-ondas, as moléculas de água dos alimentos começam a vibrar mais rapidamente, aumentando, assim, a temperatura da comida. Veja a figura 9.18.

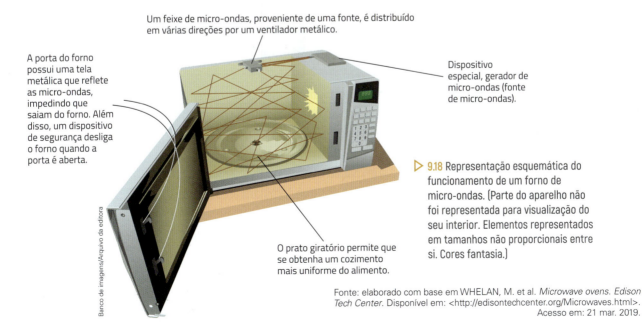

9.18 Representação esquemática do funcionamento de um forno de micro-ondas. (Parte do aparelho não foi representada para visualização do seu interior. Elementos representados em tamanhos não proporcionais entre si. Cores fantasia.)

Fonte: elaborado com base em WHELAN, M. et al. *Microwave ovens*. Edison Tech Center. Disponível em: <http://edisontechcenter.org/Microwaves.html>. Acesso em: 21 mar. 2019.

Radiações e suas aplicações • **CAPÍTULO 9**

O infravermelho

O infravermelho é um tipo de radiação eletromagnética com frequências variando entre cerca de $3 \cdot 10^{11}$ Hz e $4 \cdot 10^{14}$ Hz, não sendo visível pelos olhos humanos.

Apesar de não ser visível, a radiação infravermelha pode ser percebida pela sensação de calor, devido a terminações nervosas especializadas da pele.

Todos os corpos emitem a radiação infravermelha com maior ou menor intensidade, dependendo de sua temperatura. Da mesma forma, os corpos são aquecidos quando absorvem a radiação infravermelha emitida por outros corpos, estejam próximos ou distantes, como é o caso dos raios infravermelhos do Sol que chegam ao planeta. Quando ficamos expostos ao sol, por exemplo, recebemos uma grande quantidade de radiação infravermelha.

Esse tipo de onda eletromagnética é usado em binóculos e câmeras que permitem enxergar e fotografar à noite, em satélites de previsão do tempo (que detectam os raios infravermelhos emitidos pela Terra) e em controles remotos de aparelhos de televisão e rádio. Veja a figura 9.19.

O infravermelho é usado ainda em câmeras fotográficas, para medir a que distância está um objeto e colocá-lo em foco, e em sensores, para acender lâmpadas ou disparar alarmes. Os sensores detectam variações na radiação infravermelha quando uma pessoa passa por eles. O infravermelho é usado também para ler o código de barras na embalagem de produtos: enquanto as barras escuras absorvem os raios, as barras claras refletem-nos para um sensor. As informações são digitalizadas e processadas por um computador.

> Infravermelho significa que a frequência desta onda eletromagnética está "abaixo do vermelho", ou seja, abaixo da frequência da onda que produz luz de cor vermelha.

9.19 Imagem gerada por uma câmera de infravermelho mostrando emissão de energia térmica por homem usando o computador. Na porção direita da figura há uma escala de temperatura (em °C); note que o corpo do homem e o computador emitem mais radiação infravermelha do que o resto do ambiente.

A luz visível

No próximo capítulo, vamos estudar algumas propriedades da parte visível do espectro eletromagnético, ou seja, da **luz visível**, uma vez que somente enxergamos ondas nessa faixa do espectro eletromagnético ($4,3 \cdot 10^{14}$ Hz, para a luz vermelha, até $7,5 \cdot 10^{14}$ Hz, para a luz violeta).

Você já percebeu que a luz em postes de iluminação acende quando escurece e apaga quando amanhece? O mesmo acontece com as luzes que iluminam áreas como garagens e corredores.

O que provoca o acendimento e o desligamento da luz é um dispositivo chamado fotocélula, também denominado relé fotoelétrico. Esse dispositivo aciona a iluminação automaticamente quando há baixa luminosidade no ambiente e a luz se mantém acesa durante a noite; pela manhã, a fotocélula detecta o aumento da luminosidade e a luz é desligada.

> O termo fotocélula pode ser usado também com o significado de célula fotovoltaica ou célula fotoelétrica. Nesse caso se refere às células de painéis solares que transformam a energia luminosa dos raios solares em energia elétrica, como vimos no 8º ano.

Veja a figura 9.20. A fotocélula tem um sensor de luminosidade. Ao ser exposto a uma certa quantidade de luz, o sensor gera um sinal que abre ou fecha um circuito elétrico. É como quando acionamos um interruptor comum, só que, nesse caso, o que desencadeia a abertura ou o fechamento do circuito é a existência ou não de um sinal elétrico. A lâmpada acende quando há passagem de corrente elétrica e apaga quando não há.

9.20 A fotocélula tem um sensor que aciona a passagem de corrente elétrica para o dispositivo ao qual está conectada.

Os raios ultravioleta

Acima da frequência da luz visível estão os **raios ultravioleta** (ultravioleta significa 'acima do violeta'), com frequência variando entre 10^{15} Hz e 10^{17} Hz. Esses raios são emitidos pelo Sol e atuam, por exemplo, na produção de vitamina D no organismo humano, necessária ao desenvolvimento saudável dos nossos ossos. No entanto, a exposição excessiva aos raios ultravioleta aumenta os riscos de desenvolvimento de câncer de pele, além de provocar o surgimento de rugas e o envelhecimento precoce da pele.

> **Atenção**
> Evite a exposição excessiva ao sol, principalmente das 10 h às 16 h, e sempre use filtro solar, mesmo em dias nublados. Um médico dermatologista poderá indicar o melhor tipo de filtro para o seu tipo de pele.

Os raios X

Os **raios X** encontram-se na faixa do espectro entre 10^{17} Hz e 10^{20} Hz e são particularmente úteis à Medicina. Produzidos por máquinas elétricas, eles geram imagens que servem para detectar problemas nos ossos e em outros órgãos do corpo.

Eles são absorvidos pelos ossos, mas atravessam tecidos menos densos. Então, se uma parte do corpo for exposta aos raios X e estes forem captados num filme fotográfico, os ossos aparecem como regiões mais claras (que não foram atravessadas pelos raios) em fundo escuro (as regiões que foram atravessadas). Essa imagem, chamada **radiografia**, é usada para detectar fraturas e outros problemas. Reveja a figura 9.1 no início deste capítulo.

Quando foram descobertos pelo físico alemão Wilhelm Conrad Röntgen (1845-1923), não se sabia o que eram os raios X e, por isso, receberam esse nome – em Matemática, a letra "x" representa um valor desconhecido.

Além de serem usados nas radiografias comuns para detectar problemas nos órgãos, os raios X são usados também na tomografia computadorizada. Essa técnica usa os raios X para conseguir imagens bem mais detalhadas do interior do corpo humano e em três dimensões.

A exposição frequente aos raios X é perigosa. Como foi abordado no capítulo 6, algumas radiações podem causar danos no material genético (como mutações), dependendo do tempo de exposição, aumentando o risco de doenças como o câncer. Os profissionais que trabalham com essa radiação, como os dentistas ou técnicos em radiologia, devem se proteger com aventais de chumbo – material que impede a passagem dos raios X – se precisarem permanecer na sala do exame ou ficar atrás de paredes especiais durante a radiografia. Os pacientes também devem usar aventais de chumbo para proteger as áreas do corpo que não estão sendo examinadas.

Apesar de seus efeitos prejudiciais, quando usados sob condições controladas, os raios X e os raios gama (que veremos a seguir) são capazes de destruir certos tumores. Esse tratamento, conhecido como **radioterapia**, é usado para tratar determinados tipos de câncer. Veja a figura 9.21.

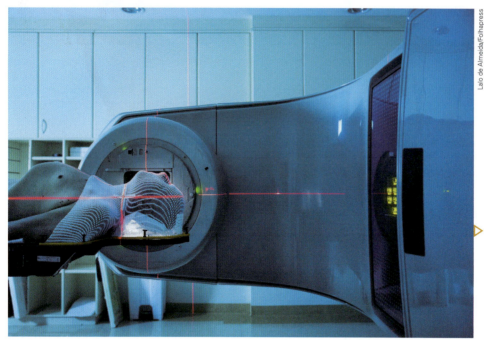

9.21 O tratamento de radioterapia é indicado para alguns pacientes com câncer. Esse método usa a radiação para destruir as células cancerosas, causando o menor dano possível às demais células.

Uma técnica chamada difração dos raios X permite determinar a estrutura de cristais e de moléculas. Essa técnica foi usada para ajudar a determinar a estrutura do material químico do gene, o DNA. Veja a figura 9.22. Os raios X também permitem estudar o interior de fósseis sem danificá-los.

Na indústria, são usados para detectar falhas em alguns materiais (podem revelar, por exemplo, se há trincas ou outras falhas nas peças que compõem um gasoduto ou uma caldeira a vapor) e, nos aeroportos, verificam a presença de objetos metálicos nas bagagens (facas e tesouras, por exemplo, não podem ser transportadas na bagagem de mão). Finalmente, astrônomos podem descobrir informações sobre corpos celestes ao detectar os raios X emitidos por eles.

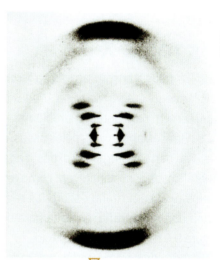

9.22 Imagem de DNA obtida por Rosalind Franklin em 1953 pela técnica de difração dos raios X. Essa imagem permitiu desvendar algumas propriedades do DNA.

Os raios gama

Os **raios gama** são as ondas com frequência mais alta, produzidas por materiais radioativos, como o urânio, encontrando-se na faixa acima de 10^{19} Hz até 10^{22} Hz. Por terem grande poder de penetração, podem destruir as células dos organismos. Mas, usados sob condições controladas, os raios gama, assim como os raios X, também são utilizados no tratamento de certos tumores.

Os raios gama podem ser utilizados também para esterilizar materiais cirúrgicos (seringas, agulhas, etc.) e para conservar alimentos. Os raios destroem as células de bactérias, fungos e outros microrganismos, tornando o alimento estéril. A irradiação pode ser feita com o produto já na embalagem e não torna o alimento nocivo.

4 *Laser* e fibras ópticas

O *laser* é uma luz especial, monocromática, concentrada em um feixe estreito, muito mais intenso que um feixe de raios de luz comum e que tem a capacidade de percorrer longas distâncias praticamente sem se espalhar.

O *laser* pode ser produzido a partir de diversas substâncias como metais, gases e pedras preciosas, que emitem luz quando recebem uma fonte de energia. Assim, forma-se um feixe de ondas luminosas com um único comprimento de onda (monocromáticas), todas com a mesma frequência, vibrando em uma única direção e em sincronia (em fase). Isso significa que todas as ondas atingem ao mesmo tempo as cristas e os vales típicos das ondas. Vem daí o nome *laser*, sigla do termo em inglês *light amplification by stimulated emission of radiation* (amplificação da luz por emissão estimulada de radiação). Isso quer dizer que o *laser* usa luz amplificada (aumentada ou concentrada) a partir de átomos estimulados a emitir radiações (luz) em fase. Veja a figura 9.23.

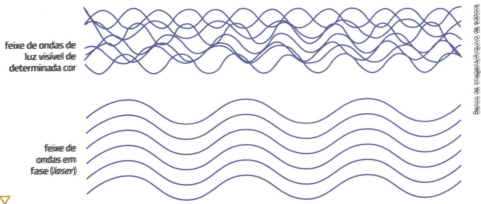

9.23 Representação esquemática mostrando a diferença entre a emissão de um feixe de ondas de luz visível correspondentes a uma determinada cor (em cima) e do feixe das mesmas ondas em fase, como ocorre no *laser*.

A quantidade de aplicações do *laser* é imensa. Entre elas, está a leitura do código de barras (da mesma forma que o infravermelho) usado na indústria, no comércio, em bancos, bibliotecas, hospitais, correios, transportes e em muitas outras áreas.

O *laser* de alta potência é capaz de cortar ou queimar tecidos do corpo humano, sendo usado em vários tipos de cirurgia. Veja a figura 9.24. Ele também pode ser usado para furar, cortar e soldar metais.

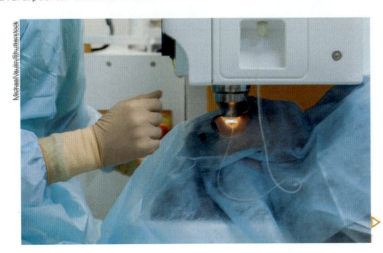

9.24 *Laser* sendo usado em cirurgia de olhos.

Radiações e suas aplicações - **CAPÍTULO 9** 191

Outros tipos de *laser* são usados ainda nos aparelhos que leem *Blu-Ray*, CDs e DVDs. Essas mídias em forma de disco têm uma textura formada por elevações e sulcos microscópicos que armazenam informações. Um motor faz com que o disco gire no aparelho enquanto um *laser* é emitido; um detector de luz então capta as diferentes reflexões que as ondas eletromagnéticas sofrem ao atingir as elevações e os sulcos do disco, transformando-as em sinais elétricos que são convertidos em diversos formatos, como som, imagem e dados. O *laser* está presente ainda em algumas impressoras e nas comunicações espaciais com satélites, entre muitas outras aplicações.

As fibras ópticas são tubos finíssimos de vidro, plástico ou outros materiais transparentes dentro dos quais um feixe de luz se propaga a longa distância, refletindo-se em suas paredes internas. O feixe de luz pode ser de *laser*, mas alguns tipos usam um dispositivo conhecido como LED (diodo emissor de luz), que permite a passagem de corrente elétrica em um único sentido, como estudamos no 8º ano.

As fibras ópticas vêm substituindo fios na função de transporte de dados, como mensagens telefônicas e sinal de televisão e internet a cabo, já que são mais eficientes, pois as ondas eletromagnéticas se propagam em seu interior com velocidades maiores do que nos fios metálicos. Veja a figura 9.25.

Alguns tipos de fibras ópticas são usados ainda em aparelhos especiais, como o endoscópio, que permite observar o interior de cavidades do corpo humano.

9.25 Fibras ópticas (no detalhe) podem ser usadas para transmitir informações conduzidas por um feixe de *laser*. As redes de fibras ligam os transmissores de sinal (emissoras de televisão ou provedores de internet, por exemplo) aos receptores (os aparelhos das residências). Na foto maior, instalação de dutos de passagem de fibra óptica em Jambeiro (SP), 2016.

5 Transmissão e recepção de imagens e sons

Ao estudar os conteúdos deste capítulo, você percebeu como as radiações eletromagnéticas modificaram as formas de comunicação e a maneira como transportamos informações?

Releia as aplicações das ondas de rádio e das micro-ondas e pense sobre como as informações são transmitidas de forma rápida atualmente. Lembre-se de que para acessar a internet, por exemplo, você não depende apenas de computador, telefone ou *tablet*, mas também de ondas eletromagnéticas, sejam elas transmitidas por cabos, fibras óticas, na atmosfera (como no caso das micro-ondas e das ondas de rádio) ou por outros meios.

Pense em como as formas de comunicação foram se modificando: falas e gestos, desenhos, escrita, telégrafo, telefone, rádio, televisão, internet com suas redes sociais e *sites*. A velocidade com que a informação transita foi aumentando rapidamente. Tanto a produção como a disseminação de conhecimento foram afetadas pela troca rápida de informação e da possibilidade de colaboração no trabalho ou nas pesquisas de pessoas muito distantes umas das outras.

Hoje achamos natural conversar ao telefone ou pela internet com alguém que esteja longe. Como você imagina que era a comunicação a distância 300 anos atrás?

As pessoas que podiam ler e escrever trocavam cartas, que podiam demorar anos para chegar ao destinatário, dependendo da distância e de como a correspondência era transportada. Veja a figura 9.26.

Desde a década de 1990, com o desenvolvimento e a popularização da internet, a comunicação tornou-se muito mais rápida e praticamente instantânea. Isso só foi possível graças à aplicação das radiações eletromagnéticas nas telecomunicações, que mantêm em funcionamento aparelhos como rádio, televisão, telefone e equipamentos conectados à internet.

Ao mesmo tempo, essas mudanças tão rápidas exigem também um aprendizado permanente das pessoas, tanto em suas áreas de estudo como no trabalho. As formas como as pessoas trabalham vêm sofrendo grandes mudanças, exigindo que se preparem cada vez mais para lidar com as novas tecnologias digitais.

Como estudamos no 7º ano, um dos grandes desafios de toda essa mudança é a perda de empregos. Profissionais que executavam diversas funções foram substituídos por máquinas e pelas novas tecnologias de informação e automação. Carros autônomos (sem motoristas) e lojas funcionando sem pessoas nos caixas (sensores identificam o código de barras dos produtos e o valor da compra é debitado no cartão de crédito) são apenas alguns exemplos da revolução tecnológica. Se, por um lado, essas transformações facilitam a vida de muitas pessoas, por outro geram problemas sérios, como o desemprego. Vamos estudar, a seguir, como funcionam alguns equipamentos de comunicação.

Mundo virtual

Muito antes do celular – Ciência Hoje das Crianças
http://chc.org.br/muito-antes-do-celular/
Texto que apresenta algumas formas de comunicação utilizadas antes do desenvolvimento do sistema de telefonia. Acesso em: 21 mar. 2019.

Lembre-se de que as ondas eletromagnéticas se propagam com a velocidade da luz. Compare a velocidade da luz (300 000 km/s) com a do som (340 m/s). Você pode até fazer um cálculo de quantas vezes a primeira é mais rápida que a segunda.

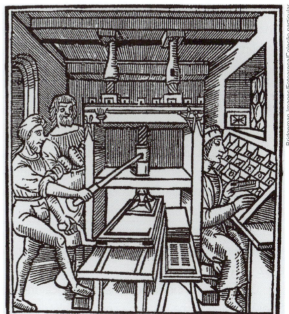

9.26 A invenção da imprensa, por Johannes Gutenberg na Alemanha, no século XV, permitiu a impressão de livros e panfletos em um tempo mais curto, facilitando a comunicação em massa.

Microfones e rádios

No 8º ano, você estudou que um fio condutor enrolado em espiral e conduzindo uma corrente elétrica gera um campo magnético ao seu redor e também que um campo magnético variável gera uma corrente elétrica em um condutor.

Em alguns tipos de microfone, há, sobre um ímã, um fio de metal enrolado, a bobina. As ondas sonoras fazem vibrar uma membrana (diafragma) e a bobina, que está presa a ela. O movimento da bobina em relação ao ímã gera uma corrente elétrica. Veja a figura 9.27.

9.27 Representação esquemática simplificada do funcionamento de um microfone. (Elementos representados em tamanhos não proporcionais entre si. Cores fantasia.)

Veja agora o que acontece, de forma simplificada, na estação transmissora de rádio.

Na estação, tanto o microfone do locutor como os aparelhos que tocam música ficam conectados a uma mesa de som, que armazena dados em um computador. Os sinais elétricos que saem da mesa de som passam por um amplificador, que aumenta a intensidade de corrente elétrica, e são enviados para uma antena ou para um satélite, que transforma esses sinais elétricos em ondas eletromagnéticas. As ondas eletromagnéticas são transmitidas em todas as direções e chegam aos aparelhos de rádio (receptores).

No alto-falante dos aparelhos, as correntes elétricas fazem variar o campo magnético de uma bobina em volta de um ímã. A bobina então se movimenta pela interação com o campo magnético do ímã. Como a bobina está presa a uma membrana, esta também se movimenta, gerando ondas de compressão e rarefação no ar. Essas ondas são as ondas sonoras, que chegam às nossas orelhas.

Televisores

A imagem captada pela lente das câmeras de vídeo das emissoras de televisão em geral passa por um prisma especial e é separada em três feixes com as cores vermelha, azul e verde. Cada feixe é direcionado para um sensor, chamado dispositivo de carga acoplada ou CCD (do inglês, *charge-coupled device*). Esse sensor é um pequeno *chip* eletrônico, feito de silício, formado por milhares de células fotoelétricas, também chamadas células fotovoltaicas. Cada uma dessas células capta a luz e forma um pequeno ponto da imagem, chamado pixel. O CCD, portanto, é sensível à luz.

Quando a luz incide no sensor, provoca um movimento de cargas elétricas (elétrons), gerando uma pequena corrente elétrica. As células fotoelétricas convertem a energia luminosa em energia elétrica. Essa eletricidade é captada em um circuito eletrônico e transmitida (por cabo, satélite, etc.) para os aparelhos de televisão, onde é novamente convertida, formando as imagens na tela.

> Como vimos no 7º ano, o *chip*, ou circuito integrado, é um circuito eletrônico com poucos milímetros capaz de controlar o fluxo de uma corrente elétrica. Ele pode ser usado para armazenar dados e realizar operações aritméticas em um computador.

Esses dispositivos de carga acoplada também são utilizados em aparelhos que produzem imagens de alta precisão, como telescópios e satélites que transmitem imagens do espaço. Atualmente, a maioria das câmeras fotográficas e de vídeo possui esse sensor. Veja a figura 9.28.

Você já pensou em como são formadas as imagens coloridas nos monitores de computadores e televisores? No capítulo 10, vamos conhecer com mais detalhes como isso acontece.

▷ 9.28 Sensor de luz de uma câmera fotográfica digital.

Minha biblioteca

Redes de abuso, de Tânia Alexandre Martinelli. Editora Scipione, 2007.
Três jovens garotas em uma história de suspense que envolve criação de blogues contra injustiças e abusos contra as mulheres.

As telas de televisões mais novas e também as de computadores, *tablets* e *smartphones* são de cristal líquido, chamadas telas LCD (do inglês **l**iquid **c**rystal **d**isplay, que significa visor de cristal líquido). Nesse tipo de tela, as variações de corrente elétrica fazem o cristal se tornar opaco ou transparente. E há ainda as televisões com telas LED, que usam os emissores de luz chamados LED (do inglês **l**ight-**e**miting **d**iode).

Celulares e *smartphones*

Se você está habituado a se comunicar usando um smartphone, deve achar difícil viver sem ele. Mas você sabe como esse e outros aparelhos celulares funcionam?

O telefone celular emite e recebe micro-ondas tanto para fazer e receber ligações como para trocar mensagens pela internet. Quando uma pessoa liga para outra, o aparelho envia ondas eletromagnéticas com uma frequência específica que codifica o número do outro aparelho. Essas ondas são captadas por antenas de uma estação de telefonia móvel próxima de onde está a pessoa. Veja a figura 9.29.

Essa estação oferece cobertura apenas para os telefones móveis que estão nos limites da sua área. Se uma pessoa sai da área coberta por uma estação, a ligação é automaticamente transferida para outra estação. Essas estações, por sua vez, se comunicam com uma estação central, que controla o serviço geral.

A utilização de *smartphones* facilita a comunicação entre as pessoas. Mas, como vimos no 7º ano, pode causar isolamento. Não deixe de aproveitar a interação real com outras pessoas e com o ambiente ao seu redor.

▶ *Smartphone*, em inglês, significa "telefone inteligente". É um telefone móvel com funções semelhantes às de um computador.

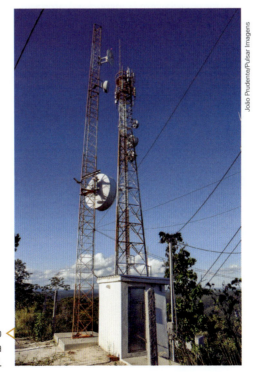

9.29 Torre de transmissão na Chapada Diamantina (BA), 2016.

Radiações e suas aplicações • **CAPÍTULO 9** **195**

ATIVIDADES

Aplique seus conhecimentos

1 ▸ Que diferenças existem entre ondas sonoras e ondas eletromagnéticas?

2 ▸ Observe a representação das ondas abaixo e depois responda às questões.

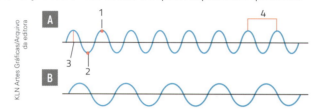

▷ 9.30 Representação de dois tipos de onda.

a) A que correspondem os pontos indicados pelos números **1** e **2**?
b) A que correspondem as distâncias indicadas pelos números **3** e **4**?
c) Qual das duas ondas tem maior frequência: **A** ou **B**?

3 ▸ As ondas de uma piscina fazem um barquinho de brinquedo subir e descer, de modo que ele leva 0,5 s para subir até uma crista, descer até um vale e então voltar à posição inicial. Qual o período e a frequência da onda que passa pelo barquinho?

4 ▸ Se você colocar um despertador dentro de um recipiente de vidro fechado, provavelmente conseguirá escutar o barulho. E se o ar fosse removido do recipiente, ainda se escutaria o barulho? Explique.

5 ▸ Em filmes de ficção científica, é comum os tripulantes de uma espaçonave deslocando-se no espaço interplanetário, em regiões onde há vácuo, ouvirem sons de explosões de outras espaçonaves. Por que, na realidade, não seria possível ouvir esses sons?

6 ▸ Uma pessoa soltou um grito curto e 0,4 segundo depois ouviu um eco. Considerando que a velocidade do som no local era 340 metros por segundo, qual a distância entre a pessoa e a superfície que refletiu o eco?

7 ▸ A propaganda de uma estação de rádio diz: "103,4 mega-hertz, a sua rádio". Que informação é fornecida com esse número?

8 ▸ Indique as afirmativas verdadeiras.
( ) Ondas podem transportar energia sem transportar matéria.
( ) A frequência de uma onda é a distância entre duas cristas ou entre dois vales da onda.
( ) Ondas sonoras propagam-se no vácuo.
( ) Ondas sonoras são formadas por uma sequência de compressões e rarefações em um meio material.
( ) Quanto maiores a amplitude e a energia de uma onda sonora, maior sua intensidade.
( ) A velocidade de propagação do som não depende do meio onde ele se propaga.
( ) O infrassom e o ultrassom provocam sensações sonoras ao atingirem a orelha de uma pessoa.
( ) No eco ocorre a reflexão da onda sonora.

9 ▸ Observe o gráfico abaixo e responda: Como a temperatura do ar afeta a velocidade do som nesse meio?

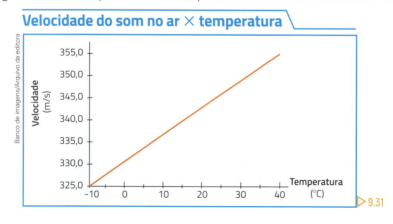

▷ 9.31

Fonte: elaborado com base em SPEED of sound in air. *Physics of Music*: notes. Disponível em: <http://pages.mtu.edu/~suits/SpeedofSound.html>. Acesso em: 21 mar. 2019.

10 ▸ Em algumas histórias de perseguição ou fuga, vemos que as pessoas encostam a orelha no chão para saber se cavalos estão se aproximando. Explique esse costume.

11 ▸ Algumas câmeras colocam o objeto em foco com auxílio da emissão de ultrassom. Um sensor detecta o tempo que leva para o ultrassom ir e voltar para a câmera depois de se refletir no objeto. Imagine que esse tempo foi de um décimo de segundo. Sabendo que a velocidade do ultrassom é de 340 m/s, a que distância está o objeto?

12 ▸ Por que os astronautas que andaram na Lua só puderam conversar entre si com a transmissão de rádio?

13 ▸ Você estudou neste capítulo vários tipos de onda eletromagnética: infravermelho, ondas de rádio, micro-ondas, raios X, raios ultravioleta, raios gama, luz visível. Então, associe o tipo de radiação eletromagnética a cada uma das características a seguir.
   a) Atuam na produção de vitamina D em nosso organismo. _____
   b) Usados em ortopedia para detectar fratura nos ossos. _____
   c) A onda com a menor frequência. _____
   d) A onda com a maior frequência. _____
   e) Usadas na transmissão de televisão por satélite. _____
   f) Usados em aparelhos que nos permitem enxergar à noite. _____

14 ▸ Tanto os raios gama como os raios X podem ser utilizados na área de saúde para o tratamento de tumores. Quais as diferenças entre esses dois tipos de radiação eletromagnética?

15 ▸ Depois de decompor a luz branca com auxílio de um prisma, o astrônomo inglês William Herschel (1738-1822) colocou um termômetro na região um pouco anterior à luz vermelha e constatou um aumento de temperatura. Como você explica isso?

16 ▸ Mamíferos e aves são animais endotérmicos (ou homeotérmicos). Isso significa que esses animais podem manter a temperatura corporal mais elevada do que a do ambiente à custa da energia térmica produzido no próprio corpo. Algumas serpentes peçonhentas que se alimentam de mamíferos e aves têm, de cada lado da cabeça, uma depressão entre o olho e a narina, chamada fosseta loreal. Veja a figura 9.32. A fosseta registra pequenas variações de temperatura ambiente.

▽ 9.32 Serpente do gênero *Bothrops* (70 cm a 2 m de comprimento).

   a) Que tipo de onda eletromagnética esse órgão é capaz de detectar?
   b) Qual a função desse órgão na captura de presas da serpente?
   c) Essas serpentes peçonhentas conseguem caçar no escuro? Por quê?

17 ▸ Neste capítulo você conheceu a velocidade da luz e a velocidade do som. Então, responda: por que em uma tempestade primeiro vemos o relâmpago (luz) e depois ouvimos o trovão (som)?

18 ▸ O que são fotocélulas? Como essa tecnologia pode contribuir para economizar energia?

> **De olho no texto**

A notícia abaixo foi publicada em 2015, no aniversário de 120 anos da descoberta dos raios X. Leia a notícia e faça o que se pede.

120 anos da descoberta dos raios X

Em novembro de 1895, o cientista alemão Conrad Röntgen identificou uma radiação capaz de atravessar sólidos e radiografá-los completamente. Apesar dos perigos dos raios X, [o] avanço científico revolucionou diagnósticos.

[...] Röntgen, professor de física da Universidade de Würzburg, fazia experimentos [...] em seu laboratório no Instituto Julius Maximilian. Na realidade, ele pretendia apenas observar os belos fenômenos luminosos.

De repente, ele percebeu que a alguma distância de seu experimento um vidro começou a brilhar, emitindo uma luz fluorescente. [...]

Röntgen havia descoberto uma radiação eletromagnética até então desconhecida. "Sua contribuição científica foi considerar aquilo algo incomum e dar continuidade às suas pesquisas", explica Roland Weigand, membro do Conselho de Curadores Röntgen de Würzburg, que reconstruiu com equipamentos da época os antigos locais de trabalho do físico, transformando-os num museu.

[...]

À descoberta, Röntgen conferiu o nome de "raios X". [...]

Em 22 de dezembro de 1895, o cientista fez a primeira imagem de uma parte do corpo humano, a mão de uma mulher. Seis dias depois, ele apresentou os resultados da pesquisa no artigo *Sobre uma nova espécie de radiação*. Em 1901, ele recebeu o Prêmio Nobel de Física pela descoberta.

[...]

Os raios X mudaram o diagnóstico médico. Já na Primeira Guerra Mundial, a tecnologia era usada regularmente – não somente para lesões ósseas, mas também para o reconhecimento de doenças bacterianas, como a tuberculose.

A radiação descoberta por Röntgen também é importante para a indústria e o setor de segurança. Com ela, é possível olhar através de bagagens, analisar obras de arte, achados arqueológicos e fósseis, como também detectar defeitos materiais de componentes.

[...]

SCHMIDT, F. 120 anos da descoberta do raio X. *Deutsche Welle Brasil*. Disponível em: <http://www.dw.com/pt-br/120-anos-da-descoberta-do-raio-x/a-18835497>. Acesso em: 21 mar. 2019.

a) Consulte em dicionários o significado das palavras que você não conhece e redija uma definição para essas palavras.
b) Dê exemplos de radiações de menor e maior frequência que os raios X.
c) Por que podemos dizer que os raios X revolucionaram diagnósticos?
d) Que outro tipo de radiação pode ser usado na área da saúde? Explique.
e) De acordo com o texto, quais são outras aplicações importantes dos raios X?

> **De olho na música**

Veja estes trechos da música "Parabolicamará", de Gilberto Gil (Warner Music, 1992). A palavra "parabolicamará" foi inventada por Gilberto Gil unindo as palavras parabólica (de antena parabólica) e camará (um arbusto encontrado em todo o Brasil).

Antes mundo era pequeno
Porque Terra era grande
Hoje mundo é muito grande
Porque Terra é pequena
Do tamanho da antena parabolicamará
[...]

Antes longe era distante
Perto, só quando dava
Quando muito, ali defronte
E o horizonte acabava
Hoje lá trás dos montes, den de casa, camará

GIL, G. Parabolicamará. Intérprete: Gilberto Gil. *Parabolicamará*. Brasil: Warner Music Brasil Ltda. 1991. 1 CD. Faixa 2.

a) A antena parabólica capta ondas eletromagnéticas transmitidas pela televisão e outros aparelhos de telecomunicação, permitindo que as pessoas recebam informações em tempo real de várias partes do mundo. Por que não podemos ver essas ondas eletromagnéticas?

b) Embora o tamanho da Terra não tenha mudado, nossa percepção com relação ao seu tamanho mudou. Por quê? De que forma a facilidade na comunicação entre pessoas distantes pode impactar diferentes culturas?

Investigue

Faça uma pesquisa sobre os itens a seguir. Você pode pesquisar em livros, revistas, *sites*, etc. Preste atenção se o conteúdo vem de uma fonte confiável, como universidades ou outros centros de pesquisa. Use suas próprias palavras para elaborar a resposta.

1. Você usa o telefone celular para enviar e receber imagens? Como essas imagens são trocadas entre aparelhos que podem estar a muitos quilômetros de distância? Por que devemos ter cuidado ao compartilhar informações pelo celular, especialmente imagens?

2. Pergunte a um adulto de seu convívio como ele fazia para estudar quando estava na escola. Como um aparelho de telefone celular pode ser usado para ajudar você a estudar?

3. Celulares e outros dispositivos eletrônicos portáteis são muito úteis no cotidiano. Mas você já percebeu que todo ano surgem novos modelos de celulares? Então pense nas questões abaixo e redija um texto respondendo a elas.
    a) Antes de comprar um modelo novo de celular ou outro aparelho você se pergunta se realmente precisa dele?
    b) Você leva em conta o custo do aparelho e a sua situação financeira ou a dos responsáveis que vão pagar pelo produto?
    c) Como você descarta ou descartaria celulares e outros aparelhos eletrônicos que não mais utiliza?

Trabalho em equipe

Cada grupo de estudantes vai escolher uma das atividades a seguir para pesquisar em livros, revistas ou *sites* confiáveis (de universidades, outros centros de pesquisa, etc.). Vocês podem buscar o apoio de professores de outras disciplinas (Geografia, História, Língua Portuguesa, etc.). Exponham os resultados da pesquisa para a classe e a comunidade escolar (estudantes, professores e funcionários da escola e pais ou responsáveis), com o auxílio de ilustrações, fotos, vídeos, blogues ou mídias eletrônicas em geral. Ao longo do trabalho, cada integrante deve defender seus pontos de vista com argumentos e respeitando as opiniões dos colegas.

1. Qual a relação entre a frequência da onda sonora e um som grave e agudo? E o que é o timbre de um som? Que unidade é usada para medir a intensidade sonora? Quando falamos, qual é a estrutura do nosso corpo que vibra? Pesquisem como o som da fala é produzido.

2. Que problemas a intensidade sonora elevada pode causar à saúde? Quais os limites máximos de intensidade sonora e de tempo de exposição no trabalho permitidos por lei? Que medidas governamentais são importantes para evitar a poluição sonora e o que podemos fazer para nos proteger dos efeitos dela sobre a saúde? Verifiquem a possibilidade de convidar profissionais da área de saúde para a realização de palestras destinadas à comunidade escolar.

3. Pesquisem quais os diversos tipos de transmissão de internet que existem. Quais desses sistemas de transmissão são mais rápidos? Se tiverem a oportunidade, entrevistem técnicos que trabalhem na instalação de televisão a cabo e telefonia para ter uma ideia do funcionamento desses outros sistemas de transmissão.

Autoavaliação

1. Você tem interesse em estudar mais profundamente alguns temas abordados neste capítulo? Quais?
2. Depois do que estudou neste capítulo, como você avalia o uso de tecnologias baseadas na transmissão de ondas eletromagnéticas?
3. Quais foram as suas maiores dificuldades ao estudar as radiações?

OFICINA DE SOLUÇÕES

Como melhorar um sinal?

Já vimos que as ondas eletromagnéticas são bastante usadas em transmissões a longa distância, como rádio, TV e celular. Os sinais também podem ser usados para realizar comunicação com as sondas espaciais, a centenas de milhares de quilômetros da Terra.

Para que a emissão e a recepção do sinal seja mais eficiente, é possível usar antenas parabólicas. Como essas antenas funcionam? Onde mais elas são usadas?

Parábolas têm um ponto focal

Imagine uma fonte de luz que emite raios em todas as direções. Um observador situado, por exemplo, a 100 metros receberá uma pequena parte dos raios de luz.

Se essa fonte de luz for colocada no ponto focal de um espelho parabólico, os raios refletidos formarão um feixe de raios paralelos. Assim, o observador posicionado bem na direção do feixe perceberá uma intensidade maior da luz.

Emitindo sinais

O som emitido por esses alto-falantes instalados no teto é ouvido apenas por quem está bem embaixo da estrutura parabólica.

A fonte de luz é colocada no ponto focal do guarda-chuva parabólico, criando uma iluminação intensa e direcionada.

Consulte

- **Antena para melhorar sinal Wi-Fi**
https://www.adrianofreitas.com/index.php/diversos/dicas/informatica/como-fazer-antena-wifi-para-melhorar-sinal-da-rede-e-internet
Explica como construir uma antena parabólica para seu roteador.
Acessos em: 21 mar. 2019.

Recebendo sinais

Os satélites de comunicação – bem distantes da Terra – enviam sinais que chegam de maneira praticamente paralela. Esses sinais refletem na antena parabólica e se concentram no ponto focal. Ou seja: a área de recepção aumenta bastante.

Um microfone é colocado no ponto focal de uma estrutura parabólica que reflete o som. Assim, é possível ouvir bem os sons produzidos do outro lado do estádio.

Propondo uma solução

Como melhorar a transmissão e a recepção de sinais?
Você pode construir, com a supervisão de seu professor, por exemplo:
- microfones parabólicos, para gravar o canto de aves distantes;
- parabólicas acústicas, para se comunicar à distância, sem gritar;
- antenas para melhorar o sinal de um roteador de internet.

Para desenvolver seu projeto, você precisará de algo côncavo, com forma aproximadamente parabólica. Pode ser um guarda-chuva ou uma tigela. Você também pode montar uma estrutura com cartolina ou papelão.

1. Que materiais refletem bem o sinal que você quer enviar ou receber?
2. Como encontrar o ponto focal de sua antena?

Na prática

1. Quais foram as dificuldades encontradas durante a construção e utilização do seu projeto? Como elas foram superadas?
2. Houve melhora na transmissão ou na recepção do sinal?
3. O que você aprendeu com essa atividade?

OFICINA DE SOLUÇÕES 201

CAPÍTULO 10
Luz e cores

10.1 Arco-íris observado na Terra Indígena Raposa Serra do Sol, em Uiramutã (RR), 2017.

É comum que as pessoas publiquem, nas redes sociais, fotos de fenômenos naturais como o arco-íris. Veja a figura 10.1. Entretanto, muita gente não sabe explicar como ocorrem esses fenômenos. Você já fotografou um arco-íris? Consegue explicar como ele se forma? Como veremos com mais detalhes neste capítulo, o arco-íris se forma quando a luz do Sol atravessa as gotículas de água e a luz branca é decomposta em várias cores. É por isso que esse fenômeno ocorre geralmente quando há sol durante uma chuva ou logo depois dela, ou ainda em locais em que há queda de água, como cachoeiras e cataratas.

> **Para começar**
>
> 1. O que o arco-íris indica sobre a natureza da luz branca?
> 2. Que objetos do cotidiano funcionam com base na reflexão da luz? E na refração da luz?
> 3. Qual a relação entre a cor de um objeto e a cor da luz que o ilumina?

202 › **UNIDADE 2** • Transformações da matéria e radiações

1 Por que vemos os objetos?

Olhe ao seu redor e perceba os objetos que você consegue enxergar. Agora apague as luzes, ou imagine-se nesse mesmo ambiente totalmente escuro. Você conseguiria enxergar os mesmos objetos sem a presença de luz? Por quê?

A luz, ou mais exatamente a **luz visível**, é a faixa do espectro eletromagnético que conseguimos enxergar. Ou seja, é a faixa que sensibiliza o olho humano. Essa parte é chamada espectro visível e abrange os comprimentos de onda entre cerca de 400 nm e 700 nm, o que equivale às frequências de cerca de 400 mil GHz a 790 mil GHz. Veja a figura 10.2.

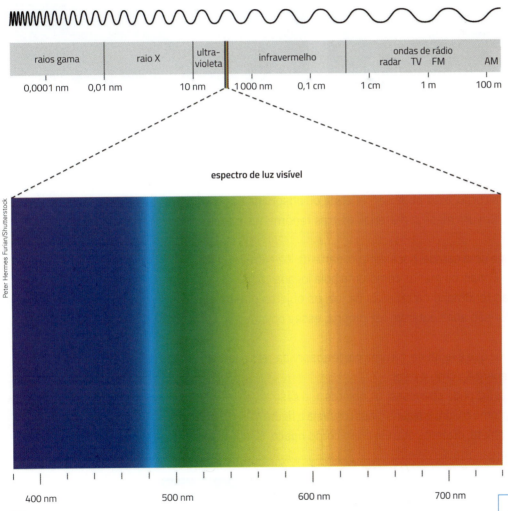

10.2 Espectro eletromagnético com destaque para o espectro visível. Observe a variação do comprimento de onda das cores.

Algumas pessoas podem ter dificuldades para diferenciar cores, condição conhecida como daltonismo.

Cada frequência do espectro visível é percebida pelo nosso sentido da visão como uma cor diferente. As cores variam do violeta, que são ondas de maior frequência, ao vermelho, que são ondas de menor frequência. Já o branco é a sensação que temos quando os olhos recebem ao mesmo tempo todas as frequências do espectro visível. Reveja a figura 10.2.

A luz do Sol contém ondas com várias frequências. Misturadas, elas são percebidas por nós como a cor branca.

Luz e cores • CAPÍTULO 10 203

Em um quarto completamente escuro, não se pode ver nada porque só conseguimos enxergar os objetos que enviam ou refletem luz até os nossos olhos. Alguns objetos emitem luz, isto é, são **fontes de luz**, como o Sol e outras estrelas, uma lâmpada, uma vela, uma lanterna. Veja a figura 10.3. Esses corpos ou objetos transformam alguma outra forma de energia em energia luminosa e também são chamados **corpos luminosos** ou com luz própria.

10.3 As lâmpadas, as velas acesas e o Sol são exemplos de fontes de luz. Em A, vemos uma pessoa utilizando uma lanterna em uma caverna. Em B, vemos parte da Terra começando a ser iluminada por raios solares, enquanto parte continua escura, apenas com as luzes artificiais visíveis.

Entretanto, a maioria dos corpos que conhecemos não emite luz. Como, então, eles podem ser vistos?

Ao incidir sobre um corpo, a luz pode ser refletida ou absorvida por esse corpo, ou pode atravessá-lo. Em um mesmo material, os três fenômenos podem ocorrer simultaneamente.

Quando a luz atinge uma parede, por exemplo, parte da luz sofre **reflexão**, isto é, volta para o ambiente. É mais ou menos como uma bola jogada contra um muro: ela bate e volta. Devido ao fenômeno da reflexão da luz, os objetos podem ser vistos quando iluminados. Por não apresentarem luz própria, esses objetos são chamados **corpos iluminados**.

Além da parte da luz que é refletida, há uma parte absorvida, isto é, transformada em outras formas de energia, como o calor.

Em alguns casos, a luz pode atravessar os objetos. É o caso de objetos **transparentes** e **translúcidos**, como o vidro e alguns plásticos. Veja a figura 10.4. Quando a luz não passa através do objeto, dizemos que ele é um corpo **opaco**. Isso quer dizer que não conseguimos enxergar através dele.

Os planetas e os satélites não emitem luz própria, mas eles podem ser vistos porque refletem a luz de alguma estrela, como o Sol.

10.4 Exposição de povos indígenas no Museu das Culturas Dom Bosco, em Campo Grande (MS), 2016. Em museus, é comum a utilização de materiais transparentes para proteger os objetos expostos e permitir que os visitantes consigam visualizá-los.

A formação de sombras

As sombras são formadas quando um objeto bloqueia uma fonte de luz. Além da natureza opaca do objeto iluminado, a formação de sombras depende de uma propriedade da luz: ela se propaga em linha reta em meios homogêneos.

O Sol, a chama de uma vela ou uma lâmpada acesa, por exemplo, emitem luz em todas as direções. Isso pode ser representado por uma série de linhas retas saindo da fonte de luz: são os **raios de luz** ou os **raios luminosos**. Os raios indicam a trajetória da luz, e um conjunto de raios luminosos emitidos pela fonte é chamado de **feixe de luz**. Observe a figura 10.5.

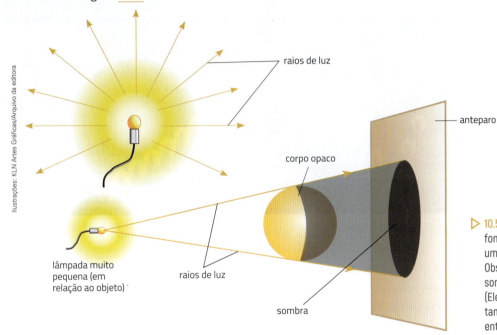

▷ **10.5** Representação de uma fonte de luz (lâmpada) e de um objeto opaco iluminado. Observe a formação de uma sombra sobre o anteparo. (Elementos representados em tamanhos não proporcionais entre si. Cores fantasia.)

A fonte de luz representada na figura tem dimensões pequenas em relação ao objeto que vai iluminar. Assim, forma-se uma **sombra**, que corresponde à parte da parede que não recebe luz da fonte luminosa.

Se a fonte de luz tiver dimensões consideráveis em relação ao objeto que será iluminado, vai aparecer, além da sombra, uma região um pouco mais clara, que recebe apenas parte da luz direta da fonte, chamada **penumbra**. Observe a figura 10.6.

A sombra se forma nos locais que não são atingidos diretamente por nenhum raio luminoso da fonte de luz. A região da penumbra forma-se nos locais em que alguns raios chegam e outros são bloqueados. Por isso ela é um pouco mais clara que a sombra.

No 8º ano você estudou os eclipses do Sol e da Lua. Esses fenômenos são possíveis devido às propriedades da luz que estão sendo estudadas neste capítulo. O Sol é o corpo luminoso; a Terra e a Lua são os corpos iluminados e interceptam a luz solar, formando sombra. Quando a sombra da Terra se forma sobre a Lua, ocorre eclipse da Lua; e quando a sombra da Lua se forma sobre a Terra, ocorre eclipse do Sol.

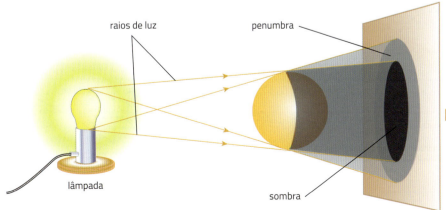

▷ **10.6** Representação de um objeto iluminado por uma fonte maior de luz, com formação de sombra e penumbra. (Elementos representados em tamanhos não proporcionais entre si. Cores fantasia.)

Luz e cores • **CAPÍTULO 10**

2 A reflexão da luz

Se você jogar uma bola de borracha bem na vertical contra um chão plano e sem efeito de rotação, ela volta na mesma direção. Se for lançada obliquamente, também sem rotação, ela será refletida em um ângulo igual ao ângulo com que bateu no chão. Veja a figura 10.7.

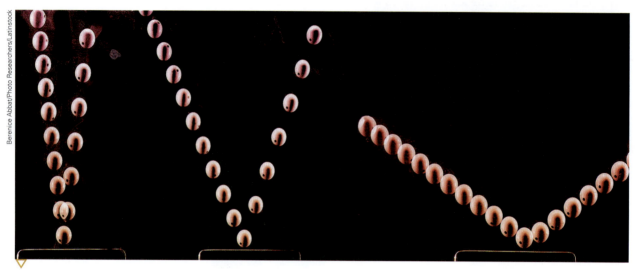

10.7 Fotos obtidas com técnicas especiais que mostram a reflexão de uma bola atirada em três ângulos diferentes.

Quando um raio de luz incide sobre uma superfície plana e polida, como a superfície de um espelho comum, acontece algo parecido: o raio de luz é refletido com o mesmo ângulo com que incidiu. Essa é uma **lei da reflexão da luz**.

Observe, na figura 10.8, que o ângulo de incidência – ângulo formado entre o raio incidente e a reta normal (reta perpendicular ao plano do espelho) – é igual ao ângulo de reflexão – ângulo formado entre a reta normal e o raio refletido. Além disso, percebemos também que o raio incidente, o raio refletido e a reta normal estão situados no mesmo plano (na figura, é o plano da folha de papel).

10.8 Representação da reflexão da luz sobre um espelho plano: o ângulo de incidência é igual ao ângulo de reflexão. (Elementos representados em tamanhos não proporcionais entre si. Cores fantasia.)

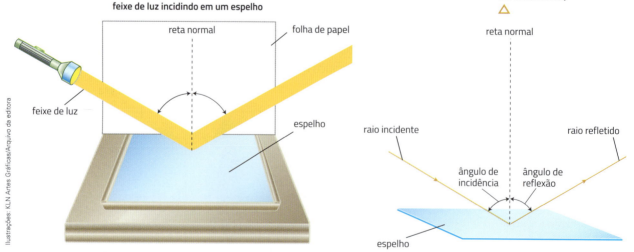

Nas superfícies que não são tão lisas quanto as dos espelhos, um feixe de raios paralelos, ao incidir sobre essas superfícies, reflete-se em várias direções: é a chamada reflexão difusa. É esse tipo de reflexão que nos permite ver os objetos do dia a dia. Veja a figura 10.9.

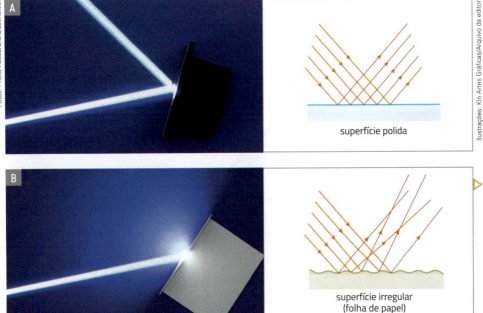

10.9 Em **A**, foto (à esquerda) e esquema (à direita) de raios de luz refletindo sobre superfície polida; em **B**, foto (à esquerda) e esquema (à direita) de raios de luz refletindo sobre superfície irregular. (Elementos representados em tamanhos não proporcionais entre si. Cores fantasia.)

Espelhos planos

Em um **espelho plano**, as imagens que vemos parecem estar atrás do espelho. Ao prolongarmos os raios refletidos de determinado ponto pelo espelho, veremos que estes convergem para um único ponto, que parece ter partido de trás do espelho. A imagem do objeto é vista no ponto de encontro dos prolongamentos dos raios refletidos. Observe a figura 10.10.

A imagem que parece se formar atrás do espelho, pelo prolongamento dos raios refletidos, é chamada **imagem virtual**. Essas imagens não podem ser projetadas em um anteparo, como uma parede. As imagens que podem ser projetadas, como ocorre no cinema, são chamadas **imagens reais**.

Cada ponto do objeto está à mesma distância atrás do espelho que o ponto correspondente da imagem virtual. Quando afastamos o objeto do espelho, a sua imagem também se afasta. Além disso, ela é do mesmo tamanho que o objeto.

Agora, fique em frente a um espelho plano e observe que, quando você levanta a mão direita, a imagem faz o mesmo, mas há uma inversão: o lado esquerdo aparece como direito e vice-versa. Esse fenômeno é chamado reversão de imagens.

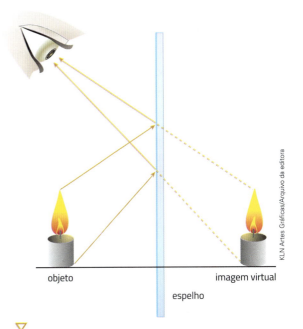

10.10 Esquema de formação de imagens em espelhos planos. Percebemos as imagens como se tivessem se formado a partir de raios luminosos propagados sempre em linha reta. (Elementos representados em tamanhos não proporcionais entre si. Cores fantasia.)

Espelhos curvos

A superfície do espelho da figura 10.11 não é plana: ela é curva. Nesse caso, a superfície curva e espelhada pode ser côncava ou convexa.

Nos espelhos convexos, a superfície espelhada é convexa, como a superfície externa de uma colher. Esses espelhos formam imagens virtuais menores do que as reais e fornecem um campo de visão maior que os espelhos planos. Por isso são usados no retrovisor externo de alguns veículos, nos estacionamentos, em saídas de elevador, em lojas e em outros locais que necessitem de um campo visual maior, como no exemplo da figura 10.11.

▷ 10.11 Espelhos convexos fornecem campo de visão maior que espelhos planos.

Nos espelhos côncavos, a superfície espelhada é côncava, como a superfície interna de uma colher. O tipo de imagem formada depende da distância do objeto ao espelho. Por exemplo, esses espelhos fornecem imagens virtuais e ampliadas quando os objetos estão próximos a eles, embora diminuam o campo de visão. Por isso são utilizados por dentistas e em espelhos de rosto em banheiros, entre outras aplicações. Veja a figura 10.12.

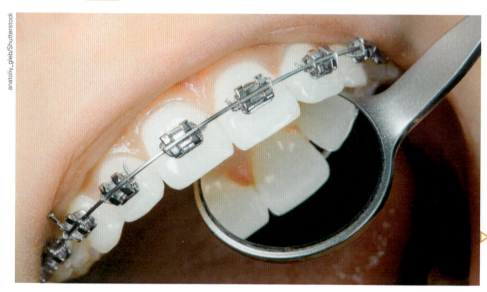

▷ 10.12 Espelhos côncavos fornecem imagens ampliadas apenas quando os objetos estão próximos.

UNIDADE 2 • Transformações da matéria e radiações

3 A refração da luz

Quando um raio de luz passa de um meio, como o ar, para outro, como a água, há variação em sua velocidade. Se a luz incidir perpendicularmente sobre a superfície de separação dos meios, há apenas mudança de velocidade. Se incidir obliquamente, além da variação de velocidade, há também mudança na direção de propagação, como mostra a figura 10.13.

A mudança da velocidade que acontece no momento em que um raio de luz passa de um meio para outro é chamada **refração**.

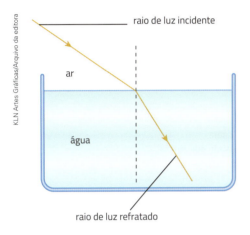

▷ 10.13 A refração da luz ao passar do ar para a água (no esquema à esquerda) ou para o acrílico (na foto à direita). Na foto, foi usado um raio *laser* para demonstrar o fenômeno. (Elementos representados em tamanhos não proporcionais entre si. Cores fantasia.)

Lentes

Uma aplicação importante da refração são as lentes. No 6º ano, você viu que óculos e lentes de contato corrigem problemas de visão como a miopia e a hipermetropia.

Outra aplicação são as lupas, também conhecidas como lentes de aumento. Veja a figura 10.14. A lupa é uma lente que forma imagens aumentadas de objetos colocados próximos a ela. É utilizada, portanto, para ver melhor e mais detalhadamente um objeto.

Outra aplicação das lentes são os micros-cópios ópticos, que fornecem imagens ampliadas de objetos muito pequenos, permitindo observar estruturas que são invisíveis a olho nu.

Os telescópios refratores, conhecidos também como lunetas, são instrumentos compostos de sistemas de lentes que fornecem imagens aumentadas de objetos distantes, como a Lua. Já os telescópios refletores usam espelhos côncavos para formar imagens ampliadas.

Você viu no 6º ano que os microscópios são muito usados em Biologia, para observação, por exemplo, de tecidos e células de organismos.

▷ 10.14 A lupa pode ser usada para visualizar melhor e com mais detalhes os corpos e os objetos de pequeno tamanho. Também pode facilitar a leitura de pessoas que possuem dificuldades de visão.

Luz e cores • CAPÍTULO 10

4 As cores da luz branca

Você já viu um objeto como o retratado na figura 10.15? Trata-se de uma peça transparente, com superfícies retas e polidas, conhecido como **prisma**. Na figura, vemos que esse objeto recebe um feixe de luz branca pelo lado esquerdo. Que fenômeno você consegue observar então na passagem dessa luz pelo prisma?

> **Mundo virtual**
>
> **As cores da luz**
> www.seara.ufc.br/especiais/fisica/coresluz/coresluz.htm
> Página que apresenta as características e propriedades da luz. Contém sugestões de experimentos e atividades.
> Acesso em: 22 mar. 2019.

▷ 10.15 Prisma atravessado por um feixe de luz branca.

A luz branca é formada por uma mistura de ondas de várias frequências. Reveja a figura 10.2. Quando a luz branca atravessa um prisma ou uma gota de água, cada uma das ondas que compõe a luz branca sofre refração diferente em sua trajetória. O resultado é que os diferentes comprimentos de onda se separam e podemos então perceber que luzes de várias cores compõem a luz branca.

Esse fenômeno é chamado **dispersão** da luz. Embora se fale nas sete cores de um arco-íris (vermelho, laranja, amarelo, verde, azul, anil e violeta), há um espectro contínuo de várias cores, com diferenciação gradual entre elas, sem uma distinção exata entre os limites de cada cor.

Conexões: Ciência e História

Newton e a dispersão da luz

Ao decompor a luz do Sol por meio de um prisma, Isaac Newton (1643-1727) demonstrou que a luz branca é formada pela mistura de todas as cores. Veja a figura 10.16.

Ele mostrou ainda que cada cor do espectro não pode ser dividida em outras pelo prisma e que a luz branca pode ser recomposta, a partir de seu espectro, por outro prisma, colocado em posição invertida, a certa distância do primeiro.

Antes do experimento realizado por Isaac Newton, acreditava-se que as cores que apareciam eram produzidas por impurezas do vidro.

▽ 10.16 Representação artística de como Newton, utilizando um prisma, observou a decomposição da luz branca. Ele fez um furo pelo qual entrava a luz do Sol. Depois de passar por um prisma, o feixe de luz foi projetado na parede já separado nas cores do arco-íris.

UNIDADE 2 • Transformações da matéria e radiações

Disco de Newton

Observe a figura 10.17. Ela mostra o chamado **disco de Newton**, que reproduz outro experimento feito por esse cientista. Trata-se de um círculo dividido em sete seções iguais, cada uma pintada com uma das cores do arco-íris. No centro do disco é encaixado um lápis, que permite rodar o disco bem rapidamente, como se fosse um pião.

O que você acha que acontece quando o disco é girado rapidamente? O que pode ser demonstrado por meio desse experimento?

Quando o disco gira com rapidez, nossos olhos não conseguem distinguir cada cor separadamente, então as cores se fundem, resultando na cor branca. Com isso, Newton quis mostrar que a luz branca é resultado de uma mistura de cores. Veja a figura 10.18.

10.17 Representação do disco de Newton.

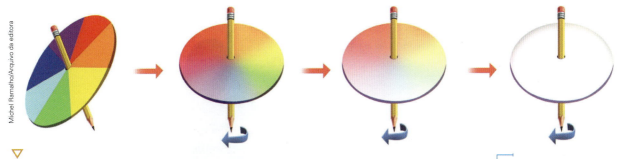

10.18 Representação do disco de Newton. Observe o que acontece quando ele gira.

Você pode reproduzir o experimento de Newton, usando um transferidor para dividir um círculo de cartolina em sete seções iguais. Cada seção deve ser pintada, com tinta solúvel em água, com uma das sete cores do arco-íris.

Para dar origem à luz branca, as cores pintadas devem ter intensidade igual e devem estar na proporção correta. Caso contrário, irá se formar alguma outra cor esbranquiçada em vez de branco.

Conexões: Ciência e cotidiano

Como se forma o arco-íris

Na formação do arco-íris, a luz é refratada ao entrar em uma gota de água, reflete-se na superfície interna da gota e sofre mais um desvio de trajetória, ao mudar de meio (da água para o ar).

Observe na figura 10.19 que a luz vermelha e a luz violeta, as duas extremidades do espectro da luz visível, sofrem desvios bem diferentes: a vermelha sofre um desvio menor, e a violeta, um desvio maior (as demais luzes sofrem desvios intermediários).

Para ver o arco-íris, é preciso que o Sol esteja mais próximo ao horizonte e atrás do observador, que deve estar entre o Sol e a chuva. Apenas uma das cores da luz que sai de cada gota atinge nossa visão. A faixa larga que forma o arco-íris resulta dos raios vindos de muitas gotas. Reveja a figura 10.19.

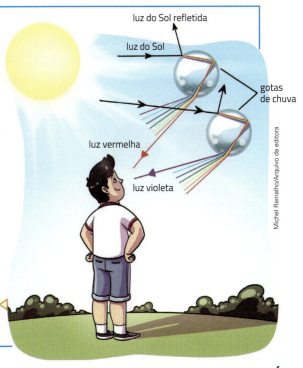

10.19 Esquema da formação do arco-íris. Apenas a luz vermelha e a violeta estão representadas. (Elementos representados em tamanhos não proporcionais entre si. Cores fantasia.)

A cor dos corpos

Você já sabe que enxergamos os objetos porque a luz reflete neles e volta para nossos olhos. Mas o que faz com que vejamos objetos de diferentes cores?

A folha de uma árvore é percebida como verde porque, iluminada pela luz branca, praticamente não absorve a frequência correspondente ao verde e reflete a maior parte da onda referente a essa cor. Com as outras frequências que compõem a luz branca ocorre o oposto: a maior parte é absorvida pela folha e uma pequena parte é refletida, predominando o verde.

A cor de um objeto opaco depende então das frequências de luz que ele absorve e das frequências de luz que reflete. Se um objeto reflete mais a luz vermelha e absorve a maior parte da luz de outras cores, ele será percebido como a cor vermelha. Já a folha branca de seu caderno absorve pouca energia luminosa, refletindo quase toda a luz que incide sobre ela: por isso ela é percebida como a cor branca. E um objeto preto absorve quase toda a luz que incide sobre ele, daí a cor preta. Veja a figura 10.20.

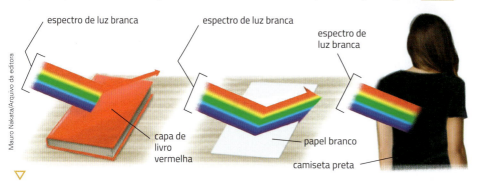

10.20 Representação esquemática da reflexão da luz branca em objetos de diferentes cores. Note que a cor de um objeto opaco depende das cores que ele absorve e das cores que ele reflete.

Repare que a cor que vemos de um objeto depende também da luz que o ilumina: se iluminarmos uma folha branca apenas com luz azul, por exemplo, ela será vista como azul. Se iluminarmos uma maçã vermelha apenas com luz vermelha, ela será observada como vermelha; mas se a iluminarmos somente com luz verde, ela será vista como preta, pois a luz verde é quase toda absorvida pela casca da maçã e quase nada dela é refletida. Veja na figura 10.21 o efeito da iluminação com várias cores sobre uma bola vermelha e outra verde pintadas com pigmentos puros.

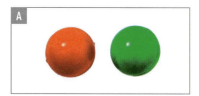
A. As duas bolas estão iluminadas com luz branca e podemos perceber que uma bola é vermelha e a outra, verde.

B. Bolas iluminadas com luz verde. Enquanto a bola vermelha é vista em cor escura, já que absorve boa parte da luz verde, a bola verde reflete a luz que recebe.

C. Bolas iluminadas com luz vermelha. Neste caso, a bola verde será vista em cor mais escura, já que absorve boa parte da luz vermelha.

10.21 Duas bolas, uma pintada de vermelho (sempre à esquerda) e uma de verde (sempre à direita), iluminadas por luz branca (A), luz verde (B) e luz vermelha (C).

Portanto, as cores dos objetos do dia a dia – que não têm luz própria e refletem a luz do Sol ou de uma lâmpada – são vistas porque eles absorvem determinadas frequências de ondas que compõem a luz branca e refletem outras.

Mistura de pigmentos

Se você já mexeu com tintas para fazer pinturas ou colorir objetos provavelmente conhece o resultado de algumas misturas de cores. Quando misturamos tintas ou corantes, estamos misturando produtos que contêm pigmentos – substâncias que absorvem algumas frequências de onda e refletem outras. Um risco feito com tinta vermelha, por exemplo, absorve todas as frequências de onda da luz branca menos a da luz vermelha, que é refletida para nossos olhos. A cor que vemos, portanto, é o que restou da luz branca absorvida pelo pigmento. Veja a figura 10.22.

Os pigmentos ou as tintas coloridas, portanto, produzem cores pela subtração ou retirada de cores da luz branca. Nesse caso, a mistura de tinta das cores do arco-íris não resulta em branco, já que essa mistura absorve quase todas as cores da luz branca. E, se houver absorção total, a cor resultante será preta.

Na pintura ou na impressão de cores em fundo branco, as cores primárias são magenta, azul ciano e amarelo, que, combinadas em diferentes proporções, podem produzir as outras cores. É o sistema usado nas gráficas e nas impressoras coloridas, que funcionam, em geral, com cartuchos que contêm essas três cores de tinta, além de um cartucho com tinta preta.

10.22 Artistas com certos tipos de deficiência física nas mãos ou braços trabalham usando os pés ou a boca para fazer pinturas. Na imagem, a artista Swapna Augustine compõe uma obra em sua residência, na Índia, 2018.

As cores da televisão

Você viu que, se misturarmos todas as luzes do espectro de luz visível, obtemos a luz branca. Mas nós, seres humanos, também podemos ter a sensação de branco se apenas três raios luminosos de cores diferentes atingirem as células receptoras de luz na retina. Essas três cores são o vermelho, o verde e o azul, conhecidas como cores primárias.

As células da retina que são sensíveis a diferentes cores de luz são os cones. Ao receberem estímulos do ambiente, enviam as mensagens ao cérebro pelo nervo óptico. Há três tipos de cone, de acordo com a cor que mais os estimulam: os cones mais sensíveis à cor vermelha, à cor verde e à cor azul.

A luz amarela estimula tanto os cones mais sensíveis ao verde como ao vermelho, e nosso cérebro interpreta esse estímulo como a cor amarela.

É possível realizar, com auxílio do professor, um experimento simples para verificar o que acontece quando as três cores se misturam.

Para isso são necessários três projetores com lâmpadas led spot (essa lâmpada forma um feixe mais concentrado de luz) nas cores vermelha, verde e azul. Então, em uma sala escura, o professor irá projetar inicialmente, em uma parede ou outro anteparo de cor branca, as três lâmpadas ao mesmo tempo, no mesmo lugar e na mesma intensidade. Depois ele irá projetar apenas a luz de duas lâmpadas de cada vez.

> No 6º ano, quando estudamos o funcionamento do olho, vimos que um distúrbio visual conhecido como daltonismo decorre do mau funcionamento de um ou mais tipos de cones, impedindo que a pessoa distinga determinadas cores.

> Como alternativa, podem ser usadas também lanternas comuns cobertas com celofane azul, vermelho ou verde.

Nesse experimento, será possível observar que a combinação de verde e vermelho produz o amarelo; de verde com azul produz o ciano (verde-azulado); de vermelho com azul produz magenta (carmim ou vermelho-azulado). E, quando todas as cores são projetadas, aparece o branco (pode haver certa diferença nos resultados se a intensidade de alguma cor for maior que as outras). Veja a figura 10.23. Repare que esse branco não é formado por ondas de todas as frequências. Se decompusermos esse branco – usando um prisma, por exemplo –, teremos como resultado apenas o vermelho, o verde e o azul, e não todo o espectro do arco-íris.

> **Mundo virtual**
>
> **Segredos da luz e da matéria – Museu da Ciência**
> www.museudaciencia.org/index.php?module=content&option=museum&action=exhibition&id=2
> Página da exposição permanente do Museu da Ciência da Universidade de Coimbra que discute aspectos históricos, físicos e biológicos da luz. Acesso em: 22 mar. 2019.

▷ **10.23** No centro, podemos ver o resultado da projeção das três cores de luz (azul, verde e vermelho) ao mesmo tempo (branco) e, em volta do centro, as cores obtidas com a projeção da combinação de duas dessas cores.

As cores das telas de televisão ou de um monitor de computador são baseadas justamente nessa propriedade que os olhos e o cérebro têm de perceber as variadas combinações das três cores primárias como uma ampla série de cores. Caso a intensidade dos projetores do experimento possa ser regulada, será possível obter muitas outras cores pela combinação em proporções variadas de diferentes intensidades de vermelho, verde e azul.

Todas as cores que você vê na televisão ou no monitor de computadores são produzidas pela combinação das três cores. A imagem é formada por milhares de pontos vermelhos, verdes e azuis.

> Conhecido como padrão RGB, iniciais das palavras em inglês para as cores vermelha (*red*), verde (*green*) e azul (*blue*).

Se pudéssemos observar com uma lente de aumento a tela (ligada) de um televisor, um monitor de computador ou uma tela de celular, veríamos algo como a figura 10.24. Esses pequenos quadrados que formam as telas e monitores são chamados *pixels*. O pixel é a menor unidade de uma imagem digital. A palavra é formada a partir da expressão, em inglês *picture element* ("elemento da imagem"). Em uma imagem colorida, cada pixel é composto de três pontos de cores: vermelho, verde e azul. Desse modo, a cor de cada pixel é uma combinação dessas três cores, em diferentes intensidades.

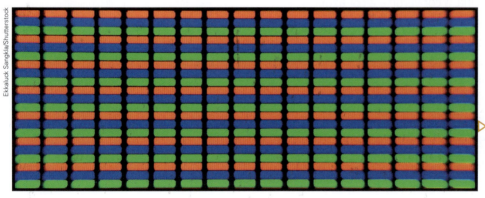

▷ **10.24** Imagem de tela de TV ligada, sendo observada com uma lupa. É possível observar diversos pontos coloridos que formam a imagem.

214 UNIDADE 2 • Transformações da matéria e radiações

ATIVIDADES

Aplique seus conhecimentos

1. Por que não é possível enxergar em ambientes totalmente escuros?

2. Em um dia nublado, as nuvens bloqueiam boa parte da luz do Sol. Mesmo assim, recomenda-se o uso de roupas, boné e filtro solar na praia para proteger a pele, além do guarda-sol. Explique por que essa recomendação é importante.

3. Que transformação de energia nos permite enxergar uma lâmpada e uma vela acesas?

4. Alguns heróis de histórias em quadrinhos têm "visão de raio X". Um desenho mostra raios saindo dos olhos do herói e se dirigindo ao objeto. Com base no que você estudou neste capítulo, qual é o erro desse desenho?

5. Imagine que tenha acabado a energia em uma casa e duas pessoas brincaram de fazer sombras com as mãos, como mostra a figura 10.25.

▷ 10.25 Ilustração de pessoa brincando de fazer sombra com as mãos. (Elementos representados em tamanhos não proporcionais entre si. Cores fantasia.)

Qual propriedade da luz permite que essa brincadeira seja feita?

6. Você já observou que os letreiros que identificam ambulâncias e outros veículos de emergência são escritos ao contrário? Caso não, veja a foto abaixo. Por que isso é feito?

▷ 10.26 Foto da parte frontal de uma ambulância.

7. As lentes permitem, por exemplo, que pessoas com problemas de visão – como a vista cansada, que afeta geralmente pessoas de mais idade – possam enxergar bem. Que outras aplicações das lentes ampliaram nossa concepção do Universo e nosso conhecimento sobre os seres vivos?

8 ▸ Um estudante colocou um espelho plano em pé ao lado de uma folha de papel, como mostra a figura abaixo.

Depois, ele escreveu a letra **F** no papel. Escolha a alternativa que mostra a imagem da letra vista pelo estudante no espelho.

a) F   b) ꟻ   c) Ⅎ   d) ┴   e) ┌┐

9 ▸ Na questão anterior, você deve ter observado que a imagem da letra **F** aparece no espelho de forma diferente da letra escrita no papel. Então, pense: quais as letras de forma do alfabeto que, quando observadas em um espelho plano, não aparecem diferentes do que são?

10 ▸ Assinale apenas as afirmativas verdadeiras.
( ) Quando um raio de luz incide sobre um espelho, o ângulo de reflexão é maior que o de incidência.
( ) Os espelhos planos fornecem imagens virtuais dos objetos.
( ) A reflexão difusa ocorre em superfícies polidas e refletoras.
( ) Os espelhos convexos podem ser usados para ampliar o campo de visão.
( ) Os espelhos côncavos podem ser usados para fornecer imagens ampliadas dos objetos.
( ) O principal fenômeno que ocorre quando os raios de luz atravessam uma lente é a reflexão.
( ) A superfície espelhada de um espelho côncavo assemelha-se à superfície externa de uma colher, enquanto a do espelho convexo assemelha-se à superfície interna da colher.
( ) A refração explica por que um lápis parece quebrado quando parcialmente mergulhado na água.
( ) A lupa é uma lente que pode fornecer imagens ampliadas dos objetos.
( ) Os telescópios ampliam a imagem de objetos muito distantes.

11 ▸ Por que quando um feixe de luz branca passa por um prisma se revelam as mesmas cores que podemos ver em um arco-íris?

12 ▸ Ao iluminar uma planta com uma lanterna de luz verde, uma pessoa percebeu que as folhas pareciam verdes, mas suas flores não. Como você explica essa observação?

13 ▸ As cidades do Brasil mais próximas à linha do equador, como aquelas na região Norte, recebem a luz do Sol de maneira mais direta. Nesses lugares, as pessoas costumam vestir roupas mais leves e de cor clara. Por que não se recomenda o uso de roupas escuras em dias muito ensolarados?

De olho na notícia

A notícia a seguir anuncia uma iniciativa para combater as altas temperaturas em uma cidade dos Estados Unidos. Leia a notícia e pesquise em um dicionário o significado das palavras que você não conhece. Em seguida, responda às questões.

A cidade, onde as temperaturas podem ultrapassar 40 °C no verão, é uma das primeiras megalópoles do mundo a testar este [...] "pavimento fresco".

O pavimento de asfalto negro comum absorve entre 80% e 95% da luz solar, enquanto o revestimento claro a reflete, diminuindo a temperatura do solo significativamente, de acordo com os defensores da tecnologia.

[...]

Agora a prefeitura deve observar as reações dos habitantes a estas incomuns ruas brancas, assim como a rapidez com que ficam sujas pela passagem dos carros e dos restos de óleo e combustível.

George Ban-Weiss, professor adjunto de engenharia civil e ambiental da Universidade do Sul da Califórnia, considera que o "*cool pavement*" ["pavimento fresco"] é uma promessa real na luta contra o aquecimento [...].

"O pavimento que reflete o calor do sol é uma das estratégias, assim como os tetos refratários ou o plantio de árvores, que as cidades podem aplicar para reduzir as temperaturas urbanas", disse o especialista [...].

LOS ANGELES pinta ruas de branco na tentativa de diminuir temperatura. *Folha de S.Paulo*. Disponível em: <www1.folha.uol.com.br/ambiente/2017/08/1909877-los-angeles-pinta-ruas-de-branco-na-tentativa-de-diminuir-temperatura.shtml>. Acesso em: 22 mar. 2019.

a) Explique a medida tomada em Los Angeles para tentar reduzir as altas temperaturas da cidade. Por que a cor branca foi escolhida para revestir o asfalto escuro?
b) Quais são os possíveis problemas do "pavimento fresco" de acordo com o texto?
c) Que outras estratégias são apontadas no texto para reduzir as temperaturas urbanas?

De olho no texto

Leia o trecho a seguir, extraído de *O nome da rosa*, do escritor italiano Umberto Eco, e depois faça o que se pede.

Guilherme enfiou as mãos no hábito, onde este se abria no peito formando uma espécie de sacola, e de lá tirou um objeto que já vira em suas mãos e no rosto, no curso da viagem. Era uma forquilha, construída de modo a poder ficar sobre o nariz de um homem [...] E dos dois lados da forquilha, de modo a corresponder aos olhos, expandiam-se dois círculos ovais de metal, que encerravam duas amêndoas de vidro grossas como fundo de garrafa. Com aquilo nos olhos, Guilherme lia, de preferência, e dizia que enxergava melhor do que a natureza o havia dotado, ou do que sua idade avançada, especialmente quando declinava a luz do dia, lhe permitia.

ECO, U. *O nome da rosa*. Rio de Janeiro: Nova Fronteira, 1983, p. 107-108.

a) Consulte em dicionários o significado das palavras que você não conhece e redija uma definição para essas palavras.
b) Que dispositivo é descrito no texto?
c) Em que se baseia seu funcionamento?

Aprendendo com a prática

1. Além de realizar o experimento com os projetores de cores vermelha, verde e azul descritos no texto deste capítulo e representados na figura 10.23, planejem e executem uma atividade para conseguir formar sombras coloridas de objetos opacos usando esses projetores. Para planejar o experimento vocês deverão fazer uma lista do material necessário e, em seguida, explicar os procedimentos passo a passo. Ao final, expliquem os resultados com base nos conhecimentos sobre luz e cores. A realização desse experimento pode ser filmada e compartilhada com a comunidade escolar.

2. Ainda utilizando os projetores de cores vermelha, verde e azul descritos no texto, planejem e executem um experimento para mostrar que a cor de um objeto está relacionada à cor da luz que o ilumina. Para planejar o experimento vocês deverão fazer uma lista do material necessário e, em seguida, explicar os procedimentos passo a passo. Ao final, expliquem os resultados com base nos conhecimentos sobre luz e cores. A realização deste experimento pode ser filmada e compartilhada com a comunidade escolar.

Autoavaliação

1. Você conseguiu planejar e executar os experimentos propostos no *Aprendendo com a prática*? Os resultados obtidos estão de acordo com as informações do capítulo?
2. Você foi capaz de compreender e de explicar os dois principais fatores que determinam a cor dos objetos?
3. De que forma a percepção das cores pode afetar o cotidiano das pessoas? Quais são algumas das dificuldades que pessoas com daltonismo enfrentam em tarefas cotidianas?

▽ Fotografia da galáxia de Andrômeda, que contém aproximadamente um trilhão de estrelas e é uma das galáxias mais próximas da Via Láctea, a galáxia onde vivemos.

UNIDADE 3

Galáxias, estrelas e o Sistema Solar

Em certas noites, em locais pouco iluminados, podemos ver no céu milhares de estrelas. Foi pela observação do céu que os calendários foram criados e as estações do ano foram identificadas. Orientando-se pelas estrelas, o ser humano conseguiu navegar pelos mares e conhecer lugares novos.
A observação do céu deu origem a uma nova ciência: a Astronomia, que estuda as estrelas, os planetas, os cometas e outros corpos celestes.

1 ▸ O dinheiro investido em pesquisa espacial é da ordem de bilhões de reais. Como você acha que o conhecimento produzido nessas pesquisas pode nos ajudar?

2 ▸ Existem muitos livros, filmes e séries que se baseiam no espaço. Como as descobertas científicas interferem na maneira como imaginamos a realidade fora do nosso planeta?

3 ▸ Você acredita em vida fora do planeta Terra? Apresente argumentos para defender a ideia de que é possível existir vida fora da Terra.

CAPÍTULO 11

Galáxias e estrelas

11.1 Entardecer em praia de Porto Alegre (RS), 2018.

Para os seres humanos e para os demais seres vivos da Terra, o Sol é, sem dúvida, a estrela mais importante do Universo. Veja a figura 11.1 . Sem a luz do Sol não haveria, por exemplo, a fotossíntese – um processo fundamental para a vida na Terra.

Com o desenvolvimento da Astronomia descobrimos, no entanto, que o Sol é apenas uma entre o imenso número de estrelas do Universo. E, embora à distância possam parecer pequenos pontos luminosos, muitas estrelas são bem maiores que o Sol.

Neste capítulo, você vai saber mais sobre como o ser humano interpretava o céu no passado e como o conhecimento científico possibilitou o descobrimento das galáxias e das estrelas que formam o Universo. No próximo capítulo, vamos conhecer a estrutura e a composição do Sistema Solar, onde estamos situados.

▶ Para começar

1. Você sabe a diferença entre uma galáxia e uma constelação?
2. Você sabe o que é um ano-luz?
3. Por que o Sol parece maior do que as estrelas que vemos no céu à noite?
4. O Sol vai ter sempre o aspecto que observamos hoje? Será que ele vai brilhar para sempre?
5. Quais instrumentos e veículos podem ser usados na exploração do espaço?

1 As constelações

As primeiras observações do céu eram feitas a olho nu, pois ainda não existiam telescópios. O telescópio passou a ser usado como instrumento astronômico no início do século XVII. Esse instrumento usa lentes ou espelhos que ampliam a imagem de objetos distantes do observador.

> **Telescópio:** do grego *telos*, que significa "afastado", e *skopeo*, "examinar".

Na Antiguidade, quando os primeiros povos passaram a observar as estrelas, eles tinham a mesma impressão que temos hoje ao olhar para o céu sem nenhum instrumento: as estrelas parecem estar todas à mesma distância da Terra e parecem fixas umas em relação às outras.

Usando observações e a imaginação, o ser humano relacionou agrupamentos de estrelas com algumas figuras que facilitavam a sua identificação no céu. Alguns exemplos dessas figuras são: animais, como o urso, o lobo e o corvo; objetos, como a cruz e a balança; e seres ou heróis mitológicos. Esses agrupamentos de estrelas formando desenhos foram chamados de **constelações**. Veja a figura 11.2.

> Mitos são lendas que fazem parte de uma cultura e trazem reflexões sobre aspectos da vida humana e da natureza. A mitologia grega tem grande influência no mundo ocidental, e alguns exemplos de figuras dessa mitologia são o centauro, que é metade homem e metade cavalo; o Pégaso, que é um cavalo alado; e Hércules, que é um herói com feições humanas e força extraordinária.

▷ **11.2** Representação artística das constelações observadas no hemisfério norte. Este é um dos mapas celestes que ilustra um atlas, elaborado pelo matemático europeu Andreas Cellarius (1596-1665) e publicado em 1708 por Petrus Schenk e Gerard Valk.

Constelações como guias

Ao observar o céu e as constelações, é fácil perceber que elas parecem mudar de posição ao longo da noite, assim como a Lua.

Há muito tempo, outros povos também perceberam que as constelações visíveis em determinado horário – no início da noite, por exemplo – parecem mudar com o passar dos meses. Hoje sabemos que esse movimento aparente ocorre como consequência do movimento de translação da Terra.

Essas observações ajudaram o ser humano a marcar o tempo para prever os períodos de chegada das chuvas e para definir melhores épocas para caça e pesca, assim como para plantar e colher os alimentos. Com a definição desses períodos, foram elaborados os calendários. Em vários lugares do mundo, por exemplo, a plantação é feita na primavera e a colheita, no outono. Já nas regiões que ficam próximas do equador, costuma ser mais importante observar os períodos com mais ou menos chuva, já que as estações do ano não são bem diferenciadas. Aliás, como são as estações do ano na região em que você vive?

Mundo virtual

Constelações indígenas
www.telescopiosnaescola.pro.br/indigenas.pdf
Apresenta as constelações indígenas brasileiras.
Acesso em: 21 mar. 2019.

Galáxias e estrelas • **CAPÍTULO 11** 221

Além disso, em uma época em que não existiam bússolas e outros instrumentos, as estrelas eram guias para a navegação, servindo de pontos de referência.

Atualmente, os astrônomos – cientistas que estudam os corpos celestes – convencionaram dividir o céu em 88 regiões ou partes correspondentes a 88 constelações. Veja na figura 11.3 duas constelações que podem ser vistas facilmente no Brasil, dependendo da época do ano: a constelação de Órion e a do Cruzeiro do Sul.

Devido ao formato esférico da Terra, algumas constelações só podem ser vistas em um dos hemisférios terrestres. A constelação do Cruzeiro do Sul, por exemplo, não é visível para quem está na Europa. Se a Terra fosse plana, veríamos a mesma parte do céu de qualquer lugar dela.

> Imagine que você precisa explicar para um amigo, que não conhece o local e não tem mapa, onde fica sua casa. Os pontos de referência podem ser determinada praça, mercado ou farmácia, por exemplo.

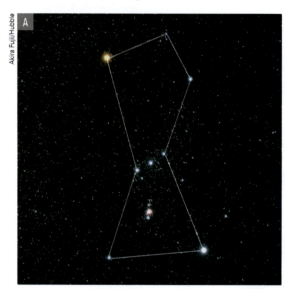
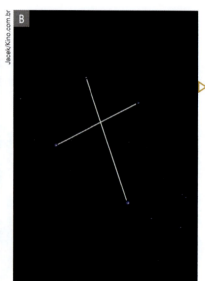

▷ 11.3 As estrelas que formam determinada constelação se encontram a diferentes distâncias da Terra. Nós temos a impressão de que elas estão próximas umas das outras e traçamos as linhas imaginárias (que estão aplicadas nas figuras), formando desenhos. Em **A**, estrelas da constelação de Órion e, em **B**, estrelas da constelação do Cruzeiro do Sul.

As interpretações dos fenômenos celestes variam de acordo com a cultura e a época. Entre outros motivos, isso acontece devido à diferente localização geográfica de cada grupo humano.

No Brasil, os indígenas da etnia Guarani identificam no céu constelações importantes; por exemplo, a constelação da Ema ocupa a mesma região do céu onde estão a do Cruzeiro do Sul e a de Escorpião; e a constelação do Homem Velho está na mesma região das constelações de Touro e de Órion.

Quando a constelação da Ema surge ao leste no anoitecer, indica o início do inverno para os Guarani do sul do Brasil e o começo da estação seca para as comunidades indígenas do norte do Brasil. Veja a figura 11.4. Já a constelação do Homem Velho aparecendo ao leste, na segunda quinzena de dezembro, indica o início do verão no sul e o começo das chuvas no norte do país.

> Povos que vivem em diferentes latitudes observam o céu de diferentes pontos de vista, e essas observações são incorporadas no conjunto de conhecimentos locais, o que leva a variadas interpretações.

▷ 11.4 A constelação da Ema era conhecida por quase todos os povos indígenas do Brasil. Para os Guarani, no sul do Brasil, ela indica a chegada do inverno, que ocorre na segunda quinzena de junho.

UNIDADE 3 • Galáxias, estrelas e o Sistema Solar

Conexões: Ciência e História

Calendários antigos

Registros de mais de 5 000 anos indicam que muitas civilizações se valeram dos fenômenos celestes para fazer calendários e medir a passagem do tempo. Os calendários em geral foram construídos a partir dos movimentos da Lua e do Sol.

O calendário ocidental adotado atualmente, por exemplo, tem como base os movimentos do Sol e deriva do calendário criado pelos romanos no século VIII a.C. Já os calendários islâmico, judaico e chinês têm como base os movimentos da Lua.

Veja na figura 11.5 um calendário solar, conhecido como Pedra do Sol, usado pela civilização asteca, que ocupava a região central e sul do atual México e teve seu auge nos séculos XV e XVI. Acredita-se que esse calendário era usado para determinar as estações do ano e atividades agrícolas. Nele, o ano era dividido em 18 meses de 20 dias. Além do calendário solar, os astecas consultavam um calendário ritual que, com uma contagem diferente de tempo, era usado também para fazer previsões sobre o futuro.

▷ 11.5 Pedra do Sol, calendário asteca exposto no Museu Nacional de Antropologia na Cidade do México (México). Foto de 2015.

No Brasil, foi descoberto em 2006 no Amapá um possível observatório, construído por povos indígenas que habitavam o local há mais de 1 000 anos. Ele demarcaria alguns fenômenos celestes, como o solstício de verão (22 de dezembro) e o solstício de inverno (21 de junho). Veja a figura 11.6.

Esse observatório foi chamado "*Stonehenge* da Amazônia", em comparação com o *Stonehenge* da Inglaterra, um monumento de pedras cujo centro aponta o local em que o Sol nasce durante o solstício de verão (21 de junho).

Fonte: elaborado com base em "*Stonehenge* da Amazônia", o observatório astrológico erguido há mais de mil anos na floresta. *BBC Brasil*. Disponível em: <https://www.bbc.com/portuguese/noticias/2015/12/151221_amazonia_stonehenge_vale_rb>. Acesso em: 21 mar. 2019.

▷ 11.6 Monumento construído há mais de 1 000 anos por povos indígenas, provavelmente para demarcar alguns fenômenos celestes, no Amapá, 2016.

Galáxias e estrelas • CAPÍTULO 11

2 As origens

Como vimos, o ser humano sempre buscou entender os fenômenos que observa; daí surgiram explicações sobre a origem do Universo, do Sistema Solar e da Terra. Cada sociedade tem sua própria maneira de explicar esses fenômenos, que podem envolver símbolos, códigos e observações distintos sobre como devemos nos comportar e sobre valores morais. Explicações da origem do Universo fazem parte da cultura e da identidade de um povo, e por vezes se misturam a manifestações religiosas. É fundamental respeitar qualquer forma de religião.

Para os povos indígenas da etnia Guarani, o mundo foi criado por uma divindade chamada Ñane Ramõi Jusu Papa ("Nosso grande avô eterno", na língua guarani). Essa divindade constituiu a si própria a partir do Jasuka, uma substância com qualidades criadoras, que também originou sua esposa, Ñande Jari ("Nossa Avó"). Ela então criou a Terra, o céu e as matas.

Os mitos variam de acordo com a etnia indígena. Eles podem ser passados através das gerações de forma oral (tradição oral). Veja a figura 11.7.

11.7 Cacique ensinando crianças da etnia Kalapalo na aldeia Aiha, Parque Indígena do Xingu (MT), 2018. A tradição oral é uma das formas de transmitir mitos e lendas através das gerações.

Para os navajos, povo indígena da América do Norte, Tsohanoai era o deus Sol com forma humana, que carrega o Sol às costas, todos os dias, através do céu. Já os aborígines da Austrália descrevem o começo da Terra como uma planície nua, onde tudo era escuro, sem vida.

Segundo a mitologia grega, no início havia o vazio, a ausência de tudo, o chamado Caos. Do Caos, surgiu Gaia (a Terra), algo existente e estável – o contrário do Caos. Surgiram também Eros, que representa o impulso do Universo, e uma série de outros elementos: Tártaro (debaixo da Terra), Hérebo (as trevas), Nix (a noite), Hemera (o dia), entre outros.

Ainda segundo a mitologia grega, incorporada posteriormente à romana, Apolo, filho de Zeus (o maior dos deuses), é o deus do Sol – que espalha a luz no Universo –, da poesia, da música, da cura, das artes, do tiro ao alvo e da justiça. Para essa mesma mitologia, planetas também eram divindades. Na maioria dos casos, os astrônomos mantiveram esses nomes.

> **Minha biblioteca**
>
> *Como surgiu: Mitos indígenas brasileiros*, de Daniel Munduruku. Editora Callis, 2011.
> Livro ilustrado que conta um pouco da história dos povos indígenas.

Veja a seguir uma explicação para os nomes dos planetas do Sistema Solar (o primeiro nome faz parte da mitologia romana e o segundo, da mitologia grega).

> Os planetas do Sistema Solar serão estudados no capítulo 12. Mercúrio, Vênus, Marte, Júpiter e Saturno podem ser vistos a olho nu, dependendo da época do ano.

- Mercúrio (Hermes) é o mensageiro dos deuses. O planeta recebeu esse nome provavelmente por ter, no céu, o movimento aparente mais rápido do que o de outros planetas.
- Vênus (Afrodite) é a deusa romana da beleza e do amor. O planeta aparece ocasionalmente como o ponto mais luminoso – depois do Sol e da Lua –, ao amanhecer e entardecer.
- A Terra é o único planeta cujo nome não deriva da mitologia greco-romana, e seu nome varia de um idioma para outro. O nome "Terra" vem do latim *ters*, em referência à terra firme, em oposição ao mar. Corresponde à divindade Telo (para os romanos) e Gaia (para os gregos). Na mitologia, Gaia surgiu do Caos, no início do Universo, e dela originaram-se os outros deuses.
- Marte (Ares) é o deus da guerra, e o planeta recebeu esse nome possivelmente devido a uma associação com a sua cor avermelhada (que lembra sangue).
- Júpiter (Zeus) é o mais importante dos deuses nas mitologias grega e romana. O planeta Júpiter se movimenta lentamente em trajetória regular.
- Saturno (Cronos) é o deus do tempo e pai de Júpiter. Esse é o mais lento dos planetas visíveis a olho nu.

A tradição de usar nomes da mitologia grega e romana foi mantida também para corpos celestes descobertos mais recentemente, como Urano, Netuno e Plutão.

- Urano (nome grego) é o pai de Cronos e avô de Zeus. O planeta foi descoberto em 1781.
- Netuno (Poseidon) é o deus romano das águas. Descoberto em 1846, o planeta recebeu esse nome talvez por sua coloração azulada.
- Plutão (Hades) é o nome do deus dos mortos. Descoberto em 1930, hoje não é mais classificado como planeta, mas sim como um planeta-anão, como veremos no próximo capítulo.

Veremos as seguir as explicações científicas para a origem do Universo, das estrelas e do Sistema Solar.

Conexões: Ciência e sociedade

Ciência e religião

Ao longo da História, muitos povos usaram suas observações e sua imaginação para explicar a origem do ser humano e dos fenômenos que observavam. Esse conhecimento foi elaborado também para justificar valores e ideias.

A ciência também é uma forma de explicar os fatos, mas se vale do desenvolvimento de modelos e teorias que possam ser testados e repetidos por observações e experimentos. E entre seus objetivos estão a capacidade de prever e alterar determinados fenômenos naturais.

Para muitos cientistas, não há conflito entre pensamento científico e religiosidade. Uma pessoa pode ser religiosa e aceitar, por exemplo, que um deus criou um Universo regido por leis científicas, cabendo aos cientistas desvendarem essas leis.

Para esses cientistas, a ciência desenvolve leis e teorias capazes de gerar predições sobre fenômenos naturais. Já a religião atua em uma área diferente: a dos significados e valores humanos, refletindo sobre o que é moralmente certo e errado, o bem e o mal. Para muitos, a reflexão moral está fora dos objetivos e dos métodos da ciência, embora o cientista – como todas as pessoas – tenha de fazer escolhas éticas sobre a condução de seu trabalho e sobre as aplicações da ciência.

3 Estrelas e galáxias

Quando se estuda o Universo, costuma-se trabalhar com distâncias muito grandes. Se usássemos quilômetros, teríamos de escrever tantos zeros que não haveria papel suficiente para isso. Neste capítulo vamos estudar dois componentes do Universo: as estrelas e as galáxias.

A afirmação a seguir pode parecer estranha, mas, quando olhamos para as estrelas, o que vemos é o passado delas. Se a estrela estiver muito longe, mas muito longe mesmo, ela pode nem mais existir na forma como a vemos hoje. Como isso é possível?

O Sol e todas as outras estrelas emitem luz. Quando observamos uma estrela, o que vemos é a luz emitida por ela no espaço. Veja a figura 11.8. Porém a luz leva certo tempo para ir de um ponto a outro: ela não se propaga instantaneamente, apesar de ser muito rápida. Como vimos no capítulo 9, no vácuo, a luz viaja com a incrível velocidade de cerca de 300 mil quilômetros por segundo!

> **Atenção**
> Nunca olhe diretamente para o Sol, nem com telescópios, óculos escuros ou reflexos em bacias com água. A luz é tão forte que causa danos aos olhos, podendo até cegar. Os astrônomos usam filtros especiais e também projetam a imagem do Sol em anteparos.

Lembre-se de que, como as distâncias entre os corpos celestes são enormes, demora muito para que a luz de uma estrela chegue até nós.

11.8 As estrelas que observamos hoje podem já não existir. Na foto, homem observa estrelas no céu do deserto de Atacama, Chile.

Veja este exemplo. A estrela mais próxima de nós depois do Sol, chamada Proxima Centauri, está a cerca de 40 trilhões de quilômetros da Terra. Por causa dessa enorme distância, a luz dessa estrela leva aproximadamente 4,2 anos para chegar aqui.

Então, quando observamos essa estrela no céu, o que vemos é a luz emitida por ela há 4,2 anos. Se neste exato momento essa estrela deixasse de existir, nós só deixaríamos de vê-la no céu daqui a 4,2 anos. No caso do Sol, que está a uma distância média da Terra de 149 600 000 quilômetros, a luz leva cerca de 8 minutos para chegar à Terra.

+ Saiba mais

O ano-luz

Devido à enorme extensão do Universo, os cientistas usam uma medida mais prática para se referir a distâncias: o ano-luz.

Um ano-luz é a distância que a luz percorre no espaço vazio no período de um ano. Isso dá cerca de 9,46 trilhões de quilômetros. Você acabou de ver que a luz da estrela Proxima Centauri demora cerca de 4,2 anos para chegar à Terra. Dizemos então que essa estrela está a 4,2 anos-luz da Terra.

Não confunda: quando falamos em anos-luz, estamos nos referindo à distância, e não ao tempo.

As estrelas

As estrelas não são iguais: cada uma tem características próprias, o que nos possibilita identificá-la. Além disso, como os outros componentes do Universo, elas não são eternas, têm um ciclo de nascimento, vida e morte.

Mas como os cientistas podem analisar uma estrela? A resposta é: estudando a luz que ela emite.

Você já deve ter observado que as estrelas parecem piscar no céu. Por que acha que isso acontece? Já pensou também por que as estrelas parecem ter brilhos diferentes umas das outras?

As estrelas não piscam, mas a turbulência na atmosfera da Terra faz oscilar a luz das estrelas que observamos. As estrelas parecem brilhar com intensidades diferentes porque possuem tamanhos e idades diferentes e porque algumas estão mais perto ou mais afastadas da Terra.

> O que acontece quando você aproxima ou afasta uma lanterna acesa de uma folha de papel branco? Quanto mais próxima da folha, mais intensa é a iluminação. É semelhante ao que ocorre na observação de estrelas a diferentes distâncias da Terra.

Analisando a luz das estrelas, os astrônomos são capazes de descobrir não apenas a que distância as estrelas estão, mas também como é o movimento e a composição delas.

A cor das estrelas captada no telescópio também dá uma ideia de sua temperatura. As menos quentes são vermelhas; as mais quentes são amarelas ou brancas; e as ainda mais quentes são branco-azuladas.

Podemos observar essa propriedade quando um metal é aquecido e começa a mudar de cor à medida que a temperatura aumenta: primeiro, ele fica vermelho-escuro, depois vermelho brilhante e, em altas temperaturas, pode ficar amarelo ou branco. Veja a figura 11.9.

Além da luz visível, os astrônomos estudam ondas de rádio, raios X e outras formas de radiação emitidas pelas estrelas. Todos esses estudos nos dão muitas informações sobre elas.

> Estudamos os diferentes tipos de radiação no capítulo 9.

▶ 11.9 O ferro, assim como outros metais, muda de cor ao ser aquecido. Na foto, trabalhador despejando ferro fundido em moldes de indústria metalúrgica em Cambé (PR), 2016.

O início e o fim das estrelas

As estrelas que observamos no céu nem sempre existiram. Especula-se que elas se formam e sofrem diversas transformações ao longo de muito tempo. Por fim, elas deixam de existir, resultando em algo como uma poeira sem brilho.

O processo de formação de uma estrela tem início quando partículas começam a se agrupar. Isso ocorre devido à ação da força gravitacional, que forma imensas nuvens de gás e poeira em que predomina o elemento hidrogênio. Essas nuvens são conhecidas como nebulosas interestelares ("entre estrelas"), que vão se tornando massas cada vez mais compactas.

A pressão e a temperatura no centro dessas massas ficam muito altas, chegando a vários milhões de graus Celsius. Nessa condição, ocorre o processo de fusão nuclear, isto é, os átomos começam a se juntar, formando outros átomos. Nesse momento, pode-se dizer que uma estrela "nasceu", pois a fusão nuclear produz enormes quantidades de energia sob a forma de radiações eletromagnéticas, que produzem o brilho das estrelas que vemos da Terra.

Uma vez formadas, as estrelas passam por uma série de transformações que variam de acordo com a massa delas. Vamos ver como exemplo, na figura 11.10, as transformações que acontecem com estrelas com massa entre 0,5 e 6 vezes a massa do Sol.

> **Nebulosa:** vem do latim *nebula*, que significa "nuvem".

> Por exemplo, o átomo de hélio é formado, nas estrelas, a partir da fusão de núcleos de átomos de hidrogênio.

11.10 Representação simplificada das diversas fases da evolução solar. (Elementos e distâncias representados em tamanhos não proporcionais entre si. Cores fantasia.)

A energia liberada pela fusão nuclear no interior da estrela equilibra a força da gravidade. Mas chega um momento em que o "combustível", que é o hidrogênio, começa a faltar e o processo de fusão diminui. Então, a matéria começa a ser comprimida devido à força gravitacional e a estrela começa a diminuir de tamanho.

Essa contração faz a temperatura aumentar e o processo de fusão nuclear agora acontece nas camadas mais externas. Essa nova fusão nuclear gera uma energia que empurra as camadas mais externas da estrela para fora, aumentando seu tamanho e diminuindo sua temperatura. A estrela se transforma então em uma estrela chamada **gigante vermelha**. O diâmetro dessas estrelas gigantes varia entre 100 milhões a 1 bilhão de quilômetros, isto é, de 100 a 1000 vezes o diâmetro do Sol.

Daqui a mais ou menos 5 bilhões de anos, em um processo muito lento, o Sol terá se transformado em uma gigante vermelha (reveja a figura 11.10). O diâmetro do Sol será cerca de 100 a 200 vezes maior que o atual e a temperatura nos planetas mais próximos do Sol (Mercúrio, Vênus e a Terra) irá aumentar violentamente, a ponto de não haver mais água líquida na Terra: toda a água vai evaporar com o calor e a vida como é hoje não poderá mais existir. Talvez até lá tenhamos ido para outros planetas, mais distantes do Sol, e com temperatura e outras condições apropriadas à vida, como veremos no próximo capítulo.

Quando a fusão nuclear acabar, o Sol começará a esfriar e a se contrair, até que, daqui a cerca de 6,5 bilhões de anos, a contar de hoje, ele terá se transformado em um corpo chamado **anã branca**, com diâmetro próximo ao da Terra. Reveja a figura 11.10. No estágio final, daqui a 7,5 bilhões de anos aproximadamente, o Sol não emitirá mais luz, ficando invisível no céu.

Estrelas com massa quatro vezes maior que a do Sol têm um destino diferente: depois de se transformarem em gigantes vermelhas, elas dão origem a uma explosão de **supernova** – uma fantástica explosão que lança gases no espaço e é capaz de brilhar tanto quanto bilhões de estrelas juntas. Veja a figura 11.11.

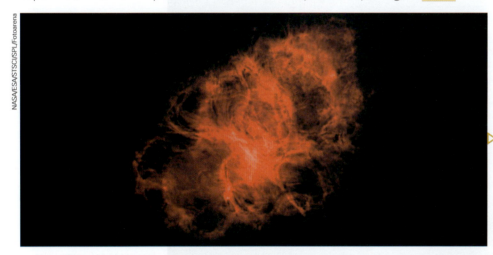

▷ 11.11 Remanescente de explosão de supernova localizada a 6 500 anos-luz da Terra. No centro dela é possível visualizar a formação de uma estrela de nêutrons. Foto obtida por radiotelescópio.

Depois da explosão de supernova, o destino vai depender da massa que sobrou da estrela. Se tiver sobrado cerca de até três vezes a massa do Sol, ela pode se transformar em uma **estrela de nêutrons**: os prótons do núcleo do átomo se unem aos elétrons, formando nêutrons. Se tiver sobrado mais do que cerca de três vezes a massa do Sol, a força gravitacional fará todas as partículas do átomo se combinarem, originando o chamado **buraco negro**: a massa da estrela fica toda comprimida em um ponto. A atração gravitacional nas proximidades do buraco negro é tão forte que "suga" tudo o que passa por perto (como se fosse um "buraco" no espaço), incluindo a luz visível.

As galáxias

Galáxia é um enorme aglomerado de estrelas, nuvens de gás, poeira e outros corpos celestes. Estima-se que o Universo conhecido contenha mais de 200 bilhões de galáxias.

As galáxias possuem formas variadas. Algumas são irregulares, e não lembram nenhuma figura em particular; outras têm a forma elíptica ou em espiral, como é o caso da galáxia de Andrômeda. Reveja a fotografia da abertura da unidade.

Embora não possamos ver de fora a forma da galáxia onde vivemos, porque estamos dentro dela, vários estudos indicam que ela tem a forma de uma espiral. Veja na figura 11.12 que o Sistema Solar, onde está a Terra, é um pequeno ponto na Via Láctea.

Via Láctea é um termo que significa "caminho de leite", e a galáxia recebeu esse nome porque, quando observada da Terra, parece uma longa mancha leitosa no céu. Esse nome foi dado pelos gregos da Antiguidade, mas indígenas do Pará, por exemplo, chamam essa faixa branca de "caminho da anta".

Nas galáxias, o que "une" os corpos celestes (ou astros) é a força gravitacional, conhecida também como força da gravidade. Essa força de atração age entre todos os corpos do Universo. É ela que faz os planetas girarem ao redor do Sol.

> Essa variação ocorre porque diferentes culturas interpretam fenômenos de maneira diferente. Você já percebeu, por exemplo, como vários alimentos recebem nomes diferentes nas diversas regiões do Brasil?

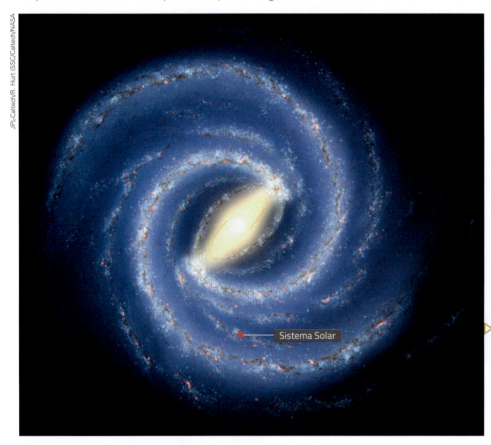

▷ 11.12 Concepção artística da galáxia Via Láctea. O ponto vermelho, embaixo, indica a localização do Sistema Solar. (Os elementos e as distâncias estão representados em tamanhos não proporcionais entre si. Cores fantasia.)

Formação do Sistema Solar

E como se formou o Sistema Solar?

O Sistema Solar teve origem há cerca de 4,6 bilhões de anos a partir de uma nebulosa de gás e poeira. Sob ação da gravidade, seu interior foi se tornando um núcleo cada vez mais quente e denso. Milhões de anos depois, a temperatura desse núcleo atingiu cerca de quinze milhões de graus Celsius, dando início ao processo de fusão nuclear. Esse processo transformou o elemento hidrogênio em hélio, liberando uma grande quantidade de energia, e assim se formou o Sol.

Ao longo de milhões de anos, a nuvem ao redor desse núcleo adquiriu um movimento de rotação e uma forma achatada de disco. Partículas de poeira foram se juntando, formando corpos cada vez maiores e originando os planetas e os corpos celestes menores.

4 Exploração do espaço

A observação do espaço tomou grande impulso com a invenção do telescópio no século XVII. Hoje, além dos telescópios que captam a luz e outras radiações, como a ultravioleta e o infravermelho, existem os **radiotelescópios**. Como vimos no capítulo 9, esses aparelhos são grandes antenas parabólicas que captam ondas de rádio emitidas por estrelas, nuvens de poeira e gás e outros corpos celestes.

Há também os **telescópios espaciais**, que ficam em órbita ao redor da Terra, como o Hubble. Esse tipo de aparelho tem a vantagem de estar livre da turbulência atmosférica, que prejudica as observações astronômicas. Observe a figura 11.13.

> O Brasil também possui equipamentos astronômicos para pesquisa. O maior telescópio está localizado perto de Brasópolis, em Minas Gerais, e o principal radiotelescópio está instalado em Atibaia, São Paulo.

Nossos conhecimentos nesse campo se ampliaram mais ainda com os satélites artificiais, sondas e naves espaciais, todos eles lançados por foguetes espaciais.

Os **foguetes espaciais** levam os astronautas e os satélites até o espaço. Eles carregam tanques com gás combustível (geralmente o hidrogênio) e tanques com oxigênio. A combustão produz um gás que é expelido para trás e impulsiona o foguete. Algo semelhante acontece quando enchemos uma bexiga (balão de festa) de ar e depois a soltamos sem fechar a abertura: a saída do ar impulsiona o balão. Mas, no caso dos foguetes, o movimento é controlado e direcionado, ao contrário do movimento irregular do balão.

▽ **11.13** Astronauta realizando conserto no telescópio espacial Hubble em órbita ao redor da Terra, em 2009.

Os **satélites artificiais** giram em torno de astros e podem fotografar a Terra, transmitindo informações importantes. Hoje o planeta em que vivemos está rodeado de satélites de comunicação que recebem sinais de rádio, telefone e televisão de uma região e os retransmitem para outros locais. Os satélites também são a base dos sistemas de localização como o GPS, além de ajudar no estudo do tempo e do clima da Terra.

As **sondas espaciais** são veículos sem tripulação lançados no espaço. Elas são guiadas por sinais de rádio da Terra. Algumas sobrevoam os corpos celestes – planetas e seus satélites naturais, e também asteroides e cometas – e tiram fotos; outras sondas até aterrissam e fazem análises do solo dos corpos celestes. Com esses equipamentos, foi possível analisar a composição química, a temperatura e a pressão da atmosfera em Vênus e estudar amostras de solo em Marte. Observe a figura 11.14.

11.14 Desde 1977, as sondas espaciais Voyager 1 e Voyager 2 estão seguindo caminho para fora do Sistema Solar com mensagens da Terra gravadas em um disco. Se alguma forma de vida inteligente encontrar esse disco e conseguir compreendê-lo, ela vai achar mensagens de saudações em 55 línguas diferentes, informações e imagens da Terra e sons típicos do planeta (trovoadas, músicas, etc.). (Cores fantasia.)

Galáxias e estrelas • **CAPÍTULO 11** 231

Houve também algumas expedições tripuladas que pousaram na Lua e coletaram amostras de solo para serem analisadas em laboratórios na Terra. Para isso foram utilizadas as **naves espaciais**. A Apollo 11, uma das missões mais famosas, levou três astronautas estadunidenses à Lua em 1969. Foi a primeira vez que seres humanos pisaram no solo da Lua. Veja a figura 11.15.

Existem ainda as **estações espaciais**, que ficam em órbita ao redor da Terra com os astronautas. Observe a figura 11.16.

Além de aumentar nosso conhecimento sobre o Universo, o estudo e a exploração do espaço permitem a criação de novas tecnologias (computadores, vestimentas resistentes, aprimoramento das telecomunicações, etc.) que podem melhorar a qualidade de vida das pessoas.

11.15 Lançamento da nave Apollo 11, que levou os primeiros seres humanos à Lua, em 1969.

11.16 As estações espaciais permitem que os astronautas permaneçam bastante tempo no espaço e realizem uma série de tarefas. Na foto, a Estação Espacial Internacional (cerca de 108 m de comprimento) vista do ônibus espacial Discovery.

> **Mundo virtual**
>
> **Espaço Ciência**
> http://www.espacociencia.pe.gov.br/?atividade=astronomia
> Apresenta notícias, atividades e programação de cursos e palestras sobre Astronomia.
>
> **Fundação Planetário da Cidade do Rio de Janeiro**
> www.planetariodorio.com.br
> Contém programação de eventos, materiais de estudo e notícias sobre Astronomia. Acesso em: 22 mar. 2019.

ATIVIDADES

Aplique seus conhecimentos

1. Ao longo do ano, muda o horário que podemos observar as constelações no céu. A que se deve essa mudança? Justifique sua resposta.

2. Cite ao menos duas aplicações do uso das constelações na vida de diversos povos.

3. É melhor dizer que as constelações foram descobertas ou que foram inventadas? Justifique.

4. "Ao olharmos para uma estrela, vemos o passado dela." Explique o que essa afirmação quer dizer.

5. Um estudante afirmou que, quando os astrônomos detectam uma alteração na superfície do Sol, o fenômeno já ocorreu cerca de 8 minutos antes. Explique o que o estudante quis dizer com isso.

6. As estrelas são muito maiores do que a Lua. Mas por que, então, elas parecem menores?

7. Por que é importante que os telescópios sejam instalados em locais altos e distantes de cidades populosas?

8. Um ano-luz equivale a cerca de 9 460 800 000 000 quilômetros. Sabendo que a velocidade da luz no vácuo é de 300 000 quilômetros por segundo, mostre como esse número foi calculado.

9. Observe ao lado a fotografia de um satélite artificial em órbita. Para que devem servir as placas que se estendem ao lado do corpo do satélite? (Lembre-se de que os instrumentos do satélite precisam de energia para funcionar.)

10. A cosmologia é a ciência que estuda a origem, a estrutura e a evolução do Universo. O físico e cosmólogo britânico Stephen Hawking (1942-2018), um dos mais importantes cientistas do século XXI, disse a frase a seguir em 1988, em uma entrevista à revista alemã Der Spiegel:

    Somos apenas uma estirpe avançada de macacos em um planeta menor de uma estrela muito comum. Mas podemos entender o Universo. Isto nos torna muito especiais.

    a) Consulte em dicionários o significado das palavras que você não conhece e redija uma definição para essas palavras.

    b) Qual é a "estrela muito comum" a qual Stephen Hawking se refere em sua afirmação?

    c) Como essa estrela se formou e qual será o destino dela daqui a alguns bilhões de anos?

    d) Hawking afirmou que somos especiais porque podemos entender o Universo. Que instrumentos nos ajudam a entender o Universo?

11.17 Satélite artificial STS-41, colocado em órbita ao redor da Terra em 1984.

11.18 Stephen Hawking experimentando ambiente de gravidade zero, em 2007.

> **De olho no texto**

A texto a seguir aborda reflexões sobre como os povos antigos desenvolveram uma cosmologia própria. Leia o texto e, em seguida, responda às questões.

Das pirâmides ao Stonehenge: eram os povos pré-históricos astrônomos?

Desde que os humanos começaram a olhar para o céu, nos assombramos com a sua beleza e seus incontáveis mistérios. Com frequência a Astronomia é descrita como a mais antiga das ciências, uma inspiração para os humanos há muitos milênios. As pinturas rupestres pré-históricas refletem fenômenos celestes. E monumentos como as grandes pirâmides de Gizé e Stonehenge parecem se alinhar com precisão aos pontos cardeais ou com os pontos do horizonte por onde saem ou se põem a lua, o sol e as estrelas.

[...]

Mas o que sabemos realmente sobre como os humanos do passado entendiam o céu e como desenvolveram uma cosmologia? [...]

Métodos simplistas

As pirâmides do Egito estão entre os mais impressionantes monumentos antigos, e várias delas estão orientadas com grande precisão. O egiptólogo Flinders Petrie efetuou a primeira pesquisa de alta precisão das pirâmides de Gizé no século XIX. Descobriu que cada um dos quatro cantos da base das pirâmides aponta para um ponto cardeal com uma margem de um quarto de grau.

Mas como os egípcios sabiam disso? Não muito tempo atrás, Glen Dash, um engenheiro que estuda estas pirâmides, propôs uma teoria. Baseia-se no antigo método do "círculo indiano", que só necessita uma vara que projete uma sombra e uma corda para estabelecer uma direção leste-oeste. Ele salienta que esse método, com toda a sua simplicidade, pode ter sido utilizado para as pirâmides.

Será? Não é impossível, mas neste ponto corremos o risco de cair na popular armadilha de projetar no passado os nossos métodos, visões do mundo e ideias atuais. É provável que o estudo da mitologia e dos métodos pertinentes conhecidos e empregados naquele tempo ofereça uma resposta mais confiável.

[...]

Explicações múltiplas

[...]

Como então a Astronomia cultural pode explicar o alinhamento das pirâmides? Um estudo feito em 2001 propunha que duas estrelas, Megrez e Phad, pertencentes à constelação da Ursa Maior, talvez escondam o segredo. Essas estrelas são visíveis durante toda a noite no Hemisfério Norte. Sua posição mais baixa no céu durante a noite pode marcar o norte usando o *merjet*, um antigo medidor do tempo, composto por um prumo com um cabo de madeira, que acompanha o alinhamento das estrelas.

A vantagem dessa interpretação é que ela se relaciona com a mitologia estelar obtida das inscrições do templo de Horus, em Edfu. Essas inscrições falam do uso do *merjet* como ferramenta de agrimensura, uma técnica que talvez explique também a orientação de outros monumentos egípcios. [...]

Igualmente, já foram apresentadas ideias melhores para Stonehenge. Um estudo de 2001 achou estranhos círculos de madeira perto do monumento e propôs que talvez representassem os vivos, e que as pedras representariam os mortos. Práticas similares foram observadas em monumentos achados em Madagascar, o que dá a entender que talvez fosse uma maneira corrente entre os pré-históricos de pensar nos vivos e nos mortos. Também oferece uma forma interessante e nova de observar Stonehenge no meio da paisagem circundante. Outros já interpretaram que esse monumento, em especial sua avenida, marca o trânsito ritual pelo inframundo, com a visão da Lua no horizonte.

[...]

El País. Das pirâmides ao Stonehenge: eram os povos pré-históricos astrônomos? Disponível em: <https://brasil.elpais.com/brasil/2018/03/19/ciencia/1521477253_818672.html>. Acesso em: 25 mar. 2019.

a) O que você compreende do seguinte trecho do texto: "[...] corremos o risco de cair na popular armadilha de projetar no passado os nossos métodos, visões do mundo e ideias atuais."? Utilize argumentos embasados no que foi apresentado neste capítulo, dentro de uma perspectiva dos avanços tecnológicos relacionados à Astronomia.

b) Poderia haver uma explicação para orientação das pirâmides do Egito baseada na constelação do Cruzeiro do Sul? Justifique sua resposta.

c) Destaque um trecho do texto que reforce a noção de que muitas sociedades aliavam explicações sobre origem do Universo com crenças.

De olho na notícia

Leia a notícia abaixo e responda às questões a seguir.

Astrônomos flagram buraco negro 'devorando' estrela

Um telescópio a bordo da Estação Espacial Internacional captou sinais de um buraco negro "devorando" uma estrela. As imagens [foram] detectadas em março do ano passado [2018] [...].

Depois de analisar o material, os cientistas concluíram que se tratava de um fenômeno interessantíssimo: um buraco negro observado em meio a uma explosão, uma fase extrema em que ele emite rajadas de energia [radiação] enquanto absorve um amontoado gigantesco de gás e poeira de uma estrela próxima.

[...]

Nunca antes tal fenômeno havia sido identificado pela ciência. As evidências apontam para o fato de que esse processo seja a chave da evolução de um buraco negro. [...]

Por definição da NASA, a agência espacial americana, "um buraco negro é uma região no espaço onde a força de atração da gravidade é tão forte que nem a luz é capaz de escapar". "A forte gravidade ocorre porque a matéria foi comprimida em um espaço minúsculo. Essa compressão pode ocorrer no final da vida de uma estrela", diz texto divulgado pela agência.

Como nenhuma luz escapa aos buracos negros, eles são invisíveis. "No entanto, telescópios espaciais com instrumentos especiais podem ajudar a encontrar buracos negros. Eles podem observar o comportamento de materiais e estrelas que estão muito próximos dos buracos negros", esclarece a agência.

Existem três tipos de buracos negros. Os primordiais são tão pequenos quanto um único átomo, mas com a massa de uma gigantesca montanha. O tipo mais comum é o de tamanho médio, os chamados estelares - são aqueles cuja massa pode ser até 20 vezes maior do que a do Sol e podem caber dentro de uma bola com diâmetro de cerca de 15 quilômetros.

Os maiores são aqueles chamados de supermassivos - há evidências de que toda grande galáxia tenha um deles em seu centro. O buraco negro que existe no centro da Via Láctea se chama Sagitário A.

[...]

"Atualmente, acredita-se que quase todas as galáxias contêm um buraco negro supermassivo em seu centro. Mesmo que esses buracos negros tenham menos de 0,1% da massa de suas galáxias hospedeiras, eles parecem, de alguma forma, controlar o crescimento de seus hospedeiros", explica Pasham [astrônomo Dheeraj Pasham, pesquisador do Instituto Kavli de Astrofísica e Pesquisa Espacial do Massachusetts Institute of Technology (MIT)]. "Portanto, se pudermos entender como os buracos negros supermassivos crescem, podemos usar esse conhecimento para compreender diretamente como as galáxias evoluem."

BBC brasil. Astrônomos flagram buraco negro 'devorando' estrela. Disponível em: <https://www.bbc.com/portuguese/geral-46811287>. Acesso em: 25 mar. 2019.

a) Com base na notícia e no que você aprendeu neste capítulo, relacione a existência de um buraco negro à evolução de uma estrela.

b) Segundo a notícia, por que o estudo dos buracos negros pode nos ajudar a compreender como as galáxias evoluem?

Autoavaliação

1. Você teve alguma dificuldade para compreender algum dos temas estudados no capítulo? O que você fez para superar essa dificuldade?

2. Você compreendeu a importância das constelações para nos orientarmos no espaço e no tempo?

3. Depois do que estudou neste capítulo, como você avalia o seu entendimento sobre a importância das tecnologias usadas nas investigações do campo da Astronomia?

OFICINA DE SOLUÇÕES

Projetando estrelas

Hoje em dia, observamos muito pouco as estrelas no céu, já que podemos nos orientar facilmente usando GPS e podemos usar relógios e calendários para mensurar o tempo. Além disso, a poluição luminosa dos centros urbanos dificulta a visualização das estrelas. Ainda assim, reconhecer as constelações no céu é uma atividade muito prazerosa e que ajuda a nos situar tanto no Sistema Solar quanto na imensidão do Universo.

O que já existe

Nos planetários o céu é projetado no teto, que tem forma arredondada, e ocorrem apresentações que mostram o movimento dos astros. É possível acelerar esses movimentos e ver um ano passando rapidamente, ou então ver o céu de outras épocas. Há programas de computador que também fazem essas simulações.

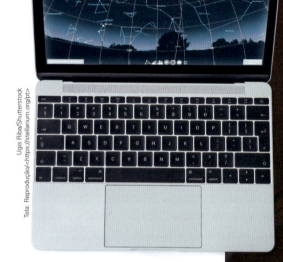

Cartas celestes

Desde a Antiguidade, o ser humano faz mapas com as estrelas e constelações do céu. Hoje em dia, também é possível usar programas no computador e no celular que mostram como estará o céu em determinado dia e horário.

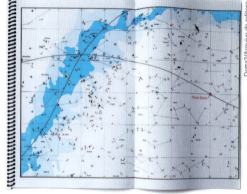

Vá além!

O planisfério é um instrumento simples, mas é um excelente recurso para observar o céu noturno e entender os movimentos celestes ao longo do dia e do ano. Você pode montar o planisfério desenvolvido por professores da Universidade Federal do Rio Grande do Sul. Ele está disponível em: <http://www.if.ufrgs.br/~fatima/planisferio/celeste/planisferio.html> (acesso em: 22 mar. 2019).

Consulte

- Cartas celestes – Planetário da cidade do Rio de Janeiro
http://www.planetariodorio.com.br/astronomia/cartas-celestes/
Escolha uma cidade próxima à cidade em que você mora e ajuste o dia e o horário da observação.
- Stellarium
http://stellarium.org/pt
Programa de computador – gratuito e de código aberto – que simula o céu, como um planetário. No programa também é possível ver constelações de diferentes culturas.

Acessos em: 22 mar. 2019.

Propondo uma solução

O melhor jeito de aprender sobre as estrelas e as constelações é olhar para o céu à noite e usar uma carta celeste. Mas você também pode construir um projetor e criar um céu estrelado em seu próprio quarto!

Escolha constelações de seu interesse. Algumas sugestões são:
- Cruzeiro do Sul e Centauro;
- Órion (na qual estão as Três Marias) e Cão Maior;
- Escorpião, Libra, Touro e todas as outras constelações do zodíaco.

Para desenvolver o projetor, você precisará de pelo menos uma fonte de luz e de pedaços de cartolina perfurados.
- Que outros materiais serão necessários para essa construção? Como você montará o projetor?
- Como você reproduzirá os padrões formados pelas estrelas? Como vai perfurar a cartolina?
- Como simular, na projeção, algumas estrelas mais brilhantes que outras?

Na prática

1. Quais foram as dificuldades encontradas durante a construção e utilização do seu projetor? Como elas foram superadas?
2. As constelações projetadas se assemelham ao que é observado no céu à noite?
3. O que você aprendeu com essa atividade?

OFICINA DE SOLUÇÕES 237

CAPÍTULO 12
O Sistema Solar

12.1 Fotografia do céu ao entardecer na qual aparecem a Lua e, acima, Vênus, no deserto de Atacama, Chile.

Você já observou o céu e viu uma cena semelhante à retratada na figura 12.1? Nela, o ponto mais brilhante visto acima da Lua é Vênus. É comum as pessoas chamarem Vênus de estrela-d'alva, mas ele na verdade é um planeta.

O Sistema Solar é formado pelo Sol, pelos planetas que giram ao redor dele e por todos os outros corpos celestes menores, como planetas-anões, luas (satélites naturais) e asteroides.

No capítulo anterior, estudamos as galáxias e as estrelas que formam o Universo. Neste capítulo, vamos conhecer melhor os planetas e pensar sobre a possibilidade de haver vida fora da Terra.

▶ Para começar

1. Quais são os planetas do Sistema Solar?
2. Que condições possibilitam a vida na Terra?
3. Como explicar o fenômeno conhecido como "estrela cadente"?
4. O que são asteroides, cometas e meteoritos?

1 Os movimentos dos planetas

Como vimos no capítulo anterior, as constelações parecem mudar de posição no céu ao longo da noite e ao longo do ano, por causa dos movimentos da Terra. Apesar desse movimento, a distância entre as estrelas parece fixa. Já os planetas não têm uma posição fixa em relação às estrelas e é possível observá-los mudando de posição ao longo dos meses ou até de um mesmo dia.

Ao contrário do que acontece com as estrelas, os planetas não emitem luz. Então como é possível enxergá-los? Reveja a figura 12.1. O brilho de um planeta e também de seus satélites naturais – como a Lua – é a luz do Sol refletida.

> **Satélites naturais:** também chamados de luas, são astros que giram em torno dos planetas. Além deles, há os satélites artificiais, que foram colocados em órbita pelo ser humano.

Há cinco planetas que podem ser vistos no céu a olho nu com facilidade, ou seja, sem o uso de telescópios, binóculos ou lunetas: Mercúrio, Vênus, Marte, Júpiter e Saturno. Por terem a aparência bem brilhante, esses planetas eram conhecidos muito antes da invenção do telescópio.

Mercúrio e Vênus podem ser vistos ocasionalmente antes do amanhecer ou logo depois do crepúsculo. Marte, Júpiter e Saturno podem ser vistos ao longo de toda a noite, dependendo do ponto em que cada um deles estiver na própria órbita e da época do ano.

Além desses planetas, Urano, descoberto após a invenção do telescópio, pode ser visto a olho nu, mas apenas em noites límpidas. Com o auxílio de telescópios, foram descobertos Netuno e Plutão.

> Desde 2006, porém, Plutão não é mais considerado um planeta, e sim um planeta-anão, como você verá mais adiante neste capítulo.

Com seus satélites naturais e outros corpos celestes, como os asteroides e os cometas, além de gases e poeiras interplanetárias, esses sete planetas, juntamente com a Terra e o Sol, formam o **Sistema Solar**. Todos esses corpos se mantêm girando em torno do Sol pela ação da força de atração gravitacional.

Veja um esquema do Sistema Solar na figura 12.2. Note que é difícil representar em uma mesma figura o tamanho dos astros e a distância entre eles. Isso ocorre porque os tamanhos são muito diferentes e as distâncias são enormes. Em uma representação proporcional, se o Sol fosse um círculo de 291 cm de diâmetro, Júpiter teria 30 cm, enquanto Mercúrio teria apenas 1 cm. Em relação às distâncias, se a Terra fosse posicionada a 15 cm do Sol (representando cerca de 150 000 000 km), Netuno teria de estar a 450 cm (representando aproximadamente 450 000 000 km).

12.2 Representação esquemática dos planetas do Sistema Solar. (Elementos e distâncias representados em tamanhos não proporcionais entre si. Cores fantasia.)

Os planetas têm dois movimentos principais: um de translação e um de rotação, assim como a Terra.

No **movimento de translação** cada planeta percorre uma órbita ao redor do Sol. No caso da Terra, esse movimento leva cerca de 365 dias para completar um ciclo.

No **movimento de rotação** os planetas giram em torno do próprio eixo imaginário, como se fossem piões. Esse movimento determina a alternância entre o dia e a noite nos planetas.

Os planetas podem ser divididos em dois grupos.

Os **planetas interiores**, também chamados de **planetas rochosos** ou **telúricos** (do latim *tellus*, Terra), estão mais próximos do Sol e são constituídos principalmente de rochas, ou seja, matéria sólida. É o caso de Mercúrio, Vênus, Terra e Marte.

Os **planetas exteriores**, também chamados **planetas gasosos**, **planetas gigantes gasosos** ou **planetas jovianos** (do latim *Jove*, Júpiter) são os mais afastados e têm muito mais matéria gasosa do que sólida. É o caso de Júpiter, Saturno, Urano e Netuno.

Estes últimos quatro planetas têm grandes dimensões (em diâmetro e em massa). São formados principalmente por gás (hidrogênio, hélio, metano, amoníaco) e, provavelmente, têm um núcleo rochoso que é pequeno em relação ao tamanho total do planeta. Esses planetas gasosos têm muitas luas.

2 A estrutura do Sistema Solar

No Sistema Solar podemos encontrar também asteroides, cometas, meteoros e os chamados planetas-anões, como é o caso de Plutão. Os valores que você observará nos quadros adiante, com dados sobre os planetas e o Sol, estão aproximados.

Estima-se que o Sol e os planetas do Sistema Solar tenham surgido há cerca de 4,6 bilhões de anos como resultado da ação da força gravitacional sobre uma nuvem de poeira e gás: as partículas começaram a chocar-se e fundir-se umas às outras, formando corpos cada vez maiores. Observe a figura 12.3.

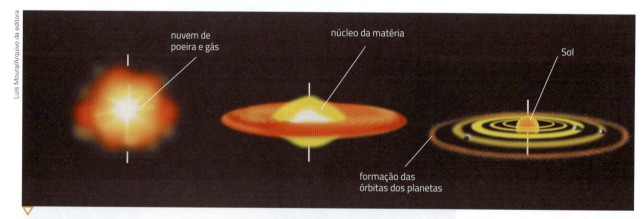

12.3 Representação esquemática da origem e evolução do Sistema Solar. (Elementos e distâncias representados em tamanhos não proporcionais entre si. Cores fantasia.)

Fonte: elaborado com base em GROTINGER et al. *Understanding Earth*. Nova York: W. H. Freeman, 2007. p.191.

No centro da nuvem formou-se um núcleo maior de matéria, que originou o Sol (reveja, no capítulo anterior, como se formam as estrelas). Em torno do Sol formaram-se os planetas e seus satélites. Outras aglomerações originaram os asteroides. Vamos ver a seguir algumas características do Sol e dos planetas do Sistema Solar.

O Sol

Como já vimos, as distâncias consideradas quando estudamos Astronomia sempre são muito maiores do que aquelas com as quais estamos acostumados na Terra. Assim, além do ano-luz, que vimos no capítulo anterior, pode ser usada a **unidade astronômica (UA)**. Cada UA corresponde à distância entre o Sol e a Terra.

Assim como as demais estrelas, o Sol emite luz por causa das transformações que acontecem em seu núcleo. Veja a figura 12.4.

> **Atenção**
> Nunca olhe diretamente para o Sol, e muito menos usando binóculos ou telescópio. Isso pode causar danos permanentes à retina, com risco de cegueira.

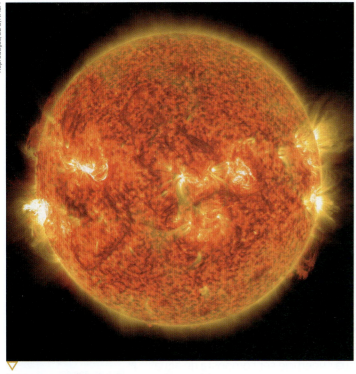

Diâmetro (no equador): 1,39 milhão de quilômetros (cerca de 109 vezes o diâmetro da Terra, que é de 12 756 km, aproximadamente).

Massa: 333 mil vezes maior que a da Terra ($5,97 \cdot 10^{24}$ kg).

Distância média do Sol à Terra: 150 milhões de quilômetros.

Temperatura na superfície: cerca de 5 500 °C (no núcleo, a temperatura estimada é de 15 milhões de graus Celsius).

> **Atenção**
> O Sol e o planeta das fotografias não estão na mesma proporção. As imagens foram submetidas a diferentes técnicas de aplicação e realce de cores.

12.4 Imagem do Sol captada por sonda espacial.

Mercúrio

É o planeta mais próximo do Sol e o menor em tamanho. Sem água e quase sem atmosfera, a temperatura de Mercúrio tem a maior variação ao longo do dia, entre todos os planetas. O aspecto da superfície é parecido com o da Lua: seco e todo coberto de crateras originadas de colisões com meteoritos e outros corpos celestes. Veja a figura 12.5.

Diâmetro (no equador): 4 880 km (0,38 do diâmetro da Terra).

Distância média do Sol: 57,9 milhões de quilômetros.

Temperatura: varia entre cerca de 430 °C de dia (parte iluminada) e –180 °C à noite (parte não iluminada).

Período da órbita: 88 dias terrestres.

Período de rotação em torno do eixo: 59 dias terrestres.

Satélites: não possui.

▷ 12.5 Mercúrio.

Vênus

Esse planeta é um pouco menor do que a Terra, e suas estruturas são parecidas: um núcleo de ferro e níquel, um manto rochoso e uma crosta. Veja a figura 12.6.

A atmosfera de Vênus é noventa vezes mais densa que a da Terra, sendo composta principalmente de gás carbônico. Essa atmosfera retém o calor do Sol refletido pelo planeta e provoca um forte efeito estufa. Por isso, a temperatura na superfície de Vênus é a mais alta de todos os planetas. Não existe água na forma líquida. Tal como uma pessoa que fica mais próxima a uma lâmpada incandescente sente mais calor, os planetas mais próximos do Sol tendem a ser mais quentes que os planetas mais distantes. No entanto, outros fatores, como o tipo de atmosfera, também influenciam na temperatura.

> No 7º ano estudamos o fenômeno do efeito estufa na Terra. A manutenção da temperatura na atmosfera é consequência desse efeito e uma das características que possibilitaram a vida nesse planeta.

Diâmetro (no equador): 12 104 km (0,95 do diâmetro da Terra).
Distância média do Sol: 108,2 milhões de quilômetros.
Temperatura: até 470 °C.
Período da órbita: 224,7 dias terrestres.
Período de rotação em torno do eixo: 243 dias terrestres.
Satélites: não possui.

▷ 12.6 Vênus.

Terra

A Terra é o terceiro planeta mais próximo do Sol e o maior entre os planetas rochosos. O efeito estufa, a atmosfera com gás oxigênio e com proteção contra o excesso de raios ultravioleta, além de cerca de 70% da sua superfície ser composta de água líquida, fazem com que a Terra seja, até o momento, o único planeta conhecido a abrigar vida. Veja a figura 12.7.

> **! Atenção**
> Os planetas das fotografias não estão na mesma proporção. As imagens foram submetidas a diferentes técnicas de aplicação e realce de cores.

Diâmetro (no equador): 12 756 km.
Distância média do Sol: 150 milhões de quilômetros.
Temperatura: média de 15 °C.
Período da órbita: 365 dias, 6 horas e 9 minutos.
Período de rotação em torno do eixo: 23,93 horas.
Satélites: possui um, a Lua.

▷ 12.7 Terra.

Marte

Visto da Terra, tem cor avermelhada. Isso se explica porque, no solo de Marte, há uma grande quantidade de óxido de ferro. Talvez por causa dessa cor, que lembra a do sangue, o planeta tenha recebido o nome de Marte, o deus da guerra para os romanos. Veja a figura 12.8.

Diâmetro (no equador): 6 794 km (0,53 do diâmetro da Terra).
Distância média do Sol: 227,9 milhões de quilômetros.
Temperatura: varia entre 20 °C (dia) e −153 °C (noite).
Período da órbita: 686,98 dias terrestres.
Período de rotação em torno do eixo: 24,6 horas.
Satélites: possui dois, Fobos e Deimos.

12.8. Marte.

> **Atenção**
> Os planetas das fotografias não estão na mesma proporção. As imagens foram submetidas a diferentes técnicas de aplicação e realce de cores.

A paisagem de Marte lembra a de um deserto da Terra, com grandes vales e crateras. A atmosfera é muito rarefeita, com pressão equivalente a 1% da pressão atmosférica da Terra, e, na maior parte, composta de gás carbônico.

Sabemos por várias observações fornecidas por sondas e veículos-robôs que há um pouco de água congelada subterrânea e também nas calotas polares de Marte.

Em 2004, uma missão partiu em direção a Marte: dois veículos-robôs – chamados *Spirit* e *Opportunity* – percorreram esse planeta, analisando-o e fotografando-o. Com base nesse material os cientistas concluíram que deve ter havido água líquida em Marte, produzida pela erupção de vulcões. Veja a figura 12.9.

Estudos recentes (2018) indicam a presença de água líquida em Marte. O reservatório estaria a cerca de 1,5 quilômetro de profundidade.

> A água em estado líquido é considerada pelos cientistas um dos fatores fundamentais para a existência da vida.

12.9 Imagem de Marte fotografada pelo jipe-robô *Opportunity*, em 2012.

Entre Marte e Júpiter – o próximo planeta a partir do Sol – há um grande número de corpos celestes menores, como os asteroides: rochas que variam de alguns poucos quilômetros (a maioria) a cerca de mil quilômetros de diâmetro.

Júpiter

É o maior planeta do Sistema Solar. Embora tenha um núcleo de ferro, quase todo o planeta é uma imensa bola de gás hidrogênio e um pouco de gás hélio, sobre outra camada de hidrogênio e hélio no estado líquido. Ao redor de Júpiter há finos anéis de partículas de poeira. Veja a figura 12.10.

Diâmetro (no equador): 142 984 km (11,2 vezes o diâmetro da Terra).
Distância média do Sol: 778,4 milhões de quilômetros.
Temperatura: cerca de −148 °C.
Período da órbita: 11,9 anos terrestres.
Período de rotação em torno do eixo: 9,9 horas.
Satélites: possui mais de 50 conhecidos. Os quatro maiores – Io, Ganimedes, Europa e Calisto – foram descobertos por Galileu Galilei em 1610.

▷ 12.10 Júpiter.

Saturno

É o segundo maior planeta do Sistema Solar. Saturno é famoso por seus anéis, constituídos de pedaços de gelo e rochas que giram ao redor do planeta. O material dos anéis reflete bem a luz do Sol, o que facilita sua observação. O planeta é formado basicamente por hidrogênio e pequena quantidade de hélio. Veja a figura 12.11.

> **❗ Atenção**
> Os planetas das fotografias não estão na mesma proporção. As imagens foram submetidas a diferentes técnicas de aplicação e realce de cores.

Diâmetro (no equador): 120 536 km (9,4 vezes o diâmetro da Terra).
Distância média do Sol: 1,4 bilhão de quilômetros.
Temperatura: média de −178 °C.
Período da órbita: 29,4 anos terrestres.
Período de rotação em torno do eixo: 10,7 horas.
Satélites: possui mais de 50 conhecidos.

▽ 12.11 À esquerda, fotografia de Saturno. À direita, ilustração de detalhe de anel de Saturno. (Elementos representados em tamanhos não proporcionais entre si. Cores fantasia.)

Urano

Urano também tem anéis, porém mais finos e mais escuros que os de Saturno, por isso nem sempre são representados em imagens. A atmosfera desse planeta é composta de hidrogênio, hélio e um pouco de metano. Por baixo da camada mais externa, uma mistura de água e gases de amônia envolve um núcleo rochoso pequeno quando comparado à dimensão do planeta como um todo. Veja a figura 12.12.

> **Atenção**
> Os planetas das fotografias não estão na mesma proporção. As imagens foram submetidas a diferentes técnicas de aplicação e realce de cores.

Diâmetro (no equador): 51 118 km (4 vezes o diâmetro da Terra).
Distância média do Sol: 2,9 bilhões de quilômetros.
Temperatura: média de –216 °C.
Período da órbita: 84 anos terrestres.
Período de rotação em torno do eixo: 17,2 horas.
Satélites: possui 27 conhecidos.

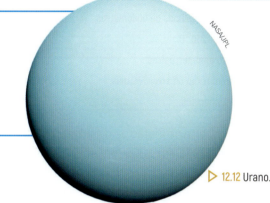

▷ 12.12 Urano.

Netuno

Assemelha-se a Urano porque também possui um pequeno núcleo rochoso. Sua atmosfera é composta de hidrogênio, hélio e um pouco de metano. Veja a figura 12.13.

Diâmetro (no equador): 49 528 km (3,8 vezes o diâmetro da Terra).
Distância média do Sol: 4,5 bilhões de quilômetros.
Temperatura: média de –214 °C.
Período da órbita: 164,8 anos terrestres.
Período de rotação em torno do eixo: 16,1 horas.
Satélites: possui 13 conhecidos.

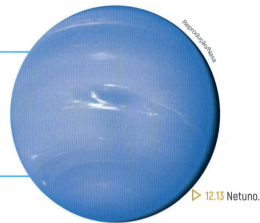

▷ 12.13 Netuno.

Saiba mais

Hubble encontra mancha escura em Netuno

Novas imagens obtidas pelo telescópio espacial Hubble, da Nasa, confirmaram a presença de um vórtice escuro na atmosfera de Netuno. Manchas similares haviam sido vistas em 1989, durante o voo do Voyager 2 próximo ao planeta, e em 1994 pelo mesmo telescópio, mas esse é o primeiro registrado no século 21. [...]

Manchas escuras em Netuno são normalmente acompanhadas por nuvens claras [...]. Elas são formadas quando o fluxo do ar é desviado, congelando gases e transformando-os em cristais de gelo de metano.

Os vórtices escuros de Netuno têm variado muito ao longo dos anos em termos de tamanho, formato e estabilidade. Surgem também em intervalos menores se comparados com os anticiclones de Júpiter, que levam décadas para se desenvolver.

Astrônomos esperam entender melhor a origem dessas manchas escuras, o que controla seus desvios e oscilações, como interagem com o ambiente e como se desmancham.

ABDO, H. Hubble encontra mancha escura em Netuno. *Galileu*. Disponível em: <https://revistagalileu.globo.com/Cultura/Cinema/noticia/2016/06/hubble-encontra-mancha-escura-em-netuno.html>. Acesso em: 25 mar. 2019.

Plutão, um planeta-anão

Apresenta temperatura média de −230 °C. No centro dele há um núcleo sólido. A atmosfera de Plutão é provavelmente composta de metano, podendo haver também nitrogênio e monóxido de carbono. Veja a figura 12.14.

Diâmetro (no equador): 2 360 km (0,18 do diâmetro da Terra).

Distância média do Sol: 5,9 bilhões de quilômetros.

Temperatura: cerca de −230 °C.

Período da órbita: 248 anos terrestres.

Período de rotação em torno do eixo: 6,39 dias.

Satélites: possui 3 conhecidos.

12.14 Plutão.

Desde a descoberta de Plutão pelo astrônomo estadunidense Clyde Tombaugh (1906-1997), em 18 de fevereiro de 1930, sua classificação como planeta foi motivo de discussões. Sua órbita, além de bem mais elíptica do que a dos planetas do Sistema Solar, é mais inclinada.

Com o tempo, descobriu-se que Plutão é bem menor do que se pensava e que se parecia mais com outros corpos celestes do que com planetas. A discussão aumentou em 2005, com a descoberta do asteroide Éris (deusa da discórdia, na mitologia grega), com diâmetro 100 km maior que o de Plutão.

Em 2006, astrônomos reunidos na 26ª Assembleia Geral da União Astronômica Internacional decidiram que o Sistema Solar seria composto de apenas oito planetas: Mercúrio, Vênus, Terra, Marte, Júpiter, Saturno, Urano e Netuno. Plutão passou a ser classificado como planeta-anão. Nessa nova categoria também foram incluídos Éris e Ceres (localizado entre Marte e Júpiter), que anteriormente eram classificados como asteroides.

Atualmente, para que um corpo celeste seja considerado um planeta do Sistema Solar, ele deve:

- orbitar ao redor do Sol (o que exclui os satélites com órbitas ao redor de planetas);
- ter massa suficiente para adquirir forma quase esférica (o que exclui os asteroides, cuja forma é irregular);
- ter "limpado" sua órbita.

O que significa este último critério?

Quando um planeta se forma, ele atrai e incorpora outros corpos celestes menores que ele, por atração gravitacional. Com isso, ele passa a ser o maior corpo em sua órbita, exercendo a atração gravitacional dominante em sua vizinhança. Na órbita de Plutão, há vários corpos celestes que, em conjunto, têm massa comparável à do próprio Plutão. Isso acontece porque a pequena massa de Plutão não foi suficiente para limpar sua órbita, ou seja, para remover um número considerável de corpos de suas proximidades. O mesmo vale para Ceres e Éris.

> **Atenção**
> Os planetas das fotografias não estão na mesma proporção. As imagens foram submetidas a diferentes técnicas de aplicação e realce de cores.

UNIDADE 3 • Galáxias, estrelas e o Sistema Solar

Veja a figura 12.15, que mostra uma comparação do tamanho de alguns planetas-anões com o tamanho da Terra e o da Lua.

Entre a descrição do Sistema Solar por Copérnico, no século XVI, e a descoberta de Plutão, passaram-se quase 400 anos. Da descoberta de Plutão até sua classificação como planeta-anão, a espera foi mais curta: 74 anos. Já as categorias "planeta-anão" e "plutoide" foram criadas com apenas dois anos de diferença. Você reparou que as mudanças na astronomia têm ocorrido cada vez mais rápido?

Isso acontece porque vivemos num momento de grandes transformações tecnológicas que possibilitam novas descobertas com grande frequência. Telescópios de longo alcance, espaçonaves controladas por robô, sondas e outras inovações tecnológicas têm permitido aos astrônomos testar novas hipóteses e entender melhor o Sistema Solar.

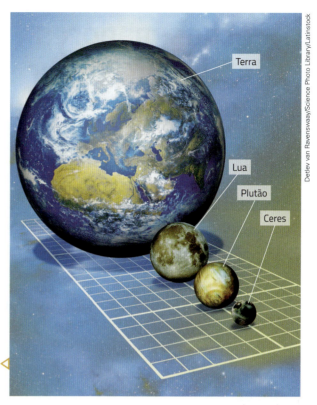

12.15 Comparação entre o tamanho da Terra, da Lua e dos planetas-anões Plutão e Ceres. (Distâncias representadas em tamanhos não proporcionais entre si. Cores fantasia.)

Conexões: Ciência e História

Plutão é o maior planeta-anão ou não?

O controverso rebaixamento de Plutão do *status* planetário ocorreu em 2006, após a descoberta de corpos de tamanho comparável a ele – chamados de Haumea, Makemake e Éris. Em particular, Éris era tido com o diâmetro maior que o de Plutão, levantando a questão sobre o que distingue um planeta de corpos menores. A União Astronômica Internacional decidiu, em uma nova definição de planetas, o enxugamento do registro do Sistema Solar para oito planetas, relegando Plutão ao grupo de planetas-anões.

Éris está bastante distante, orbitando muito mais longe do Sol do que Plutão e é difícil obter uma boa observação de um corpo relativamente pequeno. Embora as leituras iniciais térmicas de Éris indiquem cerca de 3 mil km de diâmetro, mais tarde as observações por infravermelho feitas com o telescópio espacial Spitzer indicaram um diâmetro de cerca de 2,6 mil km, enquanto as medições do telescópio espacial Hubble apontaram para um diâmetro de 2,4 mil km. Plutão, em comparação, tem cerca de 2,3 mil km de diâmetro.

Na noite de 5 de novembro, quando Éris cruzou através de sua órbita, a cerca de 14 bilhões de km da Terra, passou na frente de uma estrela distante do ponto de vista da Terra, formando uma pequena sombra em nosso planeta, evento conhecido como ocultação. Pelo tempo da duração da ocultação em vários locais, os pesquisadores puderam estimar o tamanho da sombra e, consequentemente, o tamanho do objeto.

Segundo a *Sky & Telescope*, três equipes testemunharam a ocultação dos locais no Chile. Com base nessas medições, o astrônomo Bruno Sicardy do Observatório de Paris contou à revista que o diâmetro de Éris é "quase certamente" menor do que 2 340 km.

Mike Brown, do Instituto de Tecnologia da Califórnia, um dos codescobridores de Éris, que participa da controvérsia de Plutão, observou em seu *site* que os resultados, embora preliminares, são tentadores: Plutão e Éris têm aproximadamente o mesmo diâmetro, mas como Éris é substancialmente mais massivo, sua composição deve ser fundamentalmente diferente. "Como poderiam Éris e Plutão ser tão similares no tamanho e a composição exterior ainda ser totalmente desigual?", Brown indagou. "Até hoje não faço absolutamente nenhuma ideia."

MATSON, J. Plutão é o maior planeta-anão ou não? *Scientific American Brasil*. Disponível em: <http://www2.uol.com.br/sciam/noticias/plutao_e_o_maior_planeta_anao_ou_nao_.html>. Acesso em: 25 mar. 2019.

3 Corpos menores do Sistema Solar

No Sistema Solar há também outros corpos que giram em torno do Sol, como asteroides, cometas e meteoros. Vamos conhecer mais sobre os corpos menores do Sistema Solar.

Asteroides

Os **asteroides** parecem grandes rochas e apresentam formato irregular. Eles se formaram durante a origem do Sistema Solar, há cerca de 4,6 bilhões de anos. Embora alguns tenham mais de 1 000 km de diâmetro, a maioria é bem menor, chegando a poucas dezenas de metros. Observe a figura 12.16.

Existem regiões no Sistema Solar que abrigam grande concentração de asteroides: o chamado Cinturão de Asteroides, que fica na região entre Marte e Júpiter, e o Cinturão de Kuiper, além dos limites da órbita de Netuno.

12.16 Asteroide 951 Gaspra, corpo irregular que mede cerca de 20 km de comprimento.

Esse nome foi dado em homenagem ao astrônomo holandês Gerard Kuiper (1905-1973).

Cometas

Os cometas se originaram nas áreas mais externas do Sistema Solar, a partir de restos da formação desse sistema, e permanecem em órbitas distantes do Sol. Mas, às vezes, a órbita deles é perturbada pela atração gravitacional de outros corpos celestes. Quando isso acontece, um cometa se move para dentro do Sistema Solar e pode passar perto da Terra.

Os cometas têm uma parte sólida, o **núcleo**, formada por rochas, poeira, gelo e gases congelados (entre eles, o gás carbônico). A extensão do núcleo pode variar de 100 m a mais de 40 km. Veja a figura 12.17.

▶ **Cometa:** do grego *komét*, que significa "cabeleira".

▷ 12.17 Núcleo do cometa Churyumov-Gerasimenko, fotografado da estação espacial Rosetta, em 2014, a uma distância de cerca de 285 km (o cometa tem cerca de 5 km de comprimento).

Quando os cometas se aproximam do Sol, o gelo do núcleo sublima, passando direto do estado sólido para o gasoso, e ocorre a liberação de gás e poeira. São esses materiais que formam uma "cabeleira" em volta do núcleo e uma ou mais caudas. A cauda do cometa é geralmente brilhante, uma vez que reflete a luz do Sol. À medida que ele se afasta do Sol, a cauda e a cabeleira somem. Veja a figura 12.18.

12.18 Cometa Panstarrs, fotografado nos Estados Unidos, em 2013.

> **Conexões: Ciência e História**
>
> ### O cometa Halley
>
> Os cometas, por aparecerem inesperadamente, sempre causaram admiração e medo. Na Europa da Idade Média, sua visão era associada a presságios divinos, que podiam ser bons ou maus.
>
> Embora os gregos antigos já se interessassem pelos cometas, oferecendo explicações racionais para sua existência, foi somente no século XVIII que os cientistas conseguiram prever sua passagem. Em 1705, o astrônomo inglês Edmund Halley calculou a órbita de um cometa visto em 1682. Ele concluiu que ela era idêntica à de outros vistos em 1531 e 1607 e lançou a hipótese de que se tratava do mesmo cometa. Também calculou para 1758 seu retorno à proximidade da Terra.
>
> De fato, em 1758, o cometa voltou a aparecer. Halley não estava mais vivo e não pôde ver que sua previsão estava certa, mas em sua homenagem, o cometa passou a ser chamado Halley. Ele se aproxima da Terra em intervalos de cerca de 76 anos e deve ser visível novamente no ano de 2061. Veja a figura 12.19.
>
>
>
> 12.19 Cometa Halley, observado pela última vez em 1986.

Meteoroides, meteoros e meteoritos

Às vezes, riscos luminosos cruzam o céu e parecem cair na Terra. Esses astros, que ficaram conhecidos como "estrelas cadentes", não são estrelas. O efeito luminoso é provocado pela queda de pedaços de rocha vindos do espaço. Quando ainda estão fora da atmosfera, esses fragmentos de matéria são chamados de **meteoroides**.

Atraídos pela força gravitacional da Terra, caem com grande velocidade e, por causa do atrito com o ar, tornam-se incandescentes até serem destruídos. Esses rastros de luz na atmosfera são chamados **meteoros**. Veja a figura 12.20.

▷ **12.20** Um meteoro (indicado pela seta), fotografado na Califórnia (Estados Unidos), em 1980. Os outros riscos brilhantes são trajetórias de estrelas, já que a fotografia foi feita com um tempo prolongado de exposição.

Em certas épocas do ano, quando a Terra passa por uma região com poeira deixada por algum cometa, ocorre um fenômeno conhecido como chuva de meteoros. Os fragmentos maiores não são totalmente destruídos e caem na Terra. Esses corpos sólidos que atingem a superfície terrestre são chamados **meteoritos**.

O maior meteorito que já caiu no Brasil foi encontrado próximo ao riacho de Bendegó, na cidade de Monte Santo (BA), em 1784, e ficou conhecido como meteorito do Bendegó. Veja a figura 12.21. Os meteoritos maiores podem formar imensas crateras.

12.21 Meteorito do Bendegó, o maior já encontrado no Brasil (cerca de 2,2 m de comprimento e 5,6 toneladas). Foto tirada no Museu Nacional do Rio de Janeiro (RJ), em 2015.

 **Mundo virtual**

Os nove planetas
http://noveplanetas.astronomia.web.st/nineplanets.html
Site que apresenta fotografias da Nasa e uma visão geral da história, da mitologia e do conhecimento científico relacionado aos corpos celestes.
Acesso em: 25 mar. 2019.

250 › UNIDADE 3 • Galáxias, estrelas e o Sistema Solar

4 Vida fora da Terra?

Com exceção da Terra, os planetas do Sistema Solar não apresentam condições favoráveis à existência de vida tal como a conhecemos. Na Terra, a maior temperatura que um ser vivo consegue suportar é 121 °C, e a menor é −20 °C. Nos demais planetas do Sistema Solar, as temperaturas são muito mais altas ou muito mais baixas do que esses limites.

Para que um planeta tenha condições favoráveis ao surgimento, desenvolvimento e evolução de vida semelhante à da Terra, ele tem de estar na chamada **zona habitável** da estrela que orbita: a uma distância da estrela que permita a presença de atmosfera e de água líquida.

A presença de água líquida é fundamental para a vida como a conhecemos. Essa substância é necessária para dissolver outras e permitir a ocorrência das transformações químicas que mantêm os organismos vivos. É por essa razão que os cientistas procuram água em estado líquido fora do planeta Terra. Isso seria importante também para analisar a possibilidade de a nossa espécie migrar para outros planetas no futuro.

No caso de Marte, diversas sondas já analisaram e filmaram o planeta, mas nenhum sinal de vida foi de fato encontrado. Mas será que Marte poderia no futuro receber e abrigar uma população humana?

A atmosfera de Marte é muito rarefeita – com gás carbônico e pouquíssimo gás oxigênio – e sua temperatura é abaixo de zero. Essas características tornariam muito difícil a sobrevivência do ser humano sem trajes e equipamentos especiais em Marte. Além disso, com a tecnologia disponível atualmente, uma viagem a Marte levaria cerca de seis meses. Mesmo assim, há projetos sendo desenvolvidos para a colonização desse planeta.

Outros candidatos para abrigar formas de vida seriam Titã e Encélado, duas luas de Saturno que foram analisadas por sondas espaciais. Veja a figura 12.22. Titã possui uma atmosfera com gás metano e lagos com metano líquido. Encélado possui um oceano global de água líquida sob sua superfície gelada. Mas a temperatura média de ambos é menor que −150 °C, o que tornaria difícil a ocorrência de reações químicas necessárias à vida. No caso de Encélado, porém, foram observados o que poderiam ser jatos de água quente, semelhantes aos gêiseres, vindos do interior do planeta, fator que poderia criar condições para abrigar vida.

Mundo virtual

Água líquida em Marte: qual o tamanho dessa descoberta?
https://jornal.usp.br/atualidades/agua-liquida-em-marte-qual-o-tamanho-dessa-descoberta/
O professor de Astronomia João Steiner discute, em áudio, a descoberta de água líquida em Marte.
Acesso em: 25 abr. 2019.

12.22 Ilustração das nove maiores luas de Saturno em escala de tamanho. Elas estão organizadas da esquerda para a direita em ordem crescente de distância em relação a Saturno. A Lua tem cerca de 67% do tamanho de Titã. (Distâncias representadas em tamanhos não proporcionais entre si. Cores fantasia.)

Ainda que as pessoas pudessem usar diversos equipamentos como os astronautas, sabemos que as condições nos outros planetas não permitem a existência de plantas ou de animais. Dessa forma, como o ser humano poderia se alimentar? Uma possibilidade é obter água líquida a partir do gelo e cultivar plantas levadas da Terra. Mesmo assim, pode haver limitação de luz, por exemplo.

Devemos lembrar também que a população humana passou por um longo processo de evolução e foi selecionada de acordo com as condições físicas, químicas e biológicas da Terra. Teríamos então de simular muitas dessas condições em outro planeta.

Mas será que, no meio de 200 bilhões de galáxias, cada uma com bilhões de estrelas, não há outro sistema solar com um planeta semelhante à Terra? Ou um planeta com vida na forma de microrganismos? É difícil acreditar que não. É possível também que, ao longo de muito tempo, possam ter surgido sistemas baseados em substâncias químicas diferentes das que conhecemos hoje.

> Já foram encontradas substâncias orgânicas complexas no espaço. Compostos orgânicos podem ser indicativos de formas de vida, já que são esses compostos que formam os seres vivos na Terra.

No ano de 1995 foi identificado o primeiro planeta fora do Sistema Solar: são os chamados exoplanetas. Em 2017, foram descobertos sete exoplanetas de tamanho comparável ao da Terra, girando ao redor de uma estrela (Trappist-1), em uma região que permitiria a existência de água em estado líquido em sua superfície.

> A Trappist-1 está a cerca de 40 anos-luz da Terra (cerca de 378,43 trilhões de quilômetros). O veículo espacial atual mais rápido levaria mais de 700 mil anos para alcançá-la.

Pelos conhecimentos que temos de Física, não é possível viajar com velocidade maior que a da luz (cerca de 300 mil quilômetros por segundo). E ainda não desenvolvemos tecnologia para impulsionar naves com velocidade próxima à da luz. Por isso, investigar planetas distantes do Sistema Solar ainda é um grande desafio.

O exoplaneta mais próximo da Terra encontrado até agora é chamado Proxima b. Ele orbita a estrela Proxima Centauri, que está a 4,25 anos-luz de distância da Terra e que é visível no céu na constelação de Centauro.

Os cientistas acreditam que o Proxima b seja um planeta rochoso, com dimensões semelhantes às da Terra e localizado na chamada zona habitável.

Talvez em outros planetas existam condições de abrigar formas de vida semelhantes a bactérias, e não vida inteligente, como a nossa. Mas, se houver vida inteligente e se os seres vivos de outro planeta tiverem, como nós, tecnologia para transmitir ondas de rádio, é possível procurar e receber essas ondas com radiotelescópios. Por isso, os radiotelescópios, além de serem utilizados para estudar corpos celestes, têm sido empregados na procura de sinais de rádio emitidos por civilizações que porventura tenham desenvolvido essa tecnologia. Veja a figura 12.23.

> Em 2017, um grupo de astrônomos transmitiu, na forma de ondas de rádio, uma mensagem para dois exoplanetas com condições habitáveis. A mensagem contém dados de Matemática, Física, contagem de tempo, informações sobre o Sistema Solar, etc.

12.23 A rede de telescópios Allen é composta de 42 antenas como essas da fotografia, cada uma com 6 m de diâmetro. Está localizada na Califórnia (EUA) e, entre outras finalidades, é usada para buscar sinais de rádio que possam ter sido enviados por vida inteligente em outros planetas.

> **Conexões: Ciência e História**

História da Astronomia

A observação dos corpos celestes tem fascinado a humanidade desde os povos mais antigos. Mesmo sem os equipamentos tecnológicos mais recentes, o ser humano criou diversos modelos para compreender seu lugar no Universo.

Para explicar os movimentos dos astros, Aristóteles e outros filósofos gregos imaginaram, no século IV a.C., um modelo com a Terra no centro do Universo e, girando ao seu redor, os outros planetas, a Lua, o Sol e outras estrelas. Era o modelo conhecido como geocêntrico (em grego, significa "com a Terra no centro").

Esse modelo foi então desenvolvido com detalhes pelo astrônomo, geógrafo e matemático Cláudio Ptolomeu, que viveu em Alexandria (região hoje pertencente ao Egito) no século II d.C.

Ptolomeu construiu um modelo em que a Terra era esférica, imóvel e ficava no centro do Universo. O Sol e os planetas estariam girando ao seu redor em órbitas circulares. Veja a figura 12.24. O modelo era capaz de prever, com boa precisão matemática, os movimentos e as posições aparentes dos planetas, do Sol e da Lua, e até de calcular a data dos eclipses.

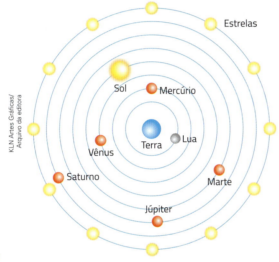

▽ **12.24** Sistema geocêntrico: o Sol, a Lua e os planetas giram em torno da Terra.

Fonte: elaborado com base em YODER, M. *All about Astronomy*. Disponível em: <https://allaboutastronomyy.weebly.com/models-of-the-solar-system.html>. Acesso em: 25 mar. 2019.

Somente no século XVI Nicolau Copérnico (1473-1543), um padre polonês que também era astrônomo e matemático, propôs outro modelo capaz de explicar todos os fenômenos mencionados por Ptolomeu. Para Copérnico, o Sol era o centro do Universo, e não a Terra. De acordo com esse modelo, chamado sistema heliocêntrico (significa "com o Sol no centro"), todos os planetas giravam em volta do Sol. Veja a figura 12.25.

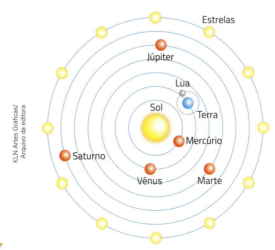

▽ **12.25** Sistema de Copérnico. O Sol é fixo no centro do Universo. Ao seu redor, giram os planetas e a Lua.

Fonte: elaborado com base em UNIVERSITY OF ROCHESTER. Department of Physics and Astronomy. The Copernican Model: A Sun-Centered Solar System. Disponível em: <https://www.pas.rochester.edu/~blackman/ast104/copernican9.html>. Acesso em: 25 mar. 2019.

No modelo de Copérnico, a Terra fazia uma órbita completa em torno do Sol em aproximadamente um ano. Essas ideias eram consideradas ousadas para a época, já que a Terra deixava de ser o centro do Universo e passava a ser apenas um entre os outros planetas do Sistema Solar.

Em 1610, o italiano Galileu Galilei (1564-1642) examinou o céu por meio de um aparelho inventado na época, a luneta. Ele viu manchas e irregularidades na superfície da Lua, deduzindo a existência de montanhas e vales no satélite, que não seria uma esfera perfeitamente lisa, como se pensava na época. Veja a figura 12.26.

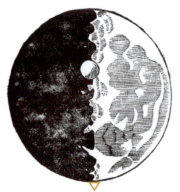 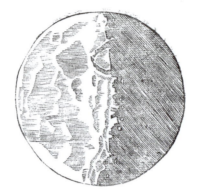 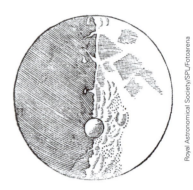

12.26 Esboços da Lua, feitos por Galileu Galilei, a partir da observação com luneta. Galileu percebeu que havia manchas e irregularidades na superfície lunar que poderiam indicar a presença de montanhas e vales. Os esboços foram publicados em 1610, no tratado *Sidereus Nuncius*.

Nessa mesma época, o astrônomo alemão Johannes Kepler (1571-1630) começou a estudar as anotações de outro astrônomo, o dinamarquês Tycho Brahe (1546-1601). Kepler reparou que muitas das observações de Brahe não podiam ser explicadas nem pelo sistema de Ptolomeu nem pelo de Copérnico.

Kepler pensou então que algumas correções talvez pudessem ser feitas no sistema de Copérnico para que este passasse a ser capaz de explicar os resultados de Brahe. Uma dessas correções foi a de que, embora os planetas se movessem em torno do Sol, suas órbitas deviam ser elípticas, em vez de circulares. Mas outras mudanças estavam por vir.

Em meados do século XVII, um estudante da Universidade de Cambridge, na Inglaterra, tentava descobrir a causa do movimento dos astros. O que fazia a Terra e os planetas girarem em volta do Sol, por exemplo?

Esse estudante era Isaac Newton (1643-1727). Em 1687, ele apresentou sua teoria da gravitação universal, que explicava por que os planetas se movem segundo determinadas leis.

Antes de Newton, pensava-se que os fenômenos celestes tinham de ser explicados de forma diferente dos fenômenos terrestres. Com base no trabalho de Newton, foi possível explicar, com as mesmas leis, tanto o movimento dos planetas, quanto fenômenos como a queda e o movimento dos corpos na Terra. Newton mostrou que a força que faz a Terra e outros planetas girarem ao redor do Sol é a mesma força que dá peso aos corpos na superfície da Terra.

Com base na teoria de Newton, foi possível até descobrir a existência de novos planetas. Isso aconteceu quando dois astrônomos, John Adams (1819-1892) e Urbain Leverrier (1811-1877), estudavam a órbita do planeta Urano com o auxílio da teoria de Newton. Eles perceberam que a órbita calculada apresentava desvios em relação à órbita observada. Assim, eles imaginaram que poderia haver um planeta desconhecido que estivesse alterando a órbita de Urano. Calcularam até a massa e a posição do planeta desconhecido.

Um mês depois da comunicação de seu trabalho, em 23 de setembro de 1846, um planeta com as características previstas foi observado: era Netuno. O astro já tinha sido observado por Galileu e alguns outros astrônomos de sua época, mas nunca tinha sido reconhecido como planeta.

A teoria de Newton ajudou a entender muitos fenômenos e até a colocar satélites em órbita, mas não é capaz de explicar todas as descobertas que foram feitas posteriormente. Essas descobertas só puderam ser explicadas pela teoria da relatividade, elaborada pelo físico alemão Albert Einstein (1879-1955).

O desenvolvimento da Astronomia ao longo de muitos séculos mostra como o conhecimento científico é provisório e se transforma com o surgimento de novas descobertas.

ATIVIDADES

Aplique seus conhecimentos

1. Quais são as diferenças entre estrelas, planetas e satélites naturais?

2. Qual é a força que mantém os planetas girando ao redor do Sol?

3. Sabendo que o planeta Mercúrio está mais próximo do Sol do que Vênus, por que a temperatura média de Vênus é mais alta que a de Mercúrio?

4. Assinale as afirmativas corretas.
   a) Satélites naturais ou luas são astros que giram em torno dos planetas.
   b) Todos os planetas do Sistema Solar podem ser vistos a olho nu.
   c) Os planetas rochosos possuem mais matéria gasosa do que sólida.
   d) Os planetas possuem luz própria e giram ao redor de estrelas.
   e) Os meteoritos podem abrir crateras ao caírem na superfície de um planeta.
   f) Está comprovada a existência de vida em outros planetas além da Terra.
   g) Todos os pontos brilhantes do céu são estrelas.

5. Neste capítulo, você conheceu os planetas do Sistema Solar: Mercúrio, Vênus, Terra, Marte, Júpiter, Saturno, Urano e Netuno. Quais são os planetas que correspondem às características mencionadas a seguir?
   a) O menor planeta.
   b) O maior planeta.
   c) O planeta mais distante do Sol.
   d) O planeta mais próximo do Sol.
   e) Oitavo planeta a contar do Sol.
   f) Conhecido popularmente como estrela-d'alva.
   g) Conhecido como planeta vermelho.
   h) Conhecido por seus anéis.
   i) Planetas sem satélites naturais.
   j) Único planeta conhecido a abrigar vida.

6. Que características são fundamentais para um planeta abrigar a vida como a conhecemos?

7. Muitas sondas espaciais usam energia solar para se locomover. Mas as sondas dirigidas a planetas como Urano e Netuno dependem de combustível nuclear para se deslocar no espaço. Por quê?

8. Que corpo celeste estudado neste capítulo pode ser descrito como "uma bola de gelo suja com cabeleira"?

9. É comum dizer que as estrelas são astros luminosos, enquanto os planetas e os satélites são astros iluminados. Qual é a justificativa para o uso desses termos?

10. Você já deve ter observado no céu, ao amanhecer, a famosa estrela-d'alva, que ao entardecer é chamada de estrela da tarde. Esse brilho intenso no céu corresponde de fato ao brilho de uma estrela? Justifique.

11. Imagine que você tenha de enviar seu endereço completo a um extraterrestre de outra galáxia. Você poderia começar uma mensagem assim: "Vivo em uma casa, que fica no número *xis* da rua tal, na cidade *ípsilon*...". Como continuar a mensagem para que o extraterrestre possa encontrá-lo?

12. Por que os cientistas têm interesse em descobrir um planeta semelhante à Terra?

13. Algumas pessoas comentam que o dinheiro gasto com viagens espaciais e outras tecnologias espaciais deveria ser gasto para resolver os problemas na Terra, como combater a fome, diminuir os danos ao ambiente, etc. Outros afirmam que essas pesquisas acabam produzindo tecnologias úteis ao ser humano e que, no futuro, a Terra pode se tornar inabitável para a nossa espécie. Redija um texto dando sua opinião e depois discuta sua opinião e a dos colegas com a turma.

14 ▸ Os riscos luminosos maiores que aparecem na fotografia abaixo são conhecidos popularmente como estrelas cadentes. De acordo com o que você aprendeu neste capítulo, o que são esses riscos?

12.27 Fenômeno observado durante a noite em 1998.

15 ▸ Astrônomos descobriram uma estrela a 94 anos-luz da Terra. Se fosse possível criar uma nave espacial que viajasse na velocidade da luz, quantos anos essa nave levaria para chegar à estrela?

Investigue

Faça uma pesquisa sobre os itens a seguir. Você pode pesquisar em livros, revistas, *sites*, etc. Preste atenção se o conteúdo vem de uma fonte confiável, como universidades ou outros centros de pesquisa. Use suas próprias palavras para elaborar a resposta.

1 ▸ Neste capítulo, vimos que as enormes distâncias entre os astros do Sistema Solar tornam muito difícil sua representação em escala.
   a) Usando uma escala aproximada em que 1 cm representa 10 milhões de km, quais seriam as distâncias entre o Sol e os planetas do Sistema Solar?
   b) Seria possível representar todos os planetas do Sistema Solar com essa escala em uma folha de papel de cerca de 30 cm? Por quê?

2 ▸ Imagine que cientistas descubram um sinal de rádio que evidencie a presença de vida inteligente em outro planeta. Alguns cientistas consideram que devemos apenas observar sem enviar sinais de rádio como resposta. O argumento é que outras civilizações podem invadir a Terra para explorar e até exterminar nossa espécie. Outros acham que as grandes distâncias são uma barreira intransponível que impediria esse contato e que poderíamos adquirir, via sinais de rádio, novos conhecimentos sobre o Universo. Qual é a sua opinião sobre a possível comunicação com outras formas de vida? Use argumentos e escreva uma pequena redação sobre o tema.

Trabalho em equipe

Cada grupo de estudantes vai escolher uma das atividades a seguir para pesquisar em livros, revistas ou *sites* confiáveis (de universidades, centros de pesquisa, etc.). Vocês podem buscar o apoio de professores de outras disciplinas (Geografia, História, Língua Portuguesa, etc.). Exponham os resultados da pesquisa para a classe e a comunidade escolar (estudantes, professores e funcionários da escola e pais ou responsáveis), com o auxílio de ilustrações, fotografias, vídeos, blogues ou mídias eletrônicas em geral.

1 ▸ Pesquisem que constelações aparecem na bandeira do Brasil e a história dessa bandeira.
2 ▸ Pesquisem *sites* com fotografias dos vários tipos de corpos celestes e depois troquem com os colegas de outros grupos os melhores endereços eletrônicos encontrados. Em conjunto, façam uma seleção dos melhores *sites*.

Autoavaliação

1. Após ter estudado esta unidade, você mudou sua opinião sobre a importância do estudo da Astronomia?
2. Com base no que estudou neste capítulo, qual é a sua opinião sobre a possibilidade de vida fora da Terra?
3. Como você avalia a sua compreensão sobre a importância de considerar a escala no estudo dos planetas do Sistema Solar?

RECORDANDO ALGUNS TERMOS

Você pode consultar a lista a seguir para obter uma informação resumida de alguns termos utilizados neste livro. Aqui vamos nos limitar a dar a definição de cada palavra ou expressão apenas em função do tema deste livro.

Abiogênese. Hipótese segundo a qual a vida pode surgir da matéria sem vida. O mesmo que *geração espontânea*.
Ácido. Composto que libera íon hidrogênio (H$^+$) quando dissolvido em água.
Alelo. Uma das versões que um gene responsável por certa característica pode apresentar em um cromossomo.
Alelo dominante. Alelo que determina uma característica mesmo em presença do alelo recessivo.
Alelo recessivo. Alelo que determina uma característica apenas quando o alelo dominante está ausente.
Amplitude (de uma onda). Distância entre uma crista ou um vale de uma onda e sua posição de equilíbrio. Grandeza associada à quantidade de energia transportada por uma onda.
Ânion. Íon com carga elétrica negativa.
Ano-luz. Distância percorrida pela luz, em um ano, no vácuo.
Asteroide. Corpo rochoso com órbita em volta do Sol.
Astronauta. Pessoa que viaja pelo espaço.
Astronomia. O estudo dos corpos celestes.
Átomo. A menor partícula que caracteriza um elemento químico.

Base. Composto que libera íons hidroxila (OH$^-$) quando dissolvido em água.
Biogênese. Hipótese contrária à abiogênese, segundo a qual um ser vivo só poderia surgir a partir de outro ser vivo.

Calefação. Passagem de uma substância do estado líquido para o estado gasoso quando o material é submetido a uma temperatura acima de sua temperatura de ebulição.
Calor. Energia em transferência de um corpo para outro em razão da diferença de temperatura entre eles.
Cátion. Íon com carga elétrica positiva.
Clones. Seres vivos ou células geneticamente idênticos entre si.
Combustão. Reação química entre uma substância e o gás oxigênio, liberando energia.
Combustível. Substância que pode ser queimada para liberar energia.
Combustíveis fósseis. Combustíveis formados a partir de matéria orgânica fossilizada. Exemplos: carvão mineral, petróleo.
Comprimento de onda. Distância entre duas cristas (ou dois vales) de uma onda.
Condensação. Passagem do estado gasoso para o estado líquido.
Constelação. Uma das 88 regiões do céu definidas pelos astrônomos. Em geral, se baseiam em grupos de estrelas que, vistas da Terra, parecem formar figuras conhecidas.
Corpos iluminados. Corpos que só podem ser vistos quando refletem a luz de um corpo luminoso.

Corpos luminosos. Corpos que emitem luz (são fontes de luz).
Cor primária. Cada uma das três cores que, combinadas em diferentes proporções, podem formar todas as outras cores.
Crista. O ponto mais alto de uma onda.
Cromossomo. Material genético da célula associado a outras proteínas, resultando na condensação do filamento de ácido desoxirribonucleico (DNA).
Cromossomo homólogo. Cada membro de um par de cromossomos contendo genes para as mesmas características.

Dispersão da luz. Separação das diversas cores ou frequências de onda que compõem a luz branca.

Ebulição. Passagem de uma substância do estado líquido para o estado gasoso a uma determinada temperatura constante, com formação de bolhas.
Eclipse. A passagem de um corpo celeste pela sombra de outro.
Eco. Repetição de um som devido à reflexão da onda sonora.
Efeito estufa. Fenômeno que ocorre quando parte da energia irradiada pela Terra é retida por gases da atmosfera. O efeito estufa influencia na temperatura média do planeta.
Elemento. Conjunto de átomos de mesmo número atômico.
Elétron. Partícula de um átomo com carga elétrica negativa.
Engenharia genética. Conjunto de tecnologias que identificam e manipulam genes, por exemplo, a transferência de genes de um organismo para outro.
Equação química. Uma representação do que ocorre em uma reação química por meio de fórmulas das substâncias envolvidas.
Espécie. Conjunto de indivíduos semelhantes e capazes de cruzar entre si, originando descendentes férteis.
Espectro de luz branca. Conjunto de ondas eletromagnéticas de diferentes cores que formam a luz branca.
Espectro eletromagnético. Conjunto de todas as ondas eletromagnéticas.
Estrela. Esfera de grandes dimensões formada por gás que emite energia sob a forma de luz, calor e outras radiações a partir da energia gerada em seu interior por fenômenos nucleares.
Evaporação. Passagem de um líquido para o estado gasoso a uma temperatura abaixo do seu ponto de ebulição.

Feixe de luz. Conjunto de raios luminosos emitidos por um corpo luminoso.
Frequência (de uma onda). Número de oscilações (por unidade de tempo) de cada ponto do meio por onde passa uma onda.
Fusão. Passagem de um sólido para o estado líquido.

RECORDANDO ALGUNS TERMOS **257**

Galáxia. Aglomerado de estrelas, gás, poeira e outros corpos celestes.
Gás nobre. Elemento do grupo 18 da tabela periódica e que é estável, isto é, pouco reativo. Os gases nobres são também chamados de gases raros.
Gene. Parte do cromossomo formada por ácido desoxirribonucleico (DNA). Os genes são responsáveis pelas características hereditárias.
Genética. Área da ciência que estuda as leis da hereditariedade.
Geração espontânea. Ver *abiogênese*.

Hertz. Número de oscilações por segundo. Unidade de medida de frequência no Sistema Internacional de Unidades (SI).

Indicador ácido-base. Substância cuja cor muda de acordo com a acidez ou a alcalinidade de uma solução.
Infravermelho (raio ou radiação). Ondas de frequência inferior à da luz vermelha e superior à das ondas de rádio. É a radiação que transfere energia térmica de um corpo para outro.
Íon. Átomo ou grupo de átomos eletricamente carregados.

Ligação covalente. Ligação em que um par de elétrons é compartilhado por dois átomos.
Ligação iônica. Ligação formada pela atração elétrica entre um cátion e um ânion.
Ligação metálica. Ligação que ocorre entre os metais, na qual os elétrons se movem livremente entre os átomos.

Massa atômica (ou massa atômica relativa). Massa de um átomo em relação à massa do isótopo carbono 12.
Molécula. Um grupo de dois ou mais átomos unidos por ligação covalente.
Mutação. Mudança aleatória que ocorre no DNA de um organismo.

Nêutron. Partícula sem carga elétrica encontrada no núcleo dos átomos.
Número atômico. Número de prótons de um átomo.
Número de massa. A soma do número de prótons com o número de nêutrons de um átomo.

Onda. Perturbação que transmite energia pelo espaço sem ocorrer transporte de matéria.
Onda de rádio. Onda eletromagnética de frequência inferior à da radiação infravermelha.
Onda eletromagnética. Onda provocada pelo movimento de cargas elétricas e que não precisa de meio material para se propagar: ondas de rádio, infravermelho, luz visível, raios ultravioleta, raios X, raios gama.
Onda mecânica. Onda que se propaga somente em meio material.

Penumbra. Região que recebe apenas em parte os raios luminosos de uma fonte de luz de dimensões consideráveis.
Período (da tabela periódica). Conjunto de elementos situados na mesma fila (linha horizontal) da tabela periódica.
Período (de uma onda). Tempo que cada um dos pontos por onde passa a onda leva para realizar uma oscilação completa.
Prisma óptico. Corpo transparente limitado por superfícies retas, polidas e não paralelas que provoca a dispersão da luz.
Produto. Substância formada por uma reação química.
Próton. Partícula de carga positiva encontrada no núcleo do átomo.

Raio luminoso. Linhas retas que representam a trajetória seguida pela luz. O mesmo que raio de luz.
Raios gama. Ondas eletromagnéticas de alta frequência produzidas por materiais radioativos.
Raios ultravioleta. Onda eletromagnética de frequência maior que a da luz violeta e menor que a dos raios X.
Raios X. Onda eletromagnética de frequência maior que a dos raios ultravioleta e menor que a dos raios gama.
Reação química. Transformação de uma ou mais substâncias em uma ou mais substâncias diferentes.
Reagente. Substância que passa por uma reação química.
Reflexão difusa. Reflexão da luz em superfícies irregulares, em que os raios de um feixe se espalham em direções diversas.
Refração. Mudança de velocidade de um raio luminoso, na passagem de um meio para outro. Também pode ocorrer mudança na direção da propagação.

Satélite. Corpo em órbita ao redor de um planeta. Pode ser um corpo celeste (satélite natural) ou um equipamento fabricado pelo ser humano (satélite artificial).
Seleção natural. Processo pelo qual os seres vivos mais adaptados às condições do ambiente sobrevivem e se reproduzem, e os menos adaptados morrem ou não se reproduzem. É um importante fator na evolução das espécies.
Solidificação. Passagem de líquido para o estado sólido.
Sonda espacial. Veículo não tripulado lançado no espaço.

Telescópio. Instrumento com lentes ou espelhos especiais que nos fornece imagens ampliadas de objetos muito distantes, como os corpos celestes.
Transgênico. Organismo que contém genes de outras espécies inseridos por meio de técnicas de engenharia genética. Alimentos transgênicos são feitos a partir desses organismos.

Unidades de Conservação. Espaços territoriais, incluindo seus recursos ambientais, com características naturais relevantes e importantes para a biodiversidade.
Universo. O conjunto de tudo o que existe.

Vale (de uma onda). O ponto mais baixo de uma onda.
Valência. O número de elétrons que um átomo pode ganhar, perder ou compartilhar com outros átomos.

LEITURA COMPLEMENTAR

Genética, evolução e biodiversidade
Capítulos 1, 2, 3, 4 e 5

A origem das espécies e a seleção natural. Charles Darwin. São Paulo: Madras, 2017.
Charles Darwin expõe suas ideias, dados coletados e conclusões de maneira a formar uma das teorias mais importantes das ciências: a teoria da evolução. Anos depois, ela foi aos poucos complementada por outros pesquisadores, sendo ainda hoje uma das bases da Biologia.

A Pré-História. Teofilo Torronteguy. São Paulo: FTD, 1996.
O objetivo desta obra é possibilitar aos leitores o aprofundamento de temas ligados à Pré-História, os quais não são trabalhados com frequência na escola.

Aventuras e descobertas de Darwin a bordo do Beagle. Richard Keynes. Rio de Janeiro: Zahar, 2004.
Com base em documentos, cartas, diários e outros registros, o neto de Charles Darwin narra histórias e descobertas desse pesquisador, incluindo registros que não foram publicados anteriormente por ele, transportando o leitor para uma interessante aventura.

Ciência Hoje na Escola, volume 9: Evolução. Sociedade Brasileira para o Progresso da Ciência: Rio de Janeiro: Global, 2001.
Neste volume, atividades e textos de caráter histórico-informativo foram desenvolvidos por pesquisadores brasileiros para facilitar a compreensão das teorias evolutivas.

Clonagem – da ovelha Dolly às células-tronco. Lygia da Veiga Pereira. São Paulo: Moderna, 2005.
De forma simples e acessível, este livro explica o que é clonagem, como é realizada e qual é o propósito dessa técnica. São abordadas as polêmicas ético-sociais que envolvem esse tema, ponderando-se os possíveis benefícios e as consequências dessa técnica.

Darwin e a ciência da evolução. Patrick Tort. Rio de Janeiro: Objetiva, 2004.
Este livro apresenta a vida e a história de Charles Darwin, destacando como sua formação e sua viagem ao arquipélago de Galápagos contribuíram para o desenvolvimento da teoria da seleção natural.

Evolução: a história da vida. Douglas Palmer. São Paulo: Larousse, 2009.
Esta publicação faz parte da comemoração dos 150 anos da publicação da obra *Origem das espécies*, de Charles Darwin, e faz uma análise da vida na Terra em diferentes épocas.

Folha explica: Darwin. Marcelo Leite. São Paulo: Publifolha, 2009.
Nesta obra, o autor explica por que a teoria darwiniana, depois de tantos anos, permanece como aquela que melhor explica o fenômeno da vida como a conhecemos.

Genética: o estudo da herança e da variação biológica. Celso Piedemonte de Lima. São Paulo: Ática, 1996.
Por meio de entrevistas e de um texto conciso, o livro apresenta um panorama completo da história da genética, tratando dos seus princípios básicos e das descobertas que influenciaram vários setores da ciência.

Transformações da matéria e radiações
Capítulos 6, 7, 8, 9 e 10

Ação e aventura: luz e ilusão. Evandro Barreto. São Paulo: Globo, 1998.
Discute os conceitos de luz, visão e ilusões de óptica.

Como se faz química: uma reflexão sobre a Química e a atividade do químico. Aécio Pereira Chagas. 3. ed. São Paulo: Unicamp, 2006.
Apresenta os diversos espaços de atuação do químico, alertando também para sua responsabilidade social.

O elemento misterioso: uma história sobre Marie Curie. São Paulo: Moderna, 2003.
Neste livro é apresentada a história da cientista polonesa Marie Curie e como ela descobriu o elemento químico rádio.

O sonho de Mendeleiev: a verdadeira história da Química. Paulo Strathern. Rio de Janeiro: Jorge Zahar, 2002.
O livro conta a história da Química, desde os gregos, passando pela alquimia, até a fissão do átomo.

Química. São Paulo: Ática, 1997. (Atlas visuais).
Numa visão abrangente sobre o mundo da Química, este atlas apresenta muitas imagens, esquemas e textos complementares de todas as áreas da Química (inorgânica e orgânica), além de estudos de modelos, elementos e compostos, misturas, átomos e moléculas, tabela periódica e análise química.

Som. Emmanuel Bernhard. São Paulo: Ibep, 2006. (Coleção O que é?).
Explica várias características do som e sugere experimentos.

Viagem ao interior da matéria. Valdir Montanari. São Paulo: Atual, 2003. (Projeto Ciência).
Neste livro, o autor trata livremente do estudo da matéria, oferecendo aos leitores uma visão multilateral do tema e valendo-se dos diferentes campos de estudo da ciência.

Galáxias, estrelas e o Sistema Solar
Capítulos 11 e 12

Astronomia: o estudo do Universo. Terry Mahoney. 5. ed. São Paulo: Melhoramentos, 2009.
O livro mostra uma visão empolgante da ciência do Universo. As imagens coloridas estimulam a curiosidade, e os textos apresentam princípios essenciais para a compreensão dessa disciplina científica.

As aulas da professora Galáxia. Phil Roxbee Cox. São Paulo: Companhia das Letras, 2006.
Por meio das aventuras de Bernardo e sua turma, o jovem leitor poderá aprender mais sobre a Astronomia, conhecendo a galáxia onde vive, os corpos celestes e o Sistema Solar.

Atlas de Astronomia. Oscar Matsuura. São Paulo: Scipione, 1996.
Além de situar o ser humano no espaço-tempo, o atlas contém diversas explicações cosmológicas, que oferecem uma visão panorâmica da Astronomia clássica.

Dança dos planetas. Edgar Rangel Netto. São Paulo: FTD, 1997.
Por meio deste livro, que conta um sonho de Jane no espaço, é possível conhecer melhor os planetas do Sistema Solar e sua história.

Galileu e o Universo. Steve Parker. São Paulo: Scipione, 1996.
Livro ilustrado que apresenta a biografia de Galileu Galilei, um homem que preferiu testar as explicações a confiar nos sábios da Antiguidade e tornou possível o desenvolvimento científico que se viu nos séculos seguintes.

Iniciação à Astronomia. Romildo Póvoa Faria. 12. ed. São Paulo: Ática, 2004.
O livro pretende despertar no jovem leitor o interesse pelo céu para que ele possa compreender melhor o Universo em que vive.

Newton e a gravitação. Steve Parker. São Paulo: Scipione, 1996.
Apresenta as principais concepções de Newton, um dos cientistas mais importantes da História. Suas teorias sobre a gravitação, as órbitas dos planetas e as leis do movimento foram fundamentais para o avanço do conhecimento científico.

O mapa do céu: iniciação à Astronomia. Edgar Rangel Netto. São Paulo: FTD, 1998.
A obra tem como objetivo introduzir conhecimentos sobre Astronomia e desenvolver o interesse pela pesquisa e pelas atitudes científicas. O livro traz um encarte com atividades e uma carta celeste para destacar.

O que é Astronomia. Rodolpho Caniato. Campinas: Átomo, 2010.
Com texto interessante e atividades criativas, o conteúdo desta obra apresenta abordagens da Física por meio de estudos sobre Astronomia. Essa obra foi desenvolvida para uma participação ativa do leitor no processo de ensino-aprendizagem, que constrói, assim, o próprio conhecimento.

O Sistema Solar. Alberto Delerue. São Paulo: Ediouro, 2002.
Com este livro, o leitor vai embarcar em uma viagem ao reino do Sol, na qual vai conhecer as mais recentes conquistas espaciais. Trata-se de uma obra destinada àqueles que querem ampliar seus conhecimentos sobre o que acontece no espaço.

O Universo, o Sistema Solar e a Terra: descobrindo as fronteiras do Universo. Elian Alabi Lucci; Anselmo Lazaro Branco. São Paulo: Atual, 2006.
Este livro trata de um tema fascinante que está sendo cada vez mais investigado por meio de novas tecnologias: os mistérios do Universo e do Sistema Solar.

Os segredos do Sistema Solar. Paulo Sergio Bretones. 14. ed. São Paulo: Atual, 2009.
Com inúmeras fotos e ilustrações, o livro mostra como o Sistema Solar se comporta, explicando como os corpos celestes interagem entre si e gravitam ao redor do Sol.

Os segredos do Universo. Paulo Sergio Bretones. São Paulo: Atual, 1995.
A obra descreve a origem do Universo por meio do *big-bang* e apresenta conceitos básicos de Astronomia, abrangendo toda a esfera celeste, composta de galáxias, constelações e aglomerados de estrelas e planetas.

Uma aventura no espaço. Iara Jardim; Marcos Calil. São Paulo: Cortez, 2009.
Utilizando conceitos da Ciência, da História e da Mitologia, a obra conduz o leitor em uma viagem ficcional pelo Universo.

Viagem ao redor do Sol. Samuel Murgel Branco. 2. ed. São Paulo: Moderna, 2003.
Em linguagem acessível, o livro traz conhecimentos básicos sobre o Sistema Solar e suas relações com o Universo, dando destaque a uma das ciências mais antigas: a Astronomia.

Visão para o Universo. Romildo Póvoa Faria. 4. ed. São Paulo: Ática, 1999. (De olho na Ciência).
A obra busca despertar nos leitores a curiosidade pela Astronomia, além de aprofundar os conceitos fundamentais dessa ciência milenar, apresentando os principais conceitos ligados à Terra e ao Cosmo.

SUGESTÕES DE FILMES

2001: uma odisseia no espaço. Stanley Kubrick. Inglaterra/Estados Unidos. 1968. 139 minutos.
Em 2001, em uma missão espacial rumo ao planeta Júpiter, os astronautas Dave Bowman e Frank Poole se veem à mercê do computador HAL 9000, que controla a nave. HAL cometeu um erro, mas se recusa a admiti-lo. Seu orgulho de máquina perfeita impede que reconheça a evidência de falha. Por isso, para encobrir a própria e insuspeitada imperfeição, começa a eliminar os membros da equipe.

Cosmos. Série apresentada pelo astrônomo Carl Sagan. 13 episódios com 45 minutos de duração cada.
Inspirado no livro homônimo de Carl Sagan, o documentário contextualiza o ser humano no Universo e apresenta conceitos, como a teoria da relatividade, de Einsten.

Cosmos: uma odisseia do espaço-tempo. Série apresentada pelo astrofísico Neil deGrasse Tyson. 13 episódios com cerca de 45 minutos de duração cada.
O documentário é uma atualização e continuação da série Cosmos apresentada por Carl Sagan. Em seus episódios são mostradas como foram descobertas algumas leis da natureza e formulados alguns trabalhos e invenções científicas.

Criação. Jon Amiel. Reino Unido, 2009. 108 minutos.
Ficção que tem como base fatos da história de vida de Darwin. Após voltar da viagem ao redor do mundo a bordo do HMS Beagle, Darwin tem crises de consciência enquanto tenta interpretar os dados que coletou. Sua crença religiosa vai diminuindo conforme avança em suas descobertas.

Estrelas além do tempo. Theodore Melfi. Estados Unidos. 2016. 127 minutos.
Este filme é ambientado na década de 1960, durante a Guerra Fria e a corrida espacial. É inspirado na história real de três matemáticas negras que foram essenciais para o sucesso de diversas missões da Nasa, tanto para colocar o primeiro ser humano em órbita ao redor da Terra como para realizar as missões Apollo para a Lua. Além de mostrar a importância dessas mulheres do ponto de vista científico, o filme retrata o intenso preconceito racial e de gênero presente na sociedade estadunidense.

Interestelar. Christopher Nolan. Estados Unidos/Reino Unido. 2014. 169 minutos.
Ficção que retrata um futuro no qual a Terra já perdeu quase todas as suas reservas naturais, e a produção de alimentos é difícil. Nesse contexto, é organizado um grupo de astronautas para viajar a outros planetas fora do Sistema Solar e verificar se é possível que algum deles abrigue a vida terrestre. Ao longo dessa história, são utilizados alguns conceitos importantes de Física, incluindo a relatividade.

Maravilhas do Sistema Solar. Brian Cox; Andrew Cohen. BBC. 2010. 300 minutos.
Este documentário apresenta as imagens e reproduções mais recentes dos corpos celestes que compõem o Sistema Solar.

Mission Control: The Unsung Heroes of Apollo. David Fairhead. Estados Unidos. 2017. 99 minutos.
O documentário mostra partes da preparação de diversas missões à Lua, especialmente as missões Apollo. Em vez de focar nos astronautas, entretanto, são mostradas as etapas anteriores de pesquisa, planejamento e construção dos veículos espaciais, além das pessoas responsáveis pelo controle terrestre das missões.

Power: o poder por trás da energia. Ivahn Aguilar Naim. Estados Unidos. 2014. 87 minutos.
O documentário mostra histórias de pessoas que mudaram o mundo com ideias e invenções tecnológicas relacionadas a fontes de energia. Alguns dos nomes que aparecem ao longo do filme são Nikola Tesla, Rudolf Diesel e Eugene Mallove.

Uma verdade inconveniente. Davis Guggenheim. Estados Unidos. 2006. 118 minutos.
O documentário analisa a questão do aquecimento global, a partir da perspectiva do ex-vice-presidente dos Estados Unidos, Al Gore. Ele apresenta uma série de dados que relacionam o comportamento humano e o aumento da emissão de gases na atmosfera. A Revolução Industrial foi um período particularmente marcante no aumento dos impactos causados pela atividade humana no meio ambiente. A partir daquele período, os dados apontam para transformações cada vez mais aceleradas. Ainda que muitos estudos indiquem uma tendência cíclica natural de transformações climáticas, Al Gore é um dos que defendem que o ritmo de alterações que vivemos hoje não pode ser explicado simplesmente como um fenômeno natural cíclico.

Wall-e. Andrew Stanton. Estados Unidos. 2008. 105 minutos.
Wall-e é um robô que foi deixado no poluído planeta Terra, cerca de setecentos anos no futuro, que exerce a função de coletor de lixo. Os seres humanos vivem na estação espacial Axiom, que transita pelo espaço à espera de que a Terra esteja em condições ideais de recebê-los de volta. Para sondar a situação no planeta, é enviado um robô de traços femininos, EVA, por quem Wall-e, que desenvolveu consciência e personalidade, se apaixona.

SUGESTÕES DE *SITES* DE CIÊNCIAS

Centro de Divulgação Científica e Cultural
Material de apoio, experimentoteca, exposições e Olimpíadas de Ciências.
<www.cdcc.usp.br>

Centro de Pesquisa sobre o Genoma Humano e Células-Tronco
Contém experimentos simples de Ciências que possibilitam explorar noções sobre DNA.
<http://genoma.ib.usp.br>

Ciência e cultura na escola
Banco de questões, centros de História, museus de Ciências, reportagens, entrevistas sobre Ciências.
<www.ciencia-cultura.com>

Ciência Hoje
Contém notícias, curiosidades e atualidades sobre os diferentes temas de Ciências.
<http://cienciahoje.org.br>

Ciência Viva – Agência Nacional para a Cultura Científica e Tecnológica
Artigos, matérias e entrevistas sobre meio ambiente, doenças tropicais, Ciências e Arte.
<www.cienciaviva.pt/home>
<www.cienciaviva.org>

Espaço Ciência
Contém informações e notícias sobre diversos temas de Ciências.
<www.espacociencia.pe.gov.br>

Estação Ciência
Contém atividades, notícias, *links* e informações sobre o espaço e o Universo.
<www.eciencia.usp.br>

Geopark Araripe
Apresenta informações relacionadas à Geologia, aos recursos minerais e à pesquisa de fósseis no Brasil.
<http://geoparkararipe.org.br>

Instituto Butantan
Apresenta informações sobre vacinas e pesquisas, além de conter informações de divulgação científica.
<http://www.butantan.gov.br/>

Meninas na Ciência
Projeto que tem como objetivo atrair meninas para as carreiras de ciência e tecnologia.
<https://www.ufrgs.br/meninasnaciencia>

Museu de Ciências e Tecnologia da PUC-RS
Apresenta informações sobre o Museu de Ciências e Tecnologia, além de dados sobre a visitação.
<www.pucrs.br/mct>

Museu da Vida Fundação Oswaldo Cruz – Fiocruz
Apresenta informações, publicações e eventos relacionados à saúde.
<www.museudavida.fiocruz.br>

Pontociência
Contém experiências de Física, Química e Biologia. Os experimentos são organizados passo a passo, com apresentação dos materiais, seu custo, grau de dificuldade e segurança.
<www.pontociencia.org.br>

Portal de Divulgação Científica e Tecnológica
Apresenta atualidades e pesquisas científicas brasileiras em Ciência, Tecnologia e Inovação.
<www.canalciencia.ibict.br>

Representação da Unesco no Brasil
Contém publicações de Ciências, Comunicação e Educação. No que se refere às Ciências Naturais, trata do desenvolvimento sustentável, quanto aos recursos hídricos, ao meio ambiente, à tecnologia e à educação.
<www.unesco.org/new/pt/brasilia>

Revista Pesquisa Fapesp
Apresenta informações sobre pesquisas realizadas no Brasil.
<http://revistapesquisa.fapesp.br>

Secretaria da Educação do Paraná
Apresenta objetos educacionais digitais, sugestões de atividades, material didático e *links* que contribuem para o estudo de Ciências e Biologia.
<http://ciencias.seed.pr.gov.br>

SUGESTÕES DE ESPAÇOS PARA VISITA

Região Centro-Oeste

Planetário da Universidade Federal de Goiás
Espaço onde é possível acompanhar o movimento de alguns astros. Nele, são ministradas aulas e realizam-se projeções dos programas elaborados pela equipe do local. Além disso, há exposições permanentes, biblioteca e local destinados a cursos e palestras.
<https://planetario.ufg.br>

Região Nordeste

Seara da Ciência – Universidade Federal do Ceará
Centro de exposições e cursos básicos relacionados à divulgação científica da universidade. Além disso, há materiais relacionados à Caatinga, bioma tipicamente brasileiro.
<www.searadaciencia.ufc.br>

Museu de Arqueologia e Etnologia da Universidade Federal da Bahia
Apresenta exposições que abrangem desde a pré-história do Brasil até a atualidade. Promove atividades de pesquisa, ensino e extensão, como visitas monitoradas, ações educativas e exposições itinerantes.
<https://cartadeservicos.ufba.br/mae-museu-de-arqueologia-e-etnologia-0>

Museu do Homem Americano (Piauí)
Espaço que divulga o patrimônio cultural e biológico deixado por povos pré-históricos da América. Nele há tanto exposições permanentes como temporárias. Está localizado no Parque Nacional Serra da Capivara.
<http://www.fumdham.org.br/museu-do-homem-americano?lang=en>

Região Norte

Bosque da Ciência (Amazonas)
Espaço de divulgação científica e educação ambiental do Instituto Nacional de Pesquisas da Amazônia (INPA) que apresenta informações sobra a fauna, a flora e os ecossistemas amazônicos. Entre as atividades promovidas estão exposições e trilhas educativas.
<http://bosque.inpa.gov.br>

Centro de Ciências e Planetário do Pará
Apresenta informações de diversas áreas da ciência – Biologia, Química, Física, Astronomia – que permitem aos visitantes observar as diversas dimensões do mundo ao nosso redor. São realizados, por exemplo, experimentos de Física e há espaço destinado aos conhecimentos de Botânica.
<https://paginas.uepa.br/planetario>

Região Sudeste

Centro de Ciências de Araraquara (São Paulo)
Oferece exposição permanente com temas de Química, Matemática, Biologia, Física, Geologia e Astronomia, além de estimular o uso da experimentação no ensino das Ciências. É possível agendar visitas monitoradas.
<http://www.cca.iq.unesp.br>

Museu Biológico do Instituto Butantan (São Paulo)
Apresenta espécies vivas de diversos grupos animais, muitas de interesse médico, como produção de vacinas e pesquisa de novos compostos.
<http://www.butantan.gov.br/atracoes/museu-biologico>

Museu da Geodiversidade (Rio de Janeiro)
Apresenta materiais relacionados a fenômenos geoclimáticos e à história geológica da Terra. Entre os componentes da coleção estão fósseis, rochas, materiais arqueológicos, etc.
<http://www.museu.igeo.ufrj.br>

Museu da Vida – Fiocruz (Rio de Janeiro)
Centro que apresenta atividades destinadas à divulgação científica, ao ensino, à pesquisa e à história relacionadas à saúde pública e às Ciências Biomédicas no Brasil.
<http://www.museudavida.fiocruz.br>

Museu de Astronomia e Ciências Afins (Rio de Janeiro)
Apresenta coleções compostas de muitos instrumentos técnicos e científicos que fizeram parte do Observatório Nacional desde 1827. Possui também acervo de documentos relacionados à história da Ciência no Brasil e sua atuação científica no cenário internacional.
<http://www.mast.br/pt-br>

Museu de Ciências Morfológicas (Minas Gerais)
Espaço destinado a exposições que exploram e comparam diferentes áreas da vida e do conhecimento, especialmente do organismo humano, em uma abordagem interdisciplinar.
<https://www.ufmg.br/rededemuseus/mcm>

Região Sul

Museu da Terra e da Vida – Centro Paleontológico da Universidade do Contestado (Santa Catarina)
Um museu de História Natural da Bacia do Paraná focado em Paleontologia dos períodos Carbonífero e Permiano. Entre os materiais de exposição estão fósseis, artefatos arqueológicos, rochas, etc.
<https://www.unc.br/cenpaleo2013>

Museu Dinâmico Interdisciplinar (Paraná)
Espaço de educação formal e não formal que, por meio de palestras, visitas, cursos, programa de rádio, espetáculos teatrais, aborda temas relacionados a morfologia humana e animal, saúde, Física, Astronomia, Antropologia, plantas e artes em geral.
<http://www.mudi.uem.br>

Museu Zoobotânico Augusto Ruschi (Rio Grande do Sul)
Apresenta coleções representativas de Botânica, Zoologia, Paleontologia e Geologia, além de informações interdisciplinares com História, Geografia e Língua Portuguesa.
<https://www.upf.br/muzar>

Parque da Ciência Newton Freire Maia (Paraná)
Espaço interativo de divulgação científica e de tecnologia. Apresenta exposições relacionadas a diversos temas, como Universo, energia, água e cidade.
<http://www.parquedaciencia.pr.gov.br>

Bibliografia

AMORIM, D. de S. *Fundamentos de sistemática filogenética*. Ribeirão Preto: Holos, 2002.

BOCZKO, Roberto. *Conceitos de Astronomia*. São Paulo: Edgard Blücher, 1998.

BORGES-OSÓRIO, M. R.; WANYCE, M. R. *Genética humana*. 3. ed. Porto Alegre: Artmed, 2013.

BRADY, J. et al. *Química:* a matéria e suas transformações. 3. ed. Rio de Janeiro: LTC, 2002.

BRASIL. Ministério da Educação. Secretaria de Educação Básica. *Base Nacional Comum Curricular* (BNCC). Brasília, 2018.

_____. Ministério da Educação. Secretaria de Educação Básica. Diretoria de Currículos e Educação Integral. *Diretrizes Curriculares Nacionais Gerais da Educação Básica*. Brasília, 2013.

BROWN, T. L. et al. *Química:* a ciência central. São Paulo: Pearson/Prentice Hall, 2005.

BROWNE, J. *A origem das espécies de Darwin:* uma biografia. Rio de Janeiro: Jorge Zahar, 2007.

CARROLL, S. B. *Infinitas formas de grande beleza:* como a evolução forjou a grande quantidade de criaturas que habitam o nosso planeta. Rio de Janeiro: Jorge Zahar, 2006.

_____. *The Making of the Fittest*: DNA and the Ultimate Forensic Record of Evolution. New York: W. W. Norton, 2007.

CHASSOT, Attico. *A ciência através dos tempos*. São Paulo: Moderna, 2004.

CHURCHILL, E. Richard; LOESCHING, Louis V.; MANDELL, Muriel. *365 Simple Science Experiments with Everyday Materials*. New York: Black Dog & Leventhal, 2013.

COUPER, Heather; HENSBEST, Nigel. *Atlas do espaço*. São Paulo: Martins Fontes, 1994.

DOCA, Ricardo Helou; BISCUOLA, Gualter; VILLAS BÔAS, Newton. *Tópicos de Física*. São Paulo: Saraiva, 2007. 3 v.

FARIA, Romildo Póvoa (Org.). *Fundamentos da Astronomia*. 10. ed. São Paulo: Papirus, 2009.

FUTUYMA, D. *Biologia evolutiva*. Ribeirão Preto: Funpec, 2009.

GASPAR, Alberto. *Física:* Eletromagnetismo e Física moderna. São Paulo: Ática, 2009. v. 3.

GIANCOLI, D. C. *Physics:* Principles with Applications. 6th ed. Upper Saddle River: Prentice Hall, 2004.

GIESCRECHT, E. *Experiências de Química:* técnicas e conceitos básicos. Projetos de Ensino de Química. São Paulo: Moderna, 1982.

GONÇALVES FILHO, A.; TOSCANO, C. *Física e realidade*. São Paulo: Scipione, 1997. 3 v.

GOULD, S. J. *Lance de dados:* a ideia de evolução de Platão a Darwin. Rio de Janeiro: Record, 2001.

GRIFFITHS, A. J. F. et al. *Introdução à Genética*. 10. ed. Rio de Janeiro: Guanabara Koogan, 2013.

GROTZINGER, John et al. *Understanding Earth*. 7th ed. New York: W. H. Freeman, 2014.

GUIMARÃES, Luiz Roberto; FONTE BOA, Marcelo. *Física:* eletricidade e ondas. 2. ed. Niterói: Galera Hipermídia, 2008.

HEWITT, P. G. *Física conceitual*. 9. ed. Porto Alegre: Bookman, 2002.

KOTZ, J.; TREICHEL JR., P. *Química geral e reações químicas*. São Paulo: Thomson Learning, 2005. 2 v.

KRASILCHIK, M. *Prática de ensino de Biologia*. 4. ed. São Paulo: Edusp, 2008.

LEVI, P. *A tabela periódica*. Rio de Janeiro: Relume-Dumará, 1994.

MAYR, E. *Biologia, ciência única:* reflexões sobre a autonomia de uma disciplina científica. São Paulo: Companhia das Letras, 2005.

_____. *O desenvolvimento do pensamento biológico:* diversidade, evolução e herança. Brasília: Ed. da UnB, 1998.

MEYER, D.; EL-HANI, C. N. *Evolução:* o sentido da Biologia. São Paulo: Ed. da Unesp, 2005.

MORRIS, H.; ARENA, S. *Fundamentos de química geral*. 9. ed. Rio de Janeiro: LTC, 1998.

MOURÃO, R. R. de F. *Da Terra às galáxias:* uma introdução à Astrofísica. 7. ed. Petrópolis: Vozes, 1998.

NAMOWITZ, Samuel N.; SPAULDING, Nancy E. *Earth Science*. Chicago: HMH, 2005.

NOGUEIRA, L. A. H.; CAPAZ, R. S. (Org.). *Ciências ambientais para engenharia*. São Paulo: Elsevier, 2015.

PENA, S. D. J. *Humanidade sem raças?*. São Paulo: Publifolha, 2008.

POUGH, F. H.; JANIS, C. M.; HEISER, J. B. *A vida dos vertebrados*. 4. ed. São Paulo: Atheneu, 2008.

RAMALHO JUNIOR, F.; FERRARO, N. G.; SOARES, P. A. T. *Os fundamentos da física*. 9. ed. São Paulo: Moderna, 2007. 3 v.

RAVEN, Peter H. et al. *Biologia vegetal*. 8. ed. Rio de Janeiro: Guanabara Koogan, 2014.

REECE, J. B. et al. *Biologia de Campbell*. 10. ed. Porto Alegre: Artmed, 2015.

RIDLEY, M. *Evolução*. 3. ed. Porto Alegre: Artmed, 2006.

RONAN, C. A. *História ilustrada da ciência*. 2. ed. Rio de Janeiro: Cambridge University/Jorge Zahar, 2002. 4 v.

RUPPERT, Edward E.; FOX, Richard S. E.; BARNES, Robert D. *Zoologia dos invertebrados*. 7. ed. São Paulo: Roca, 2005.

SADAVA, David et al. *Vida:* a ciência da Biologia. Célula e hereditariedade. 8. ed. Porto Alegre: Artmed, 2011. v. 1.

_____. *Vida:* a ciência da Biologia. Plantas e animais. 8. ed. Porto Alegre: Artmed, 2009. v. 3.

SAGAN, Carl. *Cosmos*. Rio de Janeiro: Companhia das Letras, 2017.

SERMAY, Raymond A.; JEWETT, John W. *Principles of Physics:* a Calculus Based Text. 4th ed. Pacific Grove: Brooks/Cole, 2005. v. 2.

SOCIEDADE BRASILEIRA DE ANATOMIA. *Terminologia anatômica:* terminologia internacional. Barueri: Manole, 2001.

SOLOMON, E. P. et al. L. R. *Biology*. 10th ed. Belmont: Brooks Cole, 2014.

STARR, Cecie et al. *Biology:* the Unity and Diversity of Life. 12th ed. Pacific Grove, CA: Brooks Cole, 2008.

STEARNS, S. C.; HOEKSTRA, R. F. *Evolução, uma introdução*. São Paulo: Atheneu, 2003.

TAYLOR, Barbara. *Earth Explained:* a Beginner's Guide to Our Planet. New York: Henry Holt, 1997.

TEIXEIRA, Wilson et al. *Decifrando a Terra*. 2. ed. 5ª reimpressão. São Paulo: Companhia Editora Nacional, 2015.

TREFIL, J.; HAZEN, R. M. *Física viva*. Rio de Janeiro: LTC, 2006. 3 v.

VAITSMAN, D. S. *Para que servem os elementos químicos*. Rio de Janeiro: Interciência, 2001.

DESENVOLVIMENTO SOCIOEMOCIONAL NA COLEÇÃO TELÁRIS

Atualmente, vivemos cada vez mais conectados, experimentamos transformações rápidas, acessamos informações em diferentes lugares e vemos o conhecimento crescer de forma exponencial. Nesse contexto, a educação oferecida na escola e pelas famílias se depara com o desafio de formar crianças, adolescentes e jovens que atuem de maneira ética, empática, responsável e crítica, aprendendo a lidar com suas emoções, relações e decisões.

Estudos já indicam que, ao promovermos o desenvolvimento socioemocional, teremos estudantes que:

- sabem gerir melhor suas emoções;
- trabalham de maneira colaborativa com seus pares;
- demonstram perseverança para atingir seus objetivos;
- estão abertos a novos conhecimentos;
- respeitam e valorizam a diversidade;
- têm mais subsídios para lidar com conflitos;
- estarão mais preparados para tomar decisões responsáveis;
- poderão estar mais aptos a lidar com demandas profissionais do século XXI.

Com o compromisso de formar estudantes preparados para viver, conviver, aprender e trabalhar no mundo contemporâneo, a coleção **Teláris** apresenta uma proposta para o desenvolvimento de competências socioemocionais, incorporada aos componentes curriculares e presente no dia a dia da sala de aula.

COMPETÊNCIAS SOCIOEMOCIONAIS

Competência, segundo a Base Nacional Comum Curricular (BNCC), é a "mobilização de conhecimentos (conceitos e procedimentos), habilidades (práticas, cognitivas e socioemocionais), atitudes e valores para resolver demandas complexas da vida cotidiana, do pleno exercício da cidadania e do mundo do trabalho" (p. 8)[1].

Para promover o desenvolvimento integral dos estudantes, tanto habilidades socioemocionais como cognitivas devem ser consideradas.

As competências cognitivas são aquelas historicamente priorizadas e trabalhadas na escola, compostas de habilidades relacionadas a memória, argumentação, pensamento crítico, resolução de problemas, reflexão, entendimento das relações, pensamento abstrato e generalização de aprendizados.

---

1 BRASIL. Ministério da Educação. Secretaria de Educação Básica. **Base Nacional Comum Curricular**. Disponível em: <http://basenacionalcomum.mec.gov.br/wp-content/uploads/2018/12/BNCC_19dez2018_site.pdf>. Acesso em: 23 jan. 2019.

Já as competências socioemocionais estão ligadas ao nosso autoconhecimento e à forma como nos relacionamos com as outras pessoas e com o mundo.

A proposta de desenvolvimento socioemocional desta coleção foi elaborada com base nas competências identificadas pela *Collaborative for Academic, Social and Emotional Learning* (Casel)[2], organização estadunidense sem fins lucrativos. Um estudo realizado por pesquisadores ligados a essa organização indicou que estudantes que participaram de programas estruturados de aprendizagem socioemocional demonstraram melhorar significativamente suas habilidades sociais e emocionais, atitudes e comportamentos, tendo reflexos em seu desempenho acadêmico: alcançaram resultados, em média, 11 pontos percentuais superiores aos dos estudantes que não participaram desse tipo de programa.

A Casel elencou cinco domínios essenciais que, quando trabalhados de maneira integrada, promovem competências socioemocionais e cognitivas de forma associada.

São domínios socioemocionais:

AUTOCONHECIMENTO

Implica reconhecer emoções, pensamentos e valores e saber como isso influencia no comportamento. Medir as forças e as limitações, tendo confiança, otimismo e mentalidade de crescimento, é uma característica do domínio do autoconhecimento.

AUTORREGULAÇÃO

Regular as próprias emoções, pensamentos e comportamentos em diferentes situações – gerindo estresse, controlando impulsos e motivando a si mesmo – caracteriza o domínio da autorregulação. Estão ainda nessa perspectiva a definição de metas pessoais e escolares e o trabalho para atingi-las.

PERCEPÇÃO SOCIAL

Reconhecer a perspectiva dos outros com empatia, respeitando as diferenças entre as pessoas e os grupos sociais, é o que está implicado no domínio de percepção social. Entender normas sociais e éticas que orientam o comportamento e reconhecer os recursos e o apoio que podem vir da família, da escola e da comunidade também fazem parte desse domínio.

COMPETÊNCIA DE RELACIONAMENTO

A competência de relacionamento é caracterizada pelo estabelecimento e manutenção de relacionamentos saudáveis, com indivíduos ou grupos. Além disso, compõem o domínio habilidades de comunicar-se claramente, ouvir com empatia, cooperar, resistir a pressões, resolver conflitos de maneira positiva e construtiva e procurar e oferecer ajuda quando necessário.

TOMADA DE DECISÃO RESPONSÁVEL

Fazer escolhas construtivas e tecer interações sociais baseadas em padrões éticos, de segurança e normas sociais são preocupações do domínio de tomada de decisão responsável. Avaliar de maneira realista as consequências em várias situações, considerando o bem-estar de si e dos outros, caracteriza essa competência.

---

[2] A instituição é formada por uma equipe de pesquisadores que se dedicam à avaliação do impacto do trabalho socioemocional no decorrer da Educação Básica e à produção e à disseminação de programas de desenvolvimento de habilidades socioemocionais que apresentem comprovada eficácia. Disponível em: <https://casel.org>. Acesso em: 18 jan. 2019.

Os cinco domínios estão alinhados com as competências gerais da BNCC[3], das quais as três últimas (8, 9 e 10) são as que mais explicitamente procuram promover o desenvolvimento socioemocional. O quadro abaixo explicita essa relação:

COMPETÊNCIA SOCIOEMOCIONAL	COMPETÊNCIA GERAL DA BNCC
AUTOCONHECIMENTO AUTORREGULAÇÃO	8. Conhecer-se, apreciar-se e cuidar de sua saúde física e emocional, compreendendo-se na diversidade humana e reconhecendo suas emoções e as dos outros, com autocrítica e capacidade para lidar com elas.
PERCEPÇÃO SOCIAL COMPETÊNCIA DE RELACIONAMENTO	9. Exercitar a empatia, o diálogo, a resolução de conflitos e a cooperação, fazendo-se respeitar e promovendo o respeito ao outro e aos direitos humanos, com acolhimento e valorização da diversidade de indivíduos e de grupos sociais, seus saberes, identidades, culturas e potencialidades, sem preconceitos de qualquer natureza.
TOMADA DE DECISÃO RESPONSÁVEL	10. Agir pessoal e coletivamente com autonomia, responsabilidade, flexibilidade, resiliência e determinação, tomando decisões com base em princípios éticos, democráticos, inclusivos, sustentáveis e solidários.

NA PRÁTICA

Escola e família devem ser parceiras na promoção do desenvolvimento socioemocional das crianças, adolescentes e jovens. Para isso, é importante que existam políticas públicas e práticas que levem em consideração o desenvolvimento integral dos estudantes em todos os espaços e tempos escolares, apoiadas e intensificadas por outros espaços de convivência.

Professoras e professores já incorporam em suas práticas pedagógicas aspectos que promovem competências socioemocionais, ou de forma intuitiva ou intencional. Ao trazermos luz para o tema nesta coleção, buscamos garantir espaço nos processos de ensino e de aprendizagem para que esse desenvolvimento aconteça de modo proposital, por meio de interações planejadas, e de forma integrada ao currículo, tornando-se ainda mais significativo para os estudantes.

Ao longo do material, professoras e professores dos diferentes componentes curriculares poderão promover experiências de desenvolvimento socioemocional em sala de aula com base em uma mediação que:

- instigue o estudante a aprender e pensar criticamente, por intermédio de problematizações;
- valorize a participação dos estudantes, seus conhecimentos prévios e suas potencialidades;
- esteja atenta às diferenças e ao novo;
- demonstre confiança e compromisso com a aprendizagem dos estudantes;
- incentive a convivência, o trabalho colaborativo e a aprendizagem entre pares.

Nossa proposta é trabalhar pelo desenvolvimento integral das crianças, adolescentes e jovens, desenvolvendo-os em sua totalidade, nas dimensões cognitiva, sensório-motora e socioemocional de forma estruturada e reflexiva!

---

[3] Para ler na íntegra as competências gerais da Educação Básica, consulte o documento nas páginas 9 e 10.